U0346758

贵州茶叶气象研究

◎ 谷晓平 胡家敏 徐永灵 等 著

中国农业科学技术出版社

图书在版编目（CIP）数据

贵州茶叶气象研究 / 谷晓平等著. —北京：中国农业科学技术出版社，2020.8

ISBN 978-7-5116-4961-4

Ⅰ.①贵… Ⅱ.①谷… Ⅲ.①茶树—农业气象—研究—贵州 Ⅳ.①S16②S571.1

中国版本图书馆CIP数据核字（2020）第161761号

责任编辑	徐定娜 李 雪
责任校对	贾海霞

出 版 者	中国农业科学技术出版社
	北京市中关村南大街 12 号 邮编：100081
电 话	（010）82109707（编辑室）（010）82109702（发行部）
	（010）82109709（读者服务部）
传 真	（010）82109707
网 址	http://www.castp.cn
发 行	各地新华书店
印 刷 者	北京富泰印刷有限责任公司
开 本	787 mm×1 092 mm 1 /16
印 张	18.25
字 数	410 千字
版 次	2020 年 8 月第 1 版 2020 年 8 月第 1 次印刷
定 价	88.00 元

《贵州茶叶气象研究》
著作人员

主　著：谷晓平　　胡家敏　　徐永灵

副主著：郑文佳　　于　飞　　左　晋　　韦美静

著　者：张　波　　陈　芳　　胡　锋　　杨　婷

　　　　曾晓珊　　侯双双　　谭　文　　敖　芹

　　　　廖留峰　　廖　瑶　　李丽丽　　刘宇鹏

　　　　梁　平　　宋　丹

序

　　贵州是世界茶树的原产地和古老茶区之一，唐代陆羽著作的世界上第一部茶叶专著《茶经》记载："其思、播、费、夷……，往往得之，其味极佳"，思、播、费夷诸州均在贵州境内。贵州山清水秀、气候多样、云雾缭绕，是全国唯一兼具低纬度、高海拔、寡日照、无污染的优质茶叶产区，是发展"绿色、生态、安全、健康"茶的天然理想地域。2019 年，贵州茶园面积已突破 700 万亩，居全国第一。茶产业是贵州农业农村经济的支柱产业和特色优势产业，近年来借助"互联网＋"，同时与文化旅游等相融合，更成为推动贵州农业产业改革转型的重要支撑点和推动农业产业向前发展的重要力量。

　　茶叶生产和茶产业发展与气象条件密切相关。充分认识气象对茶产业的影响，增强气象灾害的防御能力，对于贵州茶产业健康发展具有重要意义。《贵州茶叶气象研究》是项目组成员多年研究成果和实践经验的汇集，共十章，分别对贵州茶叶现状、发展优势、气候资源、主要气象灾害、低温胁迫影响试验、气象对茶叶品质影响、茶园遥感识别、气象指数保险、气候品质认证、气象服务系统等进行阐述，可供茶叶生产、科研、教学、气象服务等工作者参考。

　　本书由贵州省农委项目资金、贵州省高层次创新人才培养项目〔黔科合人才（2016）4026 号〕提供资助，特此感谢！

著　者

2020 年 6 月

目　录

1

贵州茶叶的发展及现状

1.1 贵州茶产业的发展及现状

1.1.1 全省茶产业

茶有益于身心健康，备受世界人民欢迎。中国是茶的故乡，是世界上最早发现和利用茶的国家，也是茶文化的发源地。中国茶的发现和利用已有 4 700 多年的历史。茶是中华民族的举国之饮，发于神农，闻于鲁周公，兴于唐朝，盛于宋代，普及于明清之时。中国茶区辽阔，主体上划分为三级区域，一级茶区以西南、江南地区为代表；二级茶区以西北、江北为代表；三级茶区以华南地区为代表。贵州省位于我国西南部，属于一级茶区，贵州是茶树的原产地，全省茶园平均海拔 1 000 m 以上，是全国唯一低纬度、高海拔、多云雾兼具的茶区，集海拔高度、年均气温、日照时数、空气温度、年降水量、土壤酸碱度等自然条件之优势，是适宜茶树生长的地区之一。贵州茶拥有绿色、有机、无公害的优势，是全国茶叶主产省区之一，茶树品种资源丰富。目前，全省通过无公害茶、绿色食品茶和有机茶认证的茶园面积分别达 587 万亩[①]、11 万亩和 30.8 万亩，全省通过地理标志保护产品认证的产品达 25 个。贵州高山云雾出好茶，其茶叶水浸出物、氨基酸、茶多酚的平均含量均高于国家标准，具有香高馥郁、鲜爽醇厚、汤色明亮的品质，承传统独特之制作工艺，已经得到业界和消费者的广泛认可，在近年来多项国际国内茶业博览会中多个茶获得金奖。贵州绿茶芳香物质含量高，香气好，表现出嫩香、高浓郁、酚氨比值低的品质特征，其水浸出物大于 40%，醇而不涩，浓而不苦。

贵州近 95% 的面积为山地和丘陵，适宜茶叶生产的面积较多，全省 9 个市（州）均

[①] 1 亩 ≈ 666.67 m², 1 hm² = 15 亩，全书同。

有茶叶产出，其中遵义市、铜仁市、黔南州是主要的产茶区，产量最高；黔西南州、黔东南州产量较高；贵阳市、六盘水市、安顺市、毕节市产量较低。由图 1-1 可知，1978—2017 年全国茶园面积稳步上升，尤其 2007—2008 年快速增长，全省茶园面积除 1978—1990 年略有下降，自 2007 年起快速上升，特别是 2013—2015 年呈快速增长态势，为贵州茶叶生产的规模优势奠定了基础。从贵州省茶园面积占全国茶园面积的比重历年变化特征来看（图 1-2），1978—2006 年贵州茶园面积占比呈波动变化并始终稳定在较低水平（4%），2007—2017 年所占比重呈逐年上升趋势，2007 年后速度明显加快，2017 年达

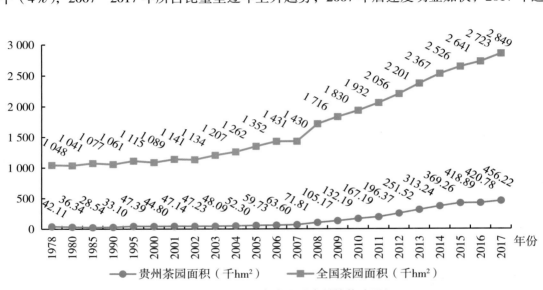

图 1-1　1979—2017 年全国及贵州的茶叶面积

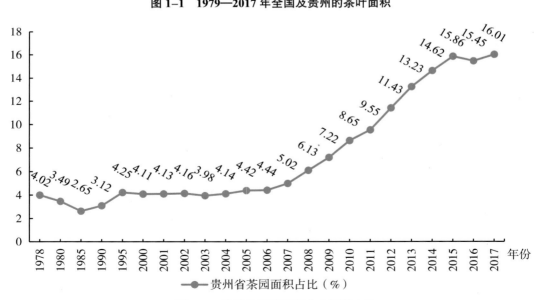

图 1-2　贵州省茶园面积在全国的占比

16.01%，表明贵州省近年来对茶叶种植规模的投入逐年加大。1978—2017年，全国茶叶产量呈稳步上升趋势（图1-3），2017年达246万t，创历史新高。相比茶园规模的增大程度，贵州省茶叶产量提升速度较为缓慢，至2011年才出现较大增幅，且主要源于茶园面积规模增大。由图1-4可知，1978—2007年，贵州省茶叶产量在全国茶叶产量中的占比增幅并不明显，2008年后所占比重才开始持续上升，至2017年也仅占全国的7.17%，表明贵州茶叶的产出率有待提升。贵州省作为我国产茶大省之一，近年来存在着茶叶下树率较低，茶叶产出效率低等问题。

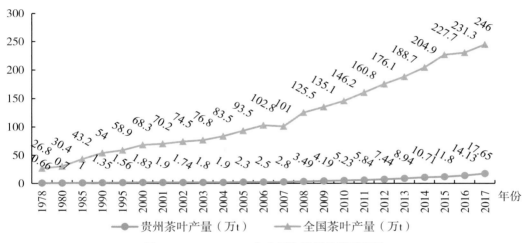

图1-3　1978—2017年全国和贵州的茶叶产量

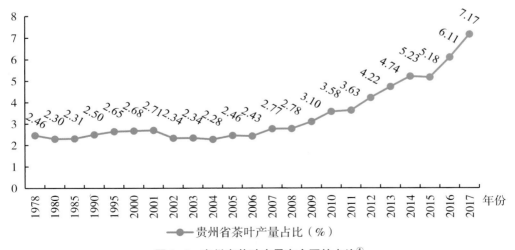

图1-4　贵州省茶叶产量在全国的占比[①]

① 资料来源：《中国统计年鉴》（1979—2018）、《贵州统计年鉴》（1979—2018）。

贵州茶园面积从 2007 年开始快速扩大，但产量增速低于茶园面积增速。与全国增长速度相比，贵州省茶园面积增长较快，茶叶产量虽总体上呈上升趋势，但增长速度迟缓。2016 年，贵州省湄潭、凤冈、正安、石阡和都匀 5 个县的茶园面积达 30 万亩，黎平、印江、德江、松桃、纳雍 5 个县茶园面积达 20 万～30 万亩，有 22 个县茶园面积达 10 万～20 万亩。万亩以上乡镇 227 个，0.5 万～1 万亩乡镇 197 个。万亩以上村 57 个，0.5 万～1 万亩村 239 个。以遵义、铜仁、黔南、黔东南等茶区为主的武陵山区成为中国绿茶新的金三角。

截至 2018 年底，全省茶园面积达 684 万亩，其中投产茶园面积 561.1 万亩，全省 9 个市（州）均有分布，茶产业已成为贵州省脱贫攻坚的主导产业。茶叶作为贵州省的重要经济作物，必须建立较为完善的加工业，才能有效支撑种植业的可持续发展。茶叶加工产业集群的出现需要相对集中的茶园基地、产业技术工人数量、产品集散市场建设等要素的支撑。全省涉茶注册企业共计 2 946 个，合作社 2 044 个，其中具备茶叶加工能力的企业 2 015 个，合作社 945 个，建有茶叶加工点（未在工商部门登记注册的初制加工点或家庭作坊）3 545 个。茶叶总产量达 36.23 万 t，总产值达 394.9 亿元。通过 10 余年的发展，贵州省茶叶总产量增加近 13 倍（2007 年贵州省国民经济和社会发展统计公报，茶叶总产量 2.84 万 t）。目前，遵义市是贵州省成立涉茶经营主体最多的地区，现有注册企业数 908 个，合作社 290 个，其中有加工能力的企业 831 个，合作社 139 个，茶叶加工点 997 个。茶叶总产量全省最高，为 13.49 万 t，占全省总产量的 37.23%；茶叶总产值全省最高，为 111.53 亿元，占全省 28.24%。贵州十大茶叶品牌数量最多，共 4 个，分别是"湄潭翠芽""遵义红""凤冈锌硒茶"及"正安白茶"。经过多年发展，遵义湄潭县已发展成为全国第二大产茶县，全省第一大产茶县。目前，全县茶园面积 60 万亩，投产茶园 57 万亩，涉及 8.8 万农户 35.1 万余人，涉茶从业人员占全县总人口的 70%。全县茶叶生产企业 566 个，其中工商注册企业 420 家，2018 年，全县茶叶总产量 6 万 t，产值 48.2 亿元，综合收入达 124.85 亿元，全县已形成了具有一定规模的茶叶加工产业集群。茶园集中度较高，茶青交易市场分布合理，大中小型茶叶加工企业较多，整体加工能力较强。贵州省农业科学院茶叶研究所建所于湄潭，为当地培养了大量的产业技术工人，标准化茶园管理和茶叶加工技术得到广泛推广，形成了比较成熟的产品集散销售市场，为其品牌支撑奠定了基础。

1.1.2　各地州市茶产业

贵州茶叶生产重点集中在遵义市、铜仁市和黔南州，2005—2016 年，遵义市、铜仁市和黔南州具有明显的生产优势，是推动贵州茶叶生产总体向前发展的重要力量，在贵州茶叶生产中占重要地位。

遵义市是贵州省最重要的茶叶生产地区，2006 年开始就领先各市州，产量达 1.04 万 t，首次实现贵州省市（州）茶叶产量过万吨。2005—2010 年遵义市茶叶产出由 0.97 万 t 稳定上升至 2.50 万 t，除 2011 年略有下降外，自 2012 年起，茶叶产量以平均每年约 0.5 万 t 的速度快速增长，2016 年产量达 5.92 万 t。铜仁市茶叶产量由 2005 年的 0.28 万 t 逐年稳步上升至 2011 年的 1.23 万 t。自 2011 年起，铜仁市茶叶产量实现过万吨后快速增长，至 2016 年年产量达 3.21 万 t，位居贵州省市（州）茶叶产量第 2 位。

黔南州在 2005—2012 年茶叶产量增长速度较低，2005 年产量为 0.24 万 t，至 2012 年仅 0.84 万 t，但在整个贵州省茶叶生产区中仍占有重要地位。2014 年后黔南州茶叶产出速度明显加快，产量逐年上升，2014 年达 1.02 万 t，至 2016 年茶叶产量达 1.82 万 t。

黔西南州、黔东南州近年来茶叶产出同样呈逐年增长趋势，黔西南州从 2005 年的 0.25 万 t 上升至 2016 年的 0.71 万 t，黔东南州由 2005 年的 0.21 万 t 上升至 2016 年的 1.27 万 t，相比贵州省平均水平均较低。贵阳市、六盘水市、安顺市和毕节市 2016 年茶叶产量分别为 0.41 万 t、0.15 万 t、0.39 万 t 和 0.27 万 t，相比贵州省茶叶产出平均水平极低，2005—2016 年产量上升不大，甚至下降（田文勇等，2018）。

1.2　贵州茶科技的发展及现状

1.2.1　茶科技概况

2007 年以前，贵州茶科技方面仅有贵州省茶叶研究所 1 个省级科研机构。随着 2007 年贵州茶产业快速发展以来，贵州大学及遵义、都匀、贵阳、铜仁、安顺等市州的院校涌现出各类茶叶研究教学机构，形成了教学科研同步发展的贵州茶科技态势。

贵州省茶叶研究所即贵州省农业科学院茶叶研究所，1939 年成立之初为中央实验茶场，是国家层面创建的近代中国第一个茶叶科研、生产示范基地，比位于杭州的中国农业科学院茶叶所早 19 年，比吴觉农先生领导的武夷山茶叶研究所早 3 年。先后更名为贵州省湄潭桐茶实验场、实验茶场、茶叶试验站、茶叶科学研究所。1973 年茶园面积扩至近万亩，生产任务重，所与场彻底改制分开。2005 年正式更名"贵州省茶叶研究所"，整建制划归贵州省农业科学院统一管理。2009 年，所部迁至位于贵阳市花溪区贵州省农业科学院院内。

目前贵州省茶叶研究所拥有 6 个科研创新团队、1 个研究室，研究领域涵盖茶叶资源育种、茶树栽培、茶树病虫害防控、茶叶加工、茶叶化学、茶树分子育种和茶经济与茶文化。建所以来，共获科研成果 137 项，选育茶树新品（株）系 20 余个，申请新品种权保护 20 余份；国审品种 7 个，省审品种 2 个，发现山茶属新品种 2 个；授权专利 41 项，制

（修）订贵州省茶叶地方标准 30 余项；保存茶树病虫害及其自然天敌标本 2 万号，已整理、鉴定的茶树害虫 230 种，天敌昆虫 324 科；红碎茶初制"揉切分"连续化生产工艺技术研究和名优高档茶生产机械化技术研究在国内茶学界产生了较大影响。象山"金三角"文化的传承，让贵州茶叶科学研究、茶业生产和茶文化得以持续发展。贵州大学茶学院是为适应贵州省茶产业发展需求，于 2016 年 11 月建立的特色学院。学院起源于原贵州农学院园艺系茶学教研室，秉承创新、协调、绿色、开放、共享的发展理念，现有茶生物学系、茶叶工程系、茶文化系 3 个系，附属设置茶学本科实验教学中心、茶文化传播中心、茶叶审评与检测中心 3 个中心。

1.2.2 茶科技的应用及成果

1.2.2.1 茶树育种

20 世纪 50 年代中期红茶作为当时的全球主流消费茶品，顺应时代的适制红茶良种显得尤为重要。在调查收集整理贵州茶树地方品种资源的基础上，刘其志主持开展了应用选择法进行有性选种，1956—1957 年共选出 16 种选种材料进行品种比较试验。从 1958 年开始，选种工作改用无性系选种方法，于 1960 年首次选出 22 个单株无性系，进行选种试验鉴定。1966 年选出黔湄 101 号、303 号、412 号、419 号和 502 号等第一批无性系新品种；1967 年又选出黔湄 601 号、701 号等新品种，同时成功引进福鼎大白茶种。这些品种至 20 世纪 90 年代一直是贵州主要繁殖推广的茶树良种。其中茶树品种黔湄 419 号和 502 号于 1987 年 4 月被全国茶树良种审定会全票通过认定为新育成的全国茶树优良品种，并经全国农作物品种审定委员会批准分别统一编号为华茶 31 号、华茶 32 号，农牧渔业部批准为国家级茶树良种，其中黔湄 419 号位居同时认定的 22 个优良品种之首。2 个品种分别于 1990 年、1991 年获贵州省科技进步二等奖。即使茶产业发展至今，黔茶系列品种依旧支撑着黔茶产业的发展，黔湄 601 号品种是全国产量最高品种，仅在湄潭县种植就超过 30 万亩，因其产量高、采摘工效高、名优茶原料采摘期长，黔湄 601 号品种茶园每亩产值一般可达 8 000 元以上，高水平管理下仅鲜叶原料收入可超过 1 万元，深受当地茶农和企业的喜爱。华茶 31 号作为全国红茶品质鉴定标准对照种，其红茶制品不仅外形金毫显著，且香气浓郁，滋味醇和甘鲜，多次的感官审评中评分均在 90 分以上，为全国少有的优良红茶品种。

1996 年以来，贵州省茶叶研究所共选育茶树新品（株）系 20 余个，其中，黔辐 4 号、黔茶 7 号和黔茶 8 号 3 个茶树新品种经全国茶树品种鉴定委员会专家组批准参加第四轮全国茶树品种区试。黔辐 4 号为三倍体茶树，产量高，制绿茶感官品质良好，有望作为黔北茶区制作贵州针茶的优良品种加以推广。黔茶 8 号氨基酸含量高、萌发早，有利于高档名优茶的生产。黔湄 809 号、黔辐 4 号、黔茶 1 号、黔茶 7 号、黔茶 8 号、贵茶育 8 号等 19 个茶树新品种（系）向农业部植物新品种保护办公室申请新品种专利权，2009 年准予申请 9 个。从湄潭苔茶、石阡苔茶、都匀毛尖茶、贵定鸟王茶等贵州地方群体中鉴选繁殖出圃株系 62 个，完成了湄潭苔茶、石阡苔茶、都匀毛尖茶、贵定鸟王茶等贵州地方茶树群体品种的生化成分多样和品质鉴定研究。

借助于贵州省大力发展茶产业的时机，贵州省茶叶研究所在茶树种质资源搜集及育种方面有较大收获，搜集了湄潭、石阡、贵定、都匀等地的优良资源，通过 AFLP 分子标记，结合传统育种，发掘到 112 份优良株系，并扩繁成株系种植保存。其中发现高氨基酸资源 6 份、强耐寒资源 1 份、特异叶色资源 3 份，为国内外少见（陈正武等，2014）。进一步优中选优，鉴选出 4 个优良绿茶品系，进入全国区域试验。已授权黔茶 7 号、黔湄 809 号、苔选 03—10、苔选 03—22、黔茶 8 号、贵茶育 8 号和黔辐 4 号 7 个品种保护权，已申请"高原绿""云雾绿""万山绿""千江月""一味""湄江绿""格绿"和"流芳"8 个品种权保护，"贵定鸟王茶""石阡苔茶"获省级审定，黔茶 8 号获国家级鉴定。黔茶 1 号、黔茶 8 号、苔选 0310 和黔辐 4 号 4 个黔茶新品种已在兴仁县、湄潭县、道真县和石阡县推广约 200 亩。

这些新时代培育成功的黔茶自选品种，为贵州茶产业发展做好了相应技术储备，代表品种如下。

黔茶 1 号。已在湄潭、道真、兴仁、黎平、石阡等地建成原种母本茶园 7 个，面积达 1 250 亩，能很好地满足全省新建茶园及老茶园改植换种的茶苗需求。黔茶 1 号表现出极高的移栽成活率，与福鼎大白茶品质比较，表现出更广的适制性和更优异的茶叶风味；所制茶叶产品不仅在专业的茶叶审评中得分较高，种植企业生产的产品还获得不少奖项。黔茶 1 号不仅在贵州省内表现优异，引种到浙江、安徽、广西等省（区）后依旧表现优异，生长势旺盛，抗旱抗寒性较好，同时保持着良好的适制性，在生产应用上表现突出。在广西龙州茶区，黔茶 1 号加工的绿茶外形纤细嫩绿，香气鲜浓显毫香；红茶制品外形金毫显著，香气甜香高锐；白茶制品外形茸毛洁白，毫香持久。同时，黔茶 1 号所制不同品类茶叶产品在市场上表现优异，备受消费者青睐。

华茶 32 号（又名南北红）。国家认定的无性系品种，由贵州省茶叶科学研究所选育而成。小乔木型、大叶类、中生种。植株较高大，树姿开张，分枝较密，叶片近水平着生。叶长椭圆形，芽叶绿色肥壮，茸毛粗多，叶面隆起，具光泽。叶尖渐尖，叶齿稍锐浅密，叶质较厚软。该品种制红茶，香气高长，滋味鲜爽；制绿茶，芽毫显露，滋味浓厚，香气高爽。适宜在西南红、绿茶区推广。

黔湄 601。国家认定的无性系品种。由贵州省茶叶科学研究所选育而成。小乔木型，大叶类，中生种。树姿半开张，分枝密度适中。叶长椭圆形，叶片水平或稍上斜着生，叶色绿，叶面微隆起，叶身平，叶缘平，锯齿锐、密度中，叶质柔软，叶尖急尖，叶脉9～11对。芽叶肥壮，茸毛多，育芽力及持嫩性强，产量高。其抗高温干旱、抗寒及抗病虫害能力均较强。适制绿茶，所制绿茶外形条索肥壮、显毫、汤色黄绿明亮、香气鲜灵、滋味醇厚、叶底绿尚亮。

黔湄701（又名湄云黄）。国家认定的无性系品种。1955年选用贵州湄潭晚花大叶茶为母本，云南凤庆大叶茶为父本，人工授粉杂交后，从F_1中系统选育而成。小乔木型、大叶类、中生种。该品种分枝半开展，叶片水平着生，叶尖渐尖，叶肉较薄，芽叶黄绿，芽叶多茸毛。产量高，适应性强，抗寒性较弱。适制红茶。

黔湄809。国家认定的无性系品种，是贵州省茶叶科学研究所以福鼎大白茶为母本与黔湄412号为父本自然杂交而成的茶树新品种，2002年通过国家审定。小乔木型、大叶类、中生种，主杆明显，分枝半开张，叶椭圆形。叶片呈上斜着生状，叶面微隆起，叶尖渐尖，叶色淡绿，叶身内折，叶质硬，叶齿锐度及密度中，叶缘微波状。芽叶茸毛多，抗寒性较强。制绿茶品质较好，制红茶品质与黔湄419相近。

华茶31号（又名抗春迟）。国家认定的无性系品种，由贵州省茶叶研究所选育而成。小乔木型、大叶类、晚生种。植株较高大，树姿半开张，分枝较密。叶片呈上斜着生状，芽叶淡绿色，茸毛多。芽叶生育力强，芽叶肥壮，持嫩性强，生长期长。该品种适制红茶，香气持久，滋味浓强，汤色红艳明高，品质优良；制红碎茶可达二套样水平。

湄潭苔茶（又名苔子茶）。原产贵州省湄潭县。灌木型、中叶类、中生种。植株较高大，树姿半开张，芽叶绿带紫色，茸毛少。芽叶生育力强，持嫩性较强，产量中等。该品种制绿茶滋味醇爽。

1.2.2.2　茶树栽培

贵州茶树栽培技术研究工作，始于湄潭中央实验茶场建场初期，以李联标和李成章为代表，对茶籽贮藏，茶籽浸水，茶籽选择，播种时期、深度、直播移栽，苗圃防旱，茶园荫蔽等作了不少探索。后以陈汶基为主，对影响茶籽发芽因子，茶树移栽时期，幼苗苗床切根与移栽成活率的关系，无性繁殖方法等进行试验研究（周富裕，2013）。1947年底，李成章执笔汇总《茶树栽培八年试验总结》。1954年8月，王庆余从西南农学院土化系分配到场开展茶园土肥研究工作，至20世纪60年代中期，先后从事大面积茶园开垦测量规划、茶园土壤调查、绿肥种植间作、土壤覆盖、冬季防冻、茶树根外追肥、高产茶园土壤条件调查、农家肥和化肥施用等试验研究，发现幼茶行间种绿肥，覆盖均有良好的防冻效果，尤以间作密植绿肥效果为佳，提出了高产茶园土壤条件的具体指标，为科研和生产提供了有益参考和指导。

中华人民共和国成立后，以贵州省茶叶试验站研究室负责人邓乃朋为主，开展老茶园改造、茶园系统修剪、合理采摘、茶园条栽技术、茶树剪采、群众茶园生产经验调查总结、国营茶场茶树综合丰产技术等研究，提出常规茶园茶树高产规律及其配套技术，属当时全国的先进水平，对推动贵州茶树生产的复兴与进步，做出了极大贡献。邓乃朋1962—1964年主持茶树综合丰产试验，进一步总结了提高土壤肥力对茶树生长的促进作用，冬季修剪与增强树势及综合农业技术的应用等丰产理论，创造了中叶型苔茶亩产1 058.7 kg鲜叶的高产纪录，为推动全省茶叶生产起到了示范和促进作用。

1978—1981年，吴子铭、孙继海等以湄潭流河渡公社茶场为试点，采用"深耕、补密、增肥、稳水"综合改造方案，以改土为中心进行全面改造，3年全场亩产茶叶由原来3.9kg提高到54 kg，改造第一年该场亏损5 115元，第二、第三年盈余12 576元，起到快速提高产量，增加效益的示范效果。1981年12月在全国茶叶科学技术讲座上做了大会交流，省内外不少单位到场参观，贵州省农展馆在省内重点茶区作了巡回展出，对推动全省低产茶园改造起到较好的示范作用。

1977—1988年由吴子铭、孙维海主持研究，茶园蓬心土壤优良属性与其他部位土壤有明显差异，具备蓬心土壤的茶园增产效应达14.5% ～ 28.2%。其技术原理是通过合理种植和栽培以加强茶树对土壤发育的影响，创造茶树原产亚热带森林土壤的相似条件，达到用地与养地有机结合提高效益的目的。主要栽培方式是建园时采用一定规格的宽窄行间的排列方式种植茶树，以培育适度比例的蓬心土壤。茶园土壤发育的重要特点之一，依种植方式而形成有规律的肥力部位差异，使土壤成为一个极不均匀的复合体，为进一步改革现行土壤取样方法和管理技术，实现自然免耕以及寻求培肥土壤新途径提供了科学依据。成果学术水平和应用价值较高，应用原理不受地域限制，具有技术简便、投资省、见效快、效果好、有效时间长等优点。自1985年以来已在生产中大面积推广应用，仅省内遵义、毕节地区和部分农垦系统茶场应用面积就达4 000 hm² 以上，在具备蓬心土壤的双、三行排列茶园中采用自然免耕管理的面积达6 000 hm² 以上，增产节约效益十分可观。

1970年开始，由冯绍隆、吴子铭、李明瑶主持系统研究而提出的一套茶树快速高产稳产栽培新技术，是我国茶树栽培制度上的一项重大革新，较之我国传统的茶树栽培，具有成园快、产量高、品质好、省工、省肥、技术简便等显著优点，比过去单行条植茶园提早2 ～ 3年成园投产，实现头年种、二年摘、三年亩产超五十、四年五年夺高产，亩产干茶达300 ～ 350 kg。当时全国先后有16个产茶省（区）一万余人次到湄潭参观交流，14个省区茶园推广应用面积达百万亩以上，深受省内外茶叶工作者和广大茶农的欢迎。该项研究成果于1978年获省科学大会重大科技成果奖，1984年又被国家科委成果办列为向全国重点推广的农村实用技术成果。

1987年2月20日由贵州省标准计量局批准发布《茶树密植免耕快速高产栽培技

术规范》，贵州省地方标准［黔 D132-87］，1987 年 5 月 1 日在全省实施。种茶前深耕施足基肥，亩施农家肥 2 500 kg 或饼肥 200 kg，过磷酸钙 100 kg；种子选用湄潭苔茶等有性群体良种或福鼎大白茶、黔湄 101、黔湄 303、华茶 31 号、华茶 32 号、华茶 601 等无性系良种；种子直播大行距、小行距、穴距 150 cm×40 cm×27cm 三条植或 100 cm×40 cm×27cm 双条植，每穴用种 7～10 粒，定苗 3～5 株，每亩用种量 35～50 kg。移栽定植：无性系茶苗，大叶种 150 cm×50 cm×30 cm 双条植，中叶种 120 cm×40 cm×30 cm 双条植，每丛定植 2～3 株。苗期施肥，要求定植当年于夏、秋薄施追肥 2 次，第一次亩施 5 kg（尿素），第二次 10 kg 对水施，次年追尿素 4 次，方法为种植幅均匀撒施。投产初期追尿素 3～4 次，时间分别 3 月、5 月、7 月、9 月，每亩 30～40 kg，方法为蓬面均匀撒施。4～8 年生时，每年追肥量在上年基础上递增 10%，8 年以后保持稳定。每隔 2～3 年补施菜籽饼肥 200 kg，过磷酸钙 100 kg。土壤管理从第 3 年开始茶园全部实行免耕，4 年生以上茶园实行周期免耕，重修剪改选时可结合施有机肥进行一次全面深中耕。种茶前茶园场地和土壤选择、修剪、采摘、病虫草防治等与常规茶园相似。

1991—1993 年，冯绍隆主持并与中国科学院地球化学研究所史富生高工、贵州地质科研所胡肇荣高工协作对贵州各重点茶区的土样、水样、茶样等进行较广泛的测试分析，发现贵州富硒地带相当广阔，重点查明的就达 13 个县（市）。富硒地带茶叶含硒普遍达 1 mg/kg 以上，同时粮食、油料、烤烟、花菜、水果、药材、鸡蛋等也富含硒元素，为贵州天然富硒茶和天然富硒保健食品开发提供了科学依据。贵州省茶科所研制的"夜郎牌"贵州天然富硒茶一面世即受到消费者的欢迎，1996 年获省科技进步四等奖。

（1）组合密植法

组合密植法是茶树密植免耕法的改革和发展，主要特点是将前期的单双行重新组合为双行和四行茶园，经一定年限采摘后，实行换位，变原来的连心为边侧和操作道，变原边侧为连心，往复进行直至改种换植。组合密植法，弥补了密植免耕茶园不能深耕补施有机肥的缺陷，方便了前期除草施肥等操作管理对茶树生理机能进行周期性的有效调节，提高光能利用率，并对茶园土壤进行周期性交替改良，使土壤理化性实现全园平衡，提高土地利用率。经 1977—1987 年 10 年试验统计表明，组合密植比常规条植茶园增产 23.9%～100.4%，与密植免耕茶园相比，二者产量相近。交换重组后，双条组合则明显超过密植免耕，增产达 13.8%～15.9%，并且鲜叶品质和纯利均以组合密植为高。茶树组合密植与交换重组法属国内首创，1984 年被国家科委列为农村实用技术推广，1989 年获贵州省科技进步奖三等奖，1992 年度荣获联合国技术信息促进系统中国国家分部发明创新科技之星奖。

（2）生态茶园优质栽培

自 1991 年以来，贵州省茶叶研究所梁远发对茶叶优质栽培及生态效益进行了较全面研究，提出人工生态茶园优质栽培构建要领。主要包括因地制宜、统一规划，立地土壤首选硅质黄壤和砂页岩黄壤，最好避开小黄泥和黄棕壤；25°以上的陡坡不宜开垦，长坡分段开垦，每隔 50m 坡长应保持 5 m 左右原生林带；选用优良茶树品种，等高非梯式合理密植，幼龄茶园间作高秆一年生作物，防止土壤流失；合理配置生态位，根据当地自然条件和种植资源条件配置 2 ～ 4 层空间结构，其主要生态模式有："茶 + 杉""茶 + 梨""茶 + 板梨""茶 + 杜仲""茶 + 杨树""林 + 茶 + 花生（豆类、绿肥等）""林 + 茶 + 食用菌 + 天麻"等，使茶园林木覆盖率达 95% 以上；间作密度视树种特性而定，常绿、高大、分枝多、叶层厚的树种宜稀植，反之则密植；一般每隔 3 ～ 5 行（大行 5 ～ 9 m）茶树间作1 行，株距 3 ～ 5 m；在树种不同生育期进行合理调控，保持树冠高度占树高的 60% ～70%，树冠郁闭度控制在 30% ～ 35%；增加茶园节肢动物种数，利用天敌抑制害虫，减少农药使用量 80% 以上，坚持标准采摘，有效提高茶叶品质。通过研究推广，极大地提高了茶园的生态、经济和社会效益，将生态环境保护和社会经济效益协调统一，使茶叶生产走上持续发展之路。该成果获 2001 年省科技进步三等奖。

（3）坡地非梯化

针对贵州茶区多为山地的实际，坡地非梯化茶园在水土保持、节约用地、保持提高肥力、改善生态环境和节支增产等方面具有良好效应。坡地非梯化茶园与常规梯式茶园相比具有较好生态和经济效应。在水土保持效应、节约用地（15° ～ 35° 坡地相对节约用地14.4% ～ 31.9%）、改善环境（土壤养分含量高出 30% 以上，水热条件的稳定性明显提高，益虫成倍增多，害虫减少约 50%）、节约用工（垦辟用工减少 20% ～ 60% 以上，管理用工平均减少 13.1%）、提高产量（增产幅度在 11.5% ～ 97.6%，平均增产 36.1%）等方面均具有较大优势。30° 以下坡地非梯化茶园的垦植技术要点：坡度宜在 30° 以下，坡面长度控制在 30 ～ 40 m（以等高拦山沟调节），垦辟时土壤深耕 50 cm 以上；采用等高双行排列沟式种植（大行距 × 小行距 × 丛距）为（1.3 ～ 1.5）m×（0.4 ～ 0.5）m×（0.3 ～ 0.4）m，植后的种植沟低于土面 10 cm；加强肥培速养树冠；幼年期停止雨季耕作，成年后转入免耕管理。与常规梯式垦植技术相比，技术难度减小，投资节约，生态效应提高，在坡地新茶建设和老茶园改造（种）时可视情况进行推广应用。该成果获 1999年省科技进步三等奖。

（4）优化管理

优质高产茶园土壤养分优化管理栽培技术研究与应用示范。通过对省内 7 个市（州）18 个产茶大县有代表性的成龄茶园土壤调查与性质分析，填写调查表 53 份，对 70 个典型土样的 8 项农化指标进行了分析，开展了不同施肥水平、同一施肥水平下手采与机采方式、采前与采后等因素对芽叶变化的影响等研究，为机采茶园树冠培育和配套栽培技术提供技术支撑，获得贵州山地高产优质茶园土壤农化性状参考指标。通过在省内不同地区的试验研究，形成测土配方"两改两补"施肥技术、高产茶园集成配套技术、低产低效茶园改造技术等 7 项关键核心技术，形成茶叶专用肥配方 3 个。成果分别在省内不同地区示范应用。在凤冈县仙人岭建成 100 亩优质高产栽培集成技术示范园，2011 年 4—7 月共采摘 7 批次独芽。其中，福鼎大白茶 16.4 kg/ 亩、黔湄 809 号 17.1 kg/ 亩、梅占 16.7 kg/ 亩、歌乐茶 16.2kg/ 亩，平均产量 16.6 kg/ 亩。按单芽百芽重与一芽 3 叶百芽重比例 1∶10 计算，一芽 3 叶产量平均 166 kg/ 亩，超 90 kg/ 亩平均产量指标。通过调研和试验研究认为，对于管理水平较低的机采茶园，树冠培育建议以平型为宜，配套以平型剪采机械。提出了大宗茶采摘技术和优质茶机采技术。通过引进茶园剪采机械和技术培训，有效地缓解茶区劳动用工，提高劳动生产率 5 倍，采摘成本降低 20% 以上。3 年中推广 4 种茶园剪采机械 1 100 余台，有效地推进茶园剪采机械应用进程。根据贵州湄潭茶区优质茶采摘适期研究结果，提出按展叶变化规律，春季鱼叶展后 15 d，秋季鱼叶展后 12 d 处于一芽 2 叶至一芽 3 叶展叶交叉时间，此时进行优质茶机采，可获符合名优茶生产的原料。湄潭茶区的大宗茶采摘，以一芽 3 叶及同等嫩度对夹叶为采摘标准，则标准芽叶比例在 60%～78% 时采摘为合适，可有效降低对夹叶比例。采摘间隔期为 15～18 d。提出了名优茶鲜叶机械化采摘分级的关键技术和研发思路；研发出茶青智能分级计算机软件 1 个、可拆装式名优茶分级机 1 台，制定新装置技术标准 1 项。完成了优质茶青便携式采摘机设计、样机研发、定型产品的研制与应用示范工作。在正安、凤冈、湄潭等地示范改造低产茶园 4 800 亩，重修剪和台刈处理第 3 年平均增产 50.5kg/ 亩和 23.9 kg/ 亩，产量提高 29.2% 和 11.4%；在黔北、黔南等 6 家企业应用低产茶园改造技术 4 200 亩，茶叶产量增加，品质提升，2009—2011 年累计增加产值 319.29 万元。

（5）间套作

2012 年，贵州省茶叶研究所在纳雍县、石阡县龙塘镇等地建设幼龄茶园套种花生示范区 100 亩，辐射带动 5 000 亩以上，在全省推广应用 10 万亩，每亩增加农民收入 300 元，实现经济效益 3 000 万元以上，投入产出比达 1∶2。

1.2.2.3 茶叶植保

（1）虫　害

刘淦芝 20 世纪 40 年代初对湄潭茶树病虫害进行调查研究后，明确茶树害虫 64 种和部分病害，常见害虫有紫霞茶蚜、茶摆头虫、背袋虫、负球茶军配虫、紫衣茶金花虫、三星茶象和红颈茶天牛 7 种。在茶叶生产的不同季节，采集受害茶树害虫的不同虫态，建立养虫室，进行生活史的研究，并于 1941 年在中国《农报》上刊出"湄潭茶树害虫初步调查"，1942年曹荣熹还编译"世界茶树害虫一览"等文章，这是贵州茶树害虫调查研究的最早报道。中华人民共和国成立后，黔茶科研人员对茶树主要病虫害进行了广泛的调查研究，植保科研人员也由建所初期2～3人发展到8人，承担国家、省、厅的专项研究课题多项。综合性研究项目有"茶树主要病虫的预测预报试验研究""茶树主要害虫调查和防治研究""贵州省茶树害虫种类调查"等，具体研究对象有姬赤星瓢虫、茶梢蛾、茶八角丁、茶网蝽、侧多食跗线螨、茶小绿叶蝉、茶棍蓟马、茶毛虫核型多角体病毒和茶白星病等。同时，开展了对茶树害虫自然天敌的研究，相关科研人员还完成了《贵州农林昆虫志》第一卷、第二卷和《贵州省动物志》有关茶树害虫部分内容的编写任务。全国科学大会以来，共获得11项科研成果奖，占全所获奖成果总数的1/5。

20世纪50年代初，全省茶园茶毛虫等害虫发生危害严重，当时无化学农药，仅进行人工防治，茶园作业人员往往因此全身中毒红肿或造成溃疡住院。为了解决这一问题，50年代初至60年代初，夏怀恩为主的植保科技人员对土农药进行了收集利用研究，取得了一定的效果。

20世纪50年代末开始，茶小绿叶蝉在贵州省发生危害严重，造成大面积茶园芽头枯焦无茶可采，产量损失达50%左右，当时用六六六和块状二二三对水300倍液，进行药效试验并在生产中应用推广，基本上控制了该虫的为害，但由于长期滥用二二三防虫，大量杀伤了天敌，致使茶牡蛎盾蚧失去了天敌控制而猖獗成灾，造成茶树大面积（70%左右）死亡的严重教训，使科研人员认识到滥用农药的恶果和开展保护利用茶树害虫自然天敌的重要意义。茶小绿叶蝉是贵州省茶区危害茶叶生产的主要害虫，全省茶区在茶树病虫的防治中，80%以上的人力、物力和财力均用于防治该虫，特别是一些大中型茶场年用化学农药防治10～20次以上，不仅生产费用高，而且导致了茶园污染，天敌被杀伤，自然生态平衡被破坏，茶叶中农药残留超标，影响人类健康。为实现科学防治该虫，80年代中后期以陈流光为主对该虫的发生规律及测报技术进行研究，提出按照害虫综合治理的原则，将害虫数量维持在不造成经济损失的水平内，并在测报指导下，在该虫高峰期出现的前一旬间隔6～7 d连续用化学农药防治2次即可控制该虫的高峰期形成，减少用药量和施药次数，降低农药残留量，减少其产生的危害。

20世纪60年代开始，茶树保护研究的重心逐步转移到茶树害虫及天敌资源的调查、鉴定与天敌的保护利用上。通过对省内茶区大量调查，明确贵州茶树害虫230种，病害30余种，害虫天敌324种。对茶叶生产威胁较大的有小绿叶蝉、茶牡蛎盾蚧、常春藤蚧、茶毛虫、云尺蛾、茶梢蛾和茶实象甲等17种害虫及茶饼病、茶白星病的发生规律和防治方法。对害虫有较好控制作用的天敌有茶园蜘蛛类、云尺蛾及茶毛虫核型多角体病毒、闪兰红点唇瓢虫等60余种，对茶毛虫和云尺蛾核型多角体病毒做了试验、示范及推广应用，取得了较好效果。1964年夏怀恩等在湖南《茶叶通讯》发表"谈茶树害虫的综合防治"，率先提出农业、生物、药剂综合防治控制害虫的观点。70 年代中期根据调查在茶园生态环境中，自然天敌数量大于害虫，保护利用自然天敌控制害虫是行之有效的途径，研究结果分别在《昆虫知识》等杂志上和有关全国性学术会议上发表交流，引起了国内同行的重视。

1982—1985 年以郑茂材为主与武汉大学病毒研究所梁东瑞合作，从云贵茶区 19 种主要害虫的自然罹病幼虫中，共分离出各类病毒 22 种，其中云尺蝇飞 NPV 和蔚茸毒蛾 NPV 等 8 种为国内外首次记录，茶菜蛾 NPV 和褐菱蛾 NPV2 种为国内首次报道。研究结果在《茶叶科学》1985 年第 2 期上发表，"在云贵茶区发现的茶树害虫病毒"，1989 年被贵州省科协评选为首届自然科学优秀论文一等奖。

1991—1995 年通过以黑刺粉虱、茶尺蠖、茶橙瘿螨和茶白星病为主要对象，深入研究单项关键防治技术，首次对黑刺粉虱的寄生菌韦伯虫座孢菌的生态学、生物学等进行了系统研究，制备出菌剂用于田间防治黑刺粉虱。研制出抗紫外线茶尺蠖 NPV 制剂，明确了我国茶白星病的病原种类和茶树品种抗茶橙瘿螨机制，建立了三虫一病的预测模型、动态防治指标、病虫抗药性监测体系和茶园农药使用优化体系。在单项技术研究的基础上组建了一套突出生防，集农药、生防和化防相协调的茶树主要病虫综合防治体系。

贵州茶园病虫害防控集成技术及茶叶质量安全技术研究，普查掌握了全省主要茶树病虫害的发生危害情况及危害规律，了解了主要害虫天敌的种类及其分布，搜集了大量茶树病虫害预测预报数据，为科学防治茶园病虫害以及利用天敌控制茶园害虫提供了重要的基础数据。开展了植物源农药和病毒生防制剂筛选研究，开发出植物源农药 1 种，通过转基因技术改造获得茶尺蠖核型多角体病毒 1 种。从现有农药中筛选出适合贵州茶园主要害虫防治的高效低毒农药 3 种，并筛选出诱捕茶小绿叶蝉等主要害虫的诱虫色板 1 种。开展了农药减量化技术研究，筛选出适合贵州茶园条件的弥雾式和集束式静电喷雾喷头各 1 种，减少了农药用量，节约了喷药劳动力和成本。分析贵州不同茶区产出的多个茶叶样品中典型重金属、典型农药、微生物、硝酸盐和亚硝酸盐残留量，提出了贵州茶叶质量安全控制技术方案、优质高产茶园生态环境保护利用技术方案。应用扫描电镜技术观测了贵州省茶园中茶棍蓟马若虫、蛹、雌雄成虫触角感器的类型、分布及超微结构。研究表明，各种虫态的茶棍蓟马触角上共存在 9 种感器，若虫、蛹、雌、雄成虫的触角感器在触角上的种类和分布有较大的差异。研究结果为深入了解蓟马化感系统及其内部结构提供依据，也为进一步开展基于茶棍蓟马行为学、电生理技术及害虫综合治理的研究提供理论基础。通过采集贵州、重庆、海南、福建 4 省（市）茶园的小绿叶蝉昆虫标本，在体检根据外部形态并结合雄性外生殖器特征进行种类鉴定，检视了 44 个茶园 2 988 号小绿叶蝉标本，共有 7 种。经对 7 种茶园小绿叶蝉的个体数量及分布范围综合分析表明，小贯小绿叶蝉、匀突长柄叶蝉和拟小茎小绿叶蝉为茶树危害种，其中优势种是小贯小绿叶蝉［*Empoasca*

(*Matsumurasca*) *onukii* Matsu-da〕。

在茶叶化学方面，合成了系列茶氨酸－溴代吡咯腈偶合物。通过蓖麻体系研究了其韧皮部输导性，所有偶合物均具韧皮部输导性，当供试浓度为 200μm 时，韧皮部渗出液最大检出深度为 150 μm。应用甘蓝开展了植物毒性研究，茶氨酸－溴代吡咯腈偶合物在 2 mmol/L 高浓度下不表现任何药害现象，而溴代吡咯腈在 100μm 浓度就可表现药害。进一步的输导性活性研究表明，茶氨酸－溴代吡咯腈偶合物对小菜蛾具明显输导性活性。根据茶叶内源化合物 EGCG 具多种抗病毒活性特征，开展了基于抗病病毒活性的 EGCG 化学结构修饰。设计了儿茶素－金刚烷胺偶合物合成及其抗流感病毒，采用点击化学，与脂溶性好、易被肠道吸收、抗流感病毒活性高的金刚烷胺进行二元拼接，使构建偶合物的同时含有可抑制流感病毒离子通道和又能够抑制流感病毒逆转录酶活性的结构片段。

在茶树病虫害周年防控技术研究方面，通过茶树害虫天敌的就地保护利用措施、茶园内部生物质循环型肥水管理的强采或修剪除虫防病技术、适时色板诱杀和性诱杀技术、茶园驱虫杀菌植物的种植及其循环利用技术和符合欧盟茶叶农残留标准的药剂适时防治技术等相应技术研究和有效组合，茶叶所提出了针对茶树病虫害的全程防控技术，根据部分地区茶叶多项农药残留、投产茶园茶黑刺粉虱爆发成灾、小绿叶蝉和蓟马发生较严重、茶尺蠖和炭疽病轻度发生、特异化茶树品种炭疽病、日灼病和根腐病等情况，组织茶叶所病虫防控团队人员，深入茶园调查，针对性实施茶树病虫害周年防控，研究和评价了科学肥水管理、茶黑刺粉虱的植物源农药应用、强采控虫除病、诱虫技术、短期快速遮阴与长效遮阴等技术措施。

（2）病　害

茶白星病是贵州省为害茶叶生产最严重的一种叶部病害，主要分布在海拔 800m 以上云雾较多的高山低温高湿茶区，严重影响茶叶产量和品质。20 世纪 70 年代末以郑茂材为主，开展了该病的发生发展规律、危害程度、空间分布型和调查抽样技术等工作。80 年代末到 90 年代初，以陈流光为主对该病的病原进行研究，取得了突破性进展，在中国农科院茶叶研究所协助下，对病斑上分离的菌种，回接试验成功，通过室内抑菌试验，已初步筛选出 4 种有较强抑制作用的杀菌剂。

近年来，报道了由 Phoma adianticola 引起的茶树芽头褐变的茶树的新病害。对引起茶树芽头褐变的病原进行了分离鉴定研究，通过柯赫氏法则，成功分离得到了致病菌株。菌株 PDA 培养条件下的形态学和 rDNA-ITS 分子鉴定结果表明，此病原菌为茎点霉属真菌。按照茎点霉属真菌鉴定程序开展了鉴定研究，根据病原菌相关特征，初步鉴定此病原菌为 Phoma adianticola。根据此菌侵染后的症状，暂将其表述为茶树褐芽病。

设计采集了贵州五大茶区 12 个点的茶园黑刺粉虱，经分子鉴定结果表明，所有点的茶园黑刺粉虱与茶树黑刺粉虱（*Aleurocan-thus camelliae* Kanmiya & Kasai）相符，而非仍广泛使用的柑橘黑刺粉虱（*Aleurocanthus spini-ferus* Quaintace）。

茶树丛枝菌根真菌方面，通过对茶树种植区域土壤 AMF 进行分离鉴定，共分离出 4 属 31 种茶树丛枝菌根真菌，其中球囊霉属（*Glomus*）18 种、无梗囊霉（*Acaulos-pora*）9 种、内养囊霉属（*Entrophospora*）1 种、巨孢囊霉属 Gifaspora 3 种。选择贵州 4 个典型的地方种茶树（湄潭苔茶、石阡苔茶、贵定鸟王和都匀毛尖）42 个样地进行取样分析。染色镜检发现，贵州 4 个地方种茶树均有 AMF 定殖和侵染，能形成典型 AMF 结构结构。筛选出根内球囊霉、摩西球囊霉、幼套球囊霉为优势菌，进行了保存与扩繁。分别以扩繁的根内球囊霉、摩西球囊霉为接种菌株，对 4 个品种茶树（福鼎大白、都匀毛尖、湄潭苔茶、石阡苔茶）进行接种，以不接种为对照，研究丛枝菌根真菌对茶苗生理生化指标的影响，探究丛枝菌根真菌在茶苗繁育上的应用前景。

此外对侧多食跗线螨虫、茶毛虫核型多角体病毒、云尺蛾核型多角体病毒、茶枝尺蠖、茶枝瘿蚊、茶银尺蠖、赤眼蜂、茶角蜡蚧寄生蜂、川尾尺蠖、盔唇瓢虫、黄宽颚步甲、茶园异色瓢虫、四斑广盾瓢虫、茶茸毒蛾和茶棍蓟马等开展观察培养和研究，并取得了一定成绩。

（3）草 害

20 世纪 80 年代初开始，以陈纪明为主进行草甘膦防除茶园杂草的研究和应用推广，每年只需在 4 月、7 月中旬各施 1 次药，即可基本控制草害。在全省茶园推广应用 2 万余亩，收到成本低、工效高、除草及时的效果。

1.2.2.4 茶叶加工

1940 年，中农所湄潭实验茶场在试制外销功夫红茶、绿茶、玉露花、桂花茶以及品质优异的龙井茶的同时，开展了茶业制造比较试验，如"红茶萎凋帘摊叶量""发酵时间与温度""烘笼摊叶量与时间""绿茶精制用工""红绿茶初制减水量"等研究。并在浙江大学农化系帮助下，进行湄潭茶叶单宁含量测定，各茶叶单宁量：龙井茶 19.1%、红茶 9.5%。茶芽 15.7%，第一叶 19.5%，第二叶 19.2%，梗 13.6%。这些试验和生化测定为中华人民共和国成立后贵州省茶叶加工奠定了一定基础。

最早的外销红茶是 1940 年 4 月由中茶公司借调云南顺岭实验茶场技术员祁曾培及 3 名技工到湄潭实验茶场协助首次试制的功夫红茶，当年共制成湄红茶 755 kg，主要作为礼茶，在当地仅有少量销售。1951 年为适应外销需要，中国茶业公司西南办事处派出干部和茶叶技术人员 34 名在仁怀、赤水设立红毛茶加工技术推广站，同时委托湄潭实验茶场（省茶叶研究所前身）在湄潭县推广红毛茶初制技术。当年全省各基点共生产收购红毛茶 43.85 t，供给西南区茶叶公司重庆茶场加工精制，出口前苏联和东欧，这是中华人民共和国成立后贵州茶叶进入国际市场的开始。1952 年红毛茶加工生产技术推广到石阡、镇远、安顺和遵义等市县，当年全省生产收购的红毛茶达 96.1 t。1958 年产区扩大到金沙、习水、镇远、开阳、息烽、余庆和凤岗等县，当时产品由省茶试站首次精制成箱，以"贵州黔红"牌直接向上海中茶公司发运，原批进入国际市场，从此结束了贵州红茶拼入川红出口的历史。20 世纪 50—60 年代初，省茶试站开展制茶研究，先后完成了"红茶轻萎凋与品质""揉捻压力""发酵与温度""烘焙温度与红茶品质""秋茶采制""拣茶用具研制比较""红茶工艺过程生化测定""试制木质畜力三桶揉捻机""湄潭 59 型茶叶干燥箱""红茶初制热处理"10 余个试验研究项目，为全省红茶生产及技术工艺奠定了基础。

20 世纪 50 年代初，首次在安顺、镇远推广外销炒青绿茶的加工技术。最先推广歪锅炒茶炉灶，并由一灶一锅逐渐发展为一灶多锅，既节约燃料，又适宜制作炒青绿茶需要高中低不同的温度要求。1956 年安顺茶技站在九溪试制成功脚踏解块分筛机。1957—1958 年省茶试站研制成功铁木结构的绿茶滚筒杀青机和滚筒炒干机，并及时推广应用。1958 年以前贵州无绿茶精制加工厂，全省生产、收购的外销炒青绿毛茶，全部调往江西上饶茶厂，拼合精制为"饶绿"出口。1959 年建立贵阳茶厂后，集中精制加工，以"黔绿"牌号运往上海出口，结束了贵州绿茶拼入"饶绿"出口的历史。

随着国际市场需求的变化，原生产的条形味醇的"黔红"牌功夫红茶必须改产成颗粒型味浓的分级红茶。1963 年省茶叶研究所在湄潭茶场开始颗粒型味浓分级红茶技术及工艺的研制，并获得成功。1964 年制成首批优质分级红茶 210 t，成为贵州最早出口的分级红茶。相继有羊艾、花贡、双流、广顺和东坡等大中型国营茶场也改产分级红茶。同时，省茶科所对分级红茶的初制工艺、摊晾、连续加工揉捻、烘干方法以及贮藏方法等进行了系统研究，同时又通过 1963—1964 年 2 年贮藏试验，结果表明毛茶进仓之前，必须适当烘干，使含水量保持在 4% ～ 7%，这样相对贮藏时间可较长。

为适应中外消费者对红茶品质的浓强鲜香的要求，1974—1976 年省茶科所、省土畜产进出口公司、羊艾茶场共同对原来生产红茶的工艺和机具进行了革新研究，将原分级红茶应用传统的平盘式揉切机改成适宜加工红碎茶的强烈快速的转子式揉切机，完成了羊艾 20 型和 30 型滚切式转子揉切机的研制与定型，成为国内最早研制成功的转子机之一，1975 年和 1978 年被一机部、外贸部、商业部、农业部联合召开的全国大型红碎茶机械现场交流会推荐为全国较优样机，并批准批量生产。

1974—1978 年省茶科所与遵义市南关茶机厂合作，进行炒青绿茶的初制工艺和机具研制，制成一机多用的 6CG-100 型滚筒炒茶机，适于农村茶场利用。与之相应，研究确定的炒青绿茶初制全滚工艺，1987 年被省标准计量局批准，定为贵州省地方标准，在全省范围内推广实施。20 世纪 80 年代，省茶科所又与航天部安顺风雷机械厂合作，进行红外滚筒炒茶机的研制。

近年来，贵州茶产业快速发展，贵州许多茶叶加工企业得到大幅度提升，一些局部茶区加工的装备水平、清洁化水平以及产品包装能力等步入全国中高等水平。随着中扁形、卷曲形、珠形名茶清洁化生产线的引进及相关技术的成功提炼和成品茶的批量加工，贵州茶叶加工已成功地完成了对先进技术的引进集成，项目的实施保障了贵州茶叶加工技术的自主创新和升级换代，加速了贵州茶叶全面进入清洁化、机械化加工的新时代。主要技术如下。

（1）滚筒连续2次杀青技术

1次杀青叶水分多，茶叶内含物质变化大，在揉捻过程中不易成形，3次、4次杀青叶，叶片单薄，揉捻时不易成形，多次连续杀青成本较高。

（2）微波杀青技术

6CW–6E型微波杀青机，在参数设置合适的情况下，杀青效果无论是在保持茶鲜叶原有的形状，还是在色泽、香气等方面都明显优于手工杀青和滚筒杀青。该型号设备不适合表面水含量过大的茶鲜叶的杀青处理。在辐射强度为6 kW工作状态下的杀青效果优于4 kW工作状态下的杀青效果。在6 kW状态下，转速为350～400 r/min的杀青效果最好，稳定性较高；转速为450 r/min时，杀青叶基本能杀透，但稳定性要稍差，可能与茶鲜叶本身的特点有关；转速为500 r/min，杀青叶基本不能被杀透。在4 kW状态下，转速为150 r/min和250 r/min时，杀青叶基本都能被杀透，程度稍偏轻。毛尖茶感官审评结果表明，6 kW状态下杀青效果较好的样品，感官品质也较好。扁形茶和重复试验感官审评结果表明，4 kW状态下杀青效果虽然不是太好，但干茶样的感官品质却比6 kW状态下杀青效果好的干茶样更好。

（3）微波—远红外辅助杀青

微波—远红外辅助杀青处理的杀青叶含水量比不加远红外处理的样品高，可能是造成干茶样品有暗条的原因。在4 kW微波辐射强度下，转速150 r/min时，加远红外辅助杀青的效果较好，在6 kW微波辐射强度下，加远红外辅助杀青，随着转速的增加，杀青效果反而较差，说明微波＋远红外辅助杀青在低微波辐射强度及低转速情况下，杀青效果较好。

（4）机采特等茶青及加工

第1次杀青时，杀青机筒壁的温度为290～300℃，第2次杀青时，杀青机筒壁的温度为216～220℃。机采特等茶青经过连续2次杀青处理，杀青叶放置10 h后，1次杀青中嫩叶叶质稍变黄，2次杀青中嫩叶无黄变出现。因此，针对机采特等茶青原料，完全可以通过调整杀青技术参数设置，达到杀青的目的，同时，能够达到使杀青叶随存放时间的延迟而性状保持稳定的目的。机采特等茶青的加工在技术上开辟了一条新途径，从而解决了特等茶青下树率低的实际问题。

（5）提炼扁形茶不同脱毫方式

脱毫的时间最合适在 20 ～ 30 min，因此，瓶式滚筒炒干机的合理提香时间应在 20 min 左右，多用机在 30 min 左右。试验表明，瓶式滚筒炒干机提香的叶温最高为 90 ～ 100℃，多用机叶温最高为 80 ～ 89℃。瓶式滚筒炒干机最高为 140 ～ 160℃；多用机最高为 95 ～ 105℃。提香时间，瓶式滚筒炒干机为 10 min，多用机为 17 min。从总体品质看，两机在生产中均较为适用。脱毫提香作业应由同一设备完成，因为茶叶在设备内是有一定温度的，如果换机提香，芽叶离机后叶温会急剧下降，重新升温提香会造成叶温升降幅度过大，使茶叶色泽灰变。在试验过程中，2 种机型用于扁形茶脱毫提香都比较适用，且在同一机型上完成同一作业更好，但 2 种机械的综合性能相比，瓶式滚筒炒干机综合性能略优于多用机。

（6）提炼扁形茶加工关键技术

在扁形茶加工过程中，做形温度、脱毫温度及提香温度对扁形茶感官品质均无显著影响。其原因是在茶叶加工过程中，难以达到对温度的精确控制。由均值得到各因素最佳水平，即做形温度 50℃、脱毫温度 60℃和提香温度 80℃是贵州扁形茶加工工艺的最优温度组合。

（7）提炼卷曲形茶机械做形提毫技术

采用双锅曲毫机进行辅助做形有利于茶条卷曲，加压揉捻做形有利于茶条圆、细。卷曲形茶的揉捻机慢速做形及烘干机提毫固形的机械做形提毫工艺的思路是可行的，对双锅曲毫机辅助做形的阶段和做形程度进行调整，同时严格控制烘干机固形提毫的时间及在制品的含水量。

（8）红茶通氧发酵加工新技术

运用勒夏特列原理（Le Chatelier's principle）又名"化学平衡移动原理"，即将红茶发酵过程视为"固相＋气相→反应生成物"的反应模型，在控制红茶发酵空间温度、湿度的基础上，通过增加反应模型中气相反应物（氧气）的浓度，促使红茶发酵过程中酶促氧化反应向反应生成物的方向积累，增加反应生成物（茶黄素、茶红素、茶褐素）的积累量，提升酶促氧化反应速度，缩短发酵时间。与揉捻机、烘焙机组建成完整的红茶加工设备，明确了萎凋、揉捻、干燥技术参数，形成了 1 套技术规程。条形红茶通氧发酵加工工艺流程为鲜叶→萎凋→揉捻→通氧发酵→干燥。工艺参数：萎凋叶含水量控制在 60% 左右，揉捻时间 60 ～ 90 min，加压流程为轻→重→轻，通氧发酵温度 25 ～ 30℃，发酵叶厚度 1 ～ 2 cm，发酵时间 50 ～ 60 min，氧气浓度保持在 90% 以上，干燥温度 90 ～ 120℃，先高后低，含水量控制在 7% 以下。

（9）茶园内部循环经济模式

以废弃茶园修剪枝为原料，开展废弃茶园修剪枝食用菌栽培循环利用技术应用示范，主要开展废弃茶园修剪枝食用菌栽培基质快速发酵技术应用示范，废弃茶园修剪枝栽培茶树菇、香菇、花脸香蘑技术应用示范，废弃菌包加工沼液、沼渣茶园施用技术的应用示范。通过组织破碎茶园修剪枝，利用其丰富的多酚类物质的酶促氧化反应释放热量，提升食用菌栽培堆料温度，增加纤维素酶等水解酶活性，缩短发酵时间，使堆料发酵时间由 30 ~ 60 d 减少至 10 ~ 20 d，利用栽培食用菌的废弃菌包为原料加工沼液、沼渣，结合茶园栽培管理技术，开展废弃菌包沼液、沼渣茶园施用技术的应用示范，可节约肥料投入 200 ~ 300 元 / 亩。避免了茶园外来投入品带来的农药残留、重金属的污染风险。

1.3 贵州茶文化的发展及现状

1.3.1 多民族茶文化

贵州丰富的民族文化，使得在汉、唐以前对茶的称呼因各地语音不同各异，以后便产生了各种不同音的汉字。如黔南云雾山苗族称茶为"几"，安顺苗族称茶为"及"，黔西南贞丰苗族称茶为"将"，黔东南凯里、台江等地苗族称茶为"吉"，都与古代茶的称呼"槚"（jiǎ）和"荼"（tú）相似。贵州少数民族虽然没有自己的文字，只留下语言和方言，但孕育了丰富的多民族茶文化。如贵州黔东南月亮山一带的苗族鼎罐茶，黔西南晴隆、普安一带的苗族擂茶，还有贵州各地常见的姜茶、打油茶等都具有鲜明而浓郁的地域和民族特色。贞丰的布依族、苗族和汉族，几百年来就制作了别致的用红绒扎成的"娘娘茶""巴巴茶"，又称"状元笔茶"。黔西北威宁、赫章、纳雍、毕节、大方和水城等县各族人民，至今沿用烤"罐罐茶"的古老饮茶习惯。贵州不仅是一个古老的茶区，贵州的少数民族对我国的茶叶生产和茶文化做出了积极的贡献（李疃，2017）。

贵州勤劳的各族人民，创造了丰富多彩、形质优异的名特优产品。中华人民共和国成立前，就创制了都匀毛尖茶、贵定云雾茶、石阡坪山茶、开阳南贡茶、普定朵贝茶、大方海马官茶、纳雍姑箐茶、织金平桥茶、黄平回龙茶、金沙清池茶、独山高寨茶、贞丰坡柳茶、镇远天印茶、从江滚郎茶和遵义金鼎云雾茶等地方历史名茶。中华人民共和国成立后，贵州省在继承传统生产技术的基础上，引进、消化和吸收龙井茶、外销炒青绿茶和红碎茶、普洱茶、花茶和乌龙茶等加工技术，开拓发展了以"都匀毛尖茶"领衔的，包括"羊艾毛峰"（卷曲形）、"遵义毛峰"（条形）、"湄江条"（扁平形）、"贵定雪芽"（绒毛形）、"银球茶"（球形）、"山京翠芽"（片形）、"贡春茶"（眉形）、"东坡毛尖"（碧螺春形）、"狮山碧针"（针形）和"黎平古钱茶"（古铜钱形）等为主要代表的贵州名茶。这些名茶，原料细嫩、生产技术精湛，色、香、味、形独具一格，深受广大消费者的喜爱。近10 年来，随着市场经济的培育和发展，人民生活水平的不断提高，贵州桐子茶厂开发的杜仲茶、雷山天麻茶，贵阳春风厂的减肥美容茶、遵义六珍保健茶、台江苦丁茶以及由中国科学院贵阳地球化学研究所和贵州省茶科所联合调研开发的贵州天然富硒茶、瓮安青山茶场开发的保肝茶等保健产品，更加显示出贵州茶叶有着广阔的发展前景。

1.3.2　历史与发展

追溯贵州的产茶史，根据 3000 年以上的文字考证，如《茶经》《华阳国志》等，记录了贵州产茶的历史。贵州是最早出现茶市的省份，西汉扬雄著《方言》云："蜀西南人，谓茶曰蔎。"王褒《僮约》提及的"夜郎茶市"比四川"武阳茶市"要早 76 年。贵州是古夜郎国的中心地区，汉武帝遣派唐蒙将军入夜郎国（贵州）探路借道，从珠江上游的贵州源头率兵顺江而到广东平叛成功，尔后记录了夜郎国主要物品，其中茶叶赫然在其中，自己也带之回长安（郑文佳等，2016）。

东晋常璩（347 年或稍后）著《华阳国志·南中志》称："平夷县（今毕节部分地区）……山产茶蜜。"今贵州省大方县古为平夷郡。又载周武王伐纣，得巴蜀之地（包括贵州北部部分地区），当地土产"……丹漆茶蜜……皆纳贡之"，即茶已作为进贡之物。

至唐宋时期，贵州茶在全国已享有盛名。唐代茶圣陆羽在《茶经》记载"黔中生思州、播州、费州、夷州……往往得之，其味极佳"。唐代黔中的思、播、费、夷四州，则是现在贵州省的遵义、铜仁、黔东南三地州所在地，贵州茶叶由官商到达长安，供显赫人士及宫廷品饮。

宋代强化以茶治边政策，在贵州设有八处茶马交易管理市，夷州、播州、思州等地的茶叶已成为贡品。北宋，乐史（930—1007）撰《太平寰宇记》江南西道载有："夷州土产茶，播州土产生黄茶，思州土产茶。"产于务川的"都濡月兔"茶品味独特，受到宋代诗人黄庭坚"味殊厚"的高度评价。

贵州茶叶在明清时期发展较为迅速。明清时期，贵州在"移民就宽乡""改土归流"和"开辟苗疆"等军事行动和政策的推动下，有大批移民涌入，并将先进的农耕技术带到贵州各地，推动了贵州农业开发。特别是长江中上游地区先进制茶技术方法的传入，极大促进了贵州茶叶生产的发展和品质的提高，各茶区迅速发展起来。据明皇录布政司的资料，贵州的贡茶总数量仅次于浙江。《续文献通考》记载："洪武三十年（1397），置成都、重庆、保宁、播州茶仓四所，令商人纳米、中茶……成化八年（1472）置播州茶仓。"贵州已实行统购茶叶，禁止私人买卖，不许私茶出境。贵州茶类和茶区同时得到发展，现仍残存有明代人工栽种的古茶树群落，例如，金沙县清池区古茶树群落，贵阳花溪区久安乡古茶树群落。

清代，朝廷强制将江西籍等汉族百姓"田实"贵州，田土以自己的种植能力插草（刺）为界。种茶范围扩大，面积、产量增多，贵州已到处有茶，且茶叶开始外运，成为当时全国 13 个茶叶主产省之一。清代，贡茶（税赋）收入已超国库三分之一。清康熙《贵州通志》（1673 年）、乾隆《贵州通志》（1741 年）、《黔南识略》（1749 年）等，列举"贵阳府、都匀府、镇远府、思州府、铜仁府、遵义府所属各县均产茶"，"黔省各属皆产茶，贵定云雾山产茶最有名，惜产量太少，得之不易，石阡茶、湄潭眉尖茶皆为贡品；其次如铜仁之东山，贞丰城柳，仁怀之珠兰茶均属佳品，而安顺茶香味尤盛，滇商往往来购，去改充普洱茶"。不仅县县产茶，而且名茶不断涌现，先后诞生了贞丰坡柳茶、湄潭眉尖茶、石阡龙泉茶、思州茶、安顺鸡场茶、纳雍平远茶、大定果瓦茶、务川高树茶、龙里东苗坡茶、贵定云雾、都濡月兔、海马宫茶、赵司茶、东山茶、团龙贡茶、姚溪茶、清池茶、朵贝茶和开阳南贡茶等地方名茶，并大多进贡朝廷。

1915 年，开阳建立"茧茶公司"，为贵州历史上最早创立的茶叶公司，产品远销上海、汉口等。同年，据《都匀县志稿》记载都匀鱼钩茶（今毛尖茶）在巴拿马博览会上获"金奖"，贵州茶开始走向世界。除鱼钩茶外，还有思州绿茶、金沙清池茶、湄潭眉尖茶、贵定云雾茶、石阡坪山茶等一批历史名茶。1939 年，经济部中央农业实验所和中国茶叶公司为在大后方建立中国茶叶出口和科研基地，选定湄潭建成实验茶场，开始茶叶研究和出口茶试制。1940 年 1 月在湄潭县联合建立实验茶场后（1946 年后改为桐茶实验场），即着手对全省茶树资源品种、茶叶生产情况进行系统调查，同时开展茶树栽培试验和红茶、绿茶的试制。

中华人民共和国成立后，各级党委、政府高度重视茶叶生产，贵州茶叶生产步入了新的历史时期，贵州茶叶生产大体经历了恢复发展、曲折发展、稳定发展、快速发展和跨越式发展 5 个阶段。

（1）恢复发展阶段（1950—1958 年）

贵州解放后，人民政府接管了湄潭桐茶实验场，并更名为贵州省湄潭实验茶场。与此同时，成立了中国茶叶公司贵州分公司，负责贵州茶叶的经营。茶园建设以垦复改造原有茶园为主，茶叶制作以试制红茶为重点，产品以满足国家的出口需要为主。1954 年，根据全国茶叶专业会议关于"以开展互助合作为中心，积极整理现有茶园，提高茶叶产量"的精神，对原有茶园进行补植和合理更新。组织科技人员向农民传授茶树丰产优质种植技术，推广合理采摘和茶叶加工工艺。在建立和发展地方国营茶厂的同时，对私营茶商进行公私合营的社会主义改造，全省茶叶生产逐步纳入计划管理轨道。1958 年 7 月，国务院总理周恩来为石阡县地印公社新华茶场题词："茶叶生产，前途无量。"同年 11 月时任中共中央总书记邓小平考察贵州时指出："种茶是有前途的生产，要有茶叶县。"周恩来的题词和邓小平的讲话极大地鼓舞了贵州茶叶生产积极性，当年茶园面积增加 2 万余亩。

（2）曲折发展阶段（1959—1978 年）

从 1959 年开始到 1978 年的 20 年间，贵州茶叶生产经历了大起大落的曲折发展。

1960 年，贵州品牌的茶叶产品"黔红""黔绿"问世，但随着 20 世纪 50 年代末国民经济遭受严重挫折，全省大量茶园被撂荒，面积也随之锐减。1962 年 4 月的全国茶叶工作会议提出优先保证出口，按计划保证边销。为了保证国家出口需要，贵州茶叶生产逐步恢复并获得较大发展。1972 年起掀起了茶园建设新高潮，种茶面积大幅增长，1973 年当年茶园增长面积超 10 万亩。到 1978 年，全省茶园面积发展到 63.2 万亩，茶叶产量达 6 555 t，茶叶收购量、销售量和出口量分别为 5 120.8 t、1 973.7 t 和 2 508.7 t。1978 年的茶叶出口占全省出口商品收购值的 13.1%，在全省出口产品中名列第一。出口的产品主要有大宗红碎茶、绿茶和"都匀毛尖"等名优产品。在此期间，取得了"茶树密植和免耕快速高产栽培技术"等重大科研成果。

（3）稳定发展时期（1979—1992 年）

中共十一届三中全会以后，在农村推行以联产承包经营责任制为主的一系列重大改革，极大地调动了农民种茶的积极性。同时，依靠科学技术，大力推广省茶科所、省湄潭茶场的一系列重大科技成果，使全省茶叶科研与茶叶生产逐步结合起来，成为这一时期贵州茶叶发展的重要特点。1981 年 4 月，中共湄潭县核桃坝村支部书记何殿伦等 4 名党员，与贵州省茶叶科学研究所签订茶树良种短穗扦插繁殖试验示范合同，由茶科所无偿提供黔湄系列良种、资金和技术，在核桃坝村试验获得成功。茶科所的优良品种得以大面积推广，核桃坝村也因此逐步走上种茶脱贫致富的道路，在全省产生了重要示范作用。1981 年 7 月贵州省政府发布了《关于大力发展茶叶生产的指示》，目的是调动集体和个人发展茶叶生产的积极性。但由于该段时期国家茶叶收购管理体制调整使茶叶生产者无所适从，加上发展资金不足，全省茶叶生产基本处于维持状态，其间还因管理不善撂荒了部分茶园。1982 年"都匀毛尖"被商业部评为"中国十大名茶"之一。1983 年贵州茶叶开始正式注册商标，当年共有 5 家企业注册了正式商标，其间全省共注册了 35 个茶叶商标。1989 年省茶科所选育品种"黔湄 419 号""黔湄 502 号"被认定为国家级茶树良种，位列同期认定品种前 2 名。贵州省茶叶标准化工作始于 20 世纪 80 年代末，1991 年完成了《茶园土壤》《茶园密植免耕快速高产栽培技术规程》《中小叶种丰产茶园树冠群体结构》《短穗扦插繁育》《红碎茶全转子机初制工艺》等技术规范的省级地方标准和《遵义毛峰》《出口绿茶》《羊艾毛峰》《红碎茶》等 22 项产品的省级地方标准编制发布工作。

（4）快速发展时期（1993—2005 年）

贵州茶叶生产进入规模化、标准化、产业化探索阶段。1992 年省政府出台《贵州省贫困地区"八五"区域性产业发展计划》，计划投资 12.11 亿元发展贫困地区种植、养殖、加工、采矿、能源五大类产业，覆盖了 46 个品种、322 个项目，茶叶作为其中的实施内容，得到了大力支持，1993 年全省茶园面积比上年猛增 20 万亩以上，出口额达 100

万美元以上。1994 年黄果树毛峰特级、一级均获首届"中茶杯"特等奖。1995 年筹建贵州省茶叶产品质量监督检验站，并于 1996 年 5 月在省茶科所挂牌开展工作，1996 年贵州绿茶纳入全国绿茶统一监督检验工作，1997—2006 年全省每年开展茶叶产品质量定期监督检验工作。在省科技厅、省农业厅、省技术监督局的支持下，省茶科所和茶叶质检站从 1998 年起开展了茶叶生产技术综合标准化研究，提出了茶叶企业生产全过程的技术标准体系基本框架。同时，随着省人民政府对茶叶产品的定期监督检验的全面开展，针对贵州省茶叶企业标准化基础较差、产品标准较混乱的实际情况，省茶叶质检站及各地技术监督部门对全省茶叶企业产品标准进行不断的规范，指导企业编制了大量的产品企业标准。1997 年贵州省名牌战略启动，茶叶产品于 1999 年参与名牌产品评价。2001 年湄潭、晴隆 2 县被农业部列为全国首批 20 个创建无公害茶叶生产基地县，并于次年经验收合格后确认为全国首批无公害农产品（种植业）生产基地县达标单位。2001 年国家标准化管理委员会批准建设第 3 批全国农业标准化示范区，贵州的余庆县成为国家级苦丁茶标准化示范区。在 10 个乡镇各建 100 亩示范基地，辐射带动 3.7 万亩苦丁茶产业发展；编制余庆县苦丁茶育苗、栽培技术、苦丁茶鲜叶、加工技术规程、产品标准 5 个地方标准；苦丁茶育苗成活率从 20% 提高到 90% 以上；茶青单产增长率达 20% 以上；经济效益、社会效益和生态效益显著提高。2001 年贵州启动茶叶出口规范化扶持工作，当年办理茶叶进出口经营资格的企业家，获得省贸易合作厅支持的项目包括 ISO 9000 质量管理体系和 ISO 14000 环境管理体系认证、出口考察、茶叶出口安全技术培训等。2003 年《贵州绿茶》《贵州小叶苦丁茶》2 项地方标准由贵州省质量技术监督局发布实施。2003 年余庆县被国家农业部（现农业农村部）列为无公害茶叶生产基地创建单位，并于次年经验收合格后确认为达标单位。省农业厅按照农业部统一安排，选送 35 份茶样到农业部茶叶质检中心，按无公害茶叶标准进行检验，仅 1 份茶样不合格，表明贵州发展无公害茶叶基础好，有大力发展出口茶叶的条件。2004 年凤冈县、余庆县分别被中国特产之乡推荐及宣传组织活动委员会评定为"中国富锌富硒有机茶之乡"和"中国小叶苦丁茶之乡"。

2004 年全省茶叶产业开始呈现明显特点：一是湄潭等主产县高度重视茶叶产业发展，出台了茶业发展支持政策；二是名优茶发展加快，湄潭、正安、道真、黎平、安顺的 5 个茶产品获第五届中茶杯名优茶评比一等奖，雷山银球茶、贵定雪芽、湄潭翠芽、梵净山翠芽、凤冈锌硒绿茶、雀舌报春等获各种博览会奖；三是茶叶生产的安全意识增强，茶叶产品质量明显提高。无公害产地认定规模增大，共有 9 家企业的茶叶产品通过有机茶认证；四是加强龙头企业培育，共有 4 家茶叶企业成为省级农业产业化龙头企业；五是茶叶市场和服务业建设初具规模。湄潭县西南茶城被农业部确定为第九批定点批发市场之一，湄江镇建立了全省首个茶青专业批发市场。一批茶馆、茶楼得到恢复和发展；六是茶文化活动蓬勃开展。南明区、贵定县、湄潭县都先后举办了茶文化活动，余庆县借"中国小叶苦丁茶之乡""中国小叶苦丁茶示范基地县"授牌之机，举办了"CCTV 乡村大世界走进中国小叶苦丁茶之乡——余庆"大型文化活动。2005 年贵州茶叶首次开展无公害农产品认证工作，2 个企业产品通过无公害农产品认证。2005 年，全省茶园面积发展到 89.6 万亩，茶叶产量达到 2.29 万 t，分别比 1992 年增长 72.6% 和 1.87 倍。其间全省共注册了 370 个茶叶商标，2005 年"都匀毛尖"注册为原产地域保护商标（为后期的地理标志证明商标）。2005 年 8 月 25 日，湄潭、凤冈、余庆三县与贵州省茶叶研究所联合签署了"中国西部茶海特色经济联合体"章程和合作协议。2006 年 3 月 27 日，遵义市人民政府批复（遵府函〔2006〕30 号），同意三县一所建立"中国西部茶海特色经济联合体"。

（5）跨越式发展阶段（2006—2012 年）

2006 年，根据省委常委专题会议纪要（九届〔2006〕第 1 号）精神，由省农业厅承办，省政协提案委员会、省乡镇企业局、省经贸委、省商务厅、省供销社、省监狱管理局、省政府发展研究中心、省委政研室、贵州财经学院等有关部门和单位参加共同完成了《加快我省茶产业发展》专题调研，就茶叶基地、茶树良种繁育场、茶叶生产加工企业、茶青市场和茶叶批发市场、茶叶协会以及农户生产等情况进行了调研，与地方党政、部门、企业、协会、茶楼负责人以及茶农进行了座谈和交流，形成了《关于加快贵州茶产业发展调研报告》。在调研报告的基础上，经充分讨论、广泛征求意见，中共贵州省委和省人民政府于 2007 年 3 月出台了《关于加快茶产业发展的意见》（黔党发〔2007〕6 号），提出到 2015 年全省茶园面积达 220 万亩，实现年产值 50 亿元以上的目标，各市、州、地也相应出台了加快茶产业发展的意见。为了加强贵州茶产业发展的组织协调，由中共贵州省委和省人民政府分管领导为召集人，有关部门和单位负责人参加，组成了贵州省茶产业联席会议，负责研究制定茶产业发展的总体规划、年度计划和推进茶产业发展的决策措施，协调解决茶产业发展中的重大问题（袁子勇等，2018）。

全省茶叶生产进入跨越式发展阶段主要表现在 3 个方面。

一是茶业发展显著加快。2012—2014 年，茶园面积分别达 377.3 万亩、469.8 万亩和 662 万亩，茶园面积由全国第四上升到第一。

二是大力推进茶叶生产标准化。2009 年贵州省利用中央财政现代农业发展资金推进茶产业化建设，为了指导该项目的全面实施，促进全省茶产业标准化、规模化可持续发展，贵州省质量技术监督局提出构建综合配套的贵州省茶叶技术标准体系，编制涵盖茶叶生产、加工、产品、包装、销售、服务等环节的一系列标准。2010 年 10 月，《贵州茶叶技术标准规程》出版发行，编制和修订了贵州茶叶主要产品、产地环境条件、生产技术规程、加工场所条件、加工技术规程、企业检验要求、绿茶销售管理、产品信息溯源管理、茶青市场建设要求、茶馆业服务要求、茶馆星级标准等 34 项省级地方标准，收录了国家茶叶基础标准、主要行业标准，简要介绍了"欧盟农药残留管理政策""全球良好农业规范""日本肯定列表制度"等国外食品安全标准，列出了国家标准化法律法规和相关技术标准名录。全省共完成凤冈县、石阡县、纳雍县、江口县 4 个茶叶标准化示范区建设。2008 年批准建设第六批全国农业标准化示范区，贵州的凤冈县、石阡县、纳雍县分别成为富锌富硒茶、苔茶、有机茶国家级农业标准化示范区。2010 年批准建设第七批全国农业标准化示范区，贵州的江口县成为绿茶栽培国家级农业标准化示范区。凤冈富锌富硒茶国家农业标准化示范区核心示范区域为永安镇、土溪镇、新建乡、绥阳镇、何坝乡，示范目标为按照标准化、规范化、科学化、产业化的要求建设 8 万亩标准化生产核心示范区，全县茶叶标准化生产面积将达 90% 以上，制定 8 个地方标准，建立锌硒茶综合标准体系，培训技术人员 3 000 名，建设茶青交易市场 5 个，引进 2～3 家大型茶叶加工企业。石阡苔茶国家农业标准化示范区核心示范区域为五德镇、坪山乡、甘溪乡、龙塘镇、聚凤乡、枫香乡。示范目标为建立《石阡苔茶综合标准体系》，涵盖茶叶生产产前、产中、产后全过程；新建标准化茶园 7.5 万亩，对 0.9 万亩中低产茶园进行标准化改造；建设一个茶叶检测中心；培养一支既懂得茶叶生产加工，又懂得标准化生产的技术队伍；建成产地茶青交易市场 20 个，扩建县城成品茶交易市场 1 个；全县茶叶收入达到 2.6 亿元；茶农收入显著增长，全县仅茶青总收入达 1 亿元以上。纳雍有机茶国家农业标准化示范区核心示范区域为化作乡，示范目标为以产地环境严格化、种植加工标准化、服务管理规范化，确保生产的有机茶达到纳雍县有机茶产品地方标准；示范总面积达 5 200 亩，涉及农户 1 300 余户，年产茶叶 338 吨，产值 1 716 万元，生产的有机茶到有机产品认证标准；辐射带动周边 10 个乡镇 40 余个村发展有机茶园 30 000 万亩，惠及农户 3 000 余户，总产值达 9 900 万元。江口县绿茶栽培国家级农业标准化示范区域规模为 9 个乡（镇）共 5 万亩生态茶园，农户数达 12 000 户以上，产量达 2.325 t/hm^2。茶园全部通过无公害认定，其中 1.3 万亩茶园通过有机茶园认证。建设标准化无性系良种育苗示范基地 500 亩。建设标准化生态绿茶核心示范栽培面积 1 000 亩。建立《江口县生态绿茶综合标准体系》，标准涵盖产前、产中、产后茶叶生产全过程。5 万亩生态旅游观光茶园建成后，可增加全县土地资源蓄水量 150 万 t，相当于 3 个小 2 型水库。3 年后全县 1.2 万户茶农仅采摘、销售茶青纯收入可达 3 000 元 / 亩以上，每年户均增收 1.5 万元以上。投产后产值达到 4.75 亿元时，当地财政将获得营业税 2 850 万元、企业所得税 1 300 万元左右。

三是加强了茶叶品牌推介。2009 年省政府举办了全省十大名茶评选活动，"都匀毛尖""湄潭翠芽""梵净山翠峰茶""凤冈锌硒茶""泉都坪山牌石阡苔茶""春江花月夜明前茶""绿宝石""贵定云雾茶""清水塘牌清池翠片""雷山银球茶"为贵州十大名茶。2009 年都匀毛尖茶制作技艺、贵定云雾贡茶手工制作技艺、正安等地的油茶制作技艺、息烽西山虫茶制作技艺入选贵州省第三批省级非物质文化遗产名录。2010 年"都匀毛尖"

品牌入选商务部第二批保护与促进的"中华老字号"名录。2010 年贵州南方茶叶有限公司的南方采仙品牌代表贵州绿茶获第三届"金芽奖"设立的"中国优秀茶叶品牌"奖。省质监局、省农委、省工商局通过政策渠道大力推进贵州茶叶品牌建设工作。至 2012 年底，全省共有 7 个茶叶产品获准为国家地理标志保护产品、1 个产品为国家农产品地理标志保护，8 个茶叶商标注册为国家地理标志证明商标。地理标志证明商标"湄潭翠芽""石阡苔茶"和企业商标"兰馨雀舌"为国家驰名商标。同时贵州茶叶学会、贵州省茶叶协会组织企业参加全国或国际权威性品牌评价活动，共有 10 个产品获中茶杯特等奖、81 个产品获一等奖；18 个产品获中绿杯金奖、24 个产品获银奖；17 个产品获国饮杯特等奖、34 个产品获一等奖；4 个产品获世界绿茶大赛最高金奖、7 个产品获金奖。2012 年列入"中国茶叶区域公用品牌价值榜单"100 强的贵州品牌有"都匀毛尖"（第 22 位，品牌价值 11.39 亿元）、"湄潭翠芽"（第 26 位，品牌价值 10.30 亿元）、"梵净山翠峰茶"（第 61 位，品牌价值 5.03 亿元）、"凤冈锌硒茶"（第 67 位，品牌价值 4.57 亿元）、"余庆苦丁茶"（第 80 位，品牌价值 3.17 亿元）、"贵定云雾贡茶"（第 81 位，品牌价值 3.02 亿元）、"正安白茶"（第 87 位，品牌价值 1.06 亿元）。中国茶叶区域公用品牌评价由浙江大学 CARD 农业品牌研究中心和《中国茶叶》杂志、中国农业科学院茶叶研究所中国茶叶网联合组建课题组负责实施，采取茶叶区域公用品牌主体调查、茶叶消费者消费综合评价调研、专家调查、媒介调查等多种调查方式，采用 CARD 农产品品牌价值评估模型，沿用"茶叶区域公用品牌价值 = 茶叶品牌收益 × 茶叶品牌强度乘数 × 茶叶品牌忠诚度因子"的模型评估品牌价值。

列入"2012 中国茶叶企业产品品牌价值排行榜"的企业产品品牌有"妙品栗香"（名列 89 位，评估价值 0.42 亿元）、"贵州印象"（名列 106 位，评估价值 0.2 亿元）、"侗乡雀舌"（名列 116 位，评估价值 0.1 亿元）、"栗香办公茶"（名列 117 位，评估价值 0.09 亿元）、"璞贵"（名列 120 位，评估价值 0.06 亿元）。

入选"2012 年最具影响力中国农产品区域公用品牌"的贵州茶叶品牌有"安顺瀑布茶""石阡苔茶"。"2012 年最具影响力中国农产品区域公用品牌"调查活动是按照农业部要求，在农业部优质农产品开发服务中心组织下，由中国优质农产品开发服务协会牵头联合中国绿色食品协会、中国农产品市场协会、中国国际贸易促进委员会农业行业分会、中国水产学会、中国畜牧业协会和中国农业展览协会共同开展的。活动经过组织征集、初评申报、专家评审、网络调查、公证公布的程序，最终调查产生了 100 个 2012 年最具影响力中国农产品区域公用品牌的名单。

2014 年，《贵州省茶产业三年提升行动计划》提出重点打造"三绿一红"省重点培育品牌，着力将"三绿一红"推向全国，打响黔茶品牌。"三绿一红"是指"都匀毛尖""湄潭翠芽""绿宝石"和"遵义红"，其中"都匀毛尖""湄潭翠芽""绿宝石"均是绿茶。

2016 年，贵州"都匀毛尖""湄潭翠芽""梵净山茶""凤冈锌硒茶""梵净山翠峰茶""石阡苔茶""余庆苦丁茶"7 个茶业品牌上榜"2016 茶叶区域公用品牌价值排行榜"。

随着"十三五"期间贵州交通、物流等条件的改善，茶叶产业借助"互联网+"，同时与文化旅游等相融合，已成为推动贵州农业产业改革转型的重要支撑点和推动农业产业向前发展的重要力量。在大发展、大提高过程中，先后诞生了正安白茶、遵义红、普安红、纳雍高山生态有机茶等区域茶叶品牌。

贵州茶叶生产优势

2.1 地理优势

2.1.1 茶树发源地

贵州山多，地形复杂，气候多样，资源丰富，境内山清水秀、云雾缭绕，是全国唯一兼具低纬度、高海拔、寡日照、无污染的茶叶产区，是发展"绿色、生态、安全、健康"茶的天然理想区域。"幽深不见人，苍翠万千里"是贵州生动而真实的写照。贵州是世界茶树的原产地和古老茶区之一，具有悠久的茶叶历史渊源和发展茶叶独特的自然与人文条件。贵州是一方"净土"，农业部首任副部长，现代茶学大师吴觉农在所著的《茶经述评》一书中记载：依据古地质、古生物、古气候、古人类及近代考古和茶学研究成果，地处西南腹地的贵州高原，不仅是人类最早的活动地域和古生物的发祥地，而且是世界茶树原产地中心和茶文化发祥地。

1980—1982 年，贵州省茶叶科学研究所承担贵州省农业厅下达的"贵州省野生大树茶资源调查"课题。1980 年 7 月 9 日课题组成员卢其明同志在晴隆县海拔 1 650 m 的箐口公社营头大队笋家箐云头大山发现一块疑似茶籽化石，项目组对化石发现地区的地质地貌、地理气象、生态环境等相关资料进行采集。1988 年中国科学院南京古生物研究所鉴定认为"化石标本的外形、大小，其种脐，周边稍突起，种脐旁侧有凹痕，种子顶端扁平或微凸等特征与现代四球茶的种子最相似，化石可归属于四球茶；化石与壳斗科的斛果接近，但壳斗科的果实均有壳斗，种脐大而扁平，无周边突起，此化石与壳斗科无关；化石时代归于晚第三纪至第四纪"。晚第三纪始于距今约 2 330 万年，止于距今约 164 万年，而第四纪多采用距今 258 万年，时代的鉴定时间差有近 1 000 多万年。世界上茶科化石很罕见，尤其是茶科种子化石尤为珍贵。茶树起源的探索需要进一步的科学依据，该化石是目前全球唯一一颗茶籽化石，有力地证明了贵州是茶树起源、茶树原产地的事实（郑文佳等，2016）。

2.1.2 自然环境优越

茶树系多年生灌木型木本植物，起源于我国西南亚热带雨林之中，具有喜温但不需强光、喜湿但怕涝、喜阴（漫射光）的生理特性，适宜在酸性土壤中生长。贵州省位于东经103°36′～109°35′、北纬24°37′～29°13′的亚热带东亚大陆季风区，地处云贵高原东南斜坡地带。贵州的气候条件和土壤条件正好满足了茶树生长发育所要求的生态环境条件。特别是1 000 m 及以上的高原山地，云雾聚集，昼夜温差较大，改善和加强了茶叶中叶绿素光合作用合成的效果，有利于优质茶色、香、味的形成。正如贵州省气象专家杨恕良、黄肇玉在"试论贵州茶树气候优势及其区划"一文中指出的，贵州茶树的气候优势为"云雾缭绕，光照柔和；多漫射光，热量丰富但无高温热害，冻害轻；湿润多雨，阴湿条件俱佳"。这些足以证明，大自然赐予贵州种茶的条件是优厚的，早在明代《一统志》就记述"贵州茶府县皆有"。

2.1.2.1 气候资源

（1）日 照

贵州日照偏低，大部分地区年日照时数为1 100～1 400 h，日照率30%左右，日照率高的7—8月为45%～50%，比一般省区低10%以上，省内常出现多云间晴天或多云间阴天天气，尤其是秋季多阴雨，是我国阴天最多的省份，阴天多，光照中以散射光和漫射光居多，有利于茶叶物质积累和芳香物质的形成，提高茶叶品质。如主产区的贵阳年均阴天总日数有220 d，遵义有240 d。

（2）温 度

贵州境内气候资源较好，大部分地区属中亚热带。年平均气温14～16℃，全年≥10℃积温4 000～5 000℃·d，最冷的1月平均气温为4～6℃，最热的7月平均气温为26℃左右，4月均温可上升到10℃以上，对茶树生长极为有利，同时对茶叶内质和外形的塑造起到十分重要的作用。其中，南部的红水河，都柳江及北部赤水河下游年均温达18℃以上，无霜期达340 d，茶树的生长期和采摘期较中部均多1个月以上。

（3）降 水

贵州雨量充沛，雨日多，变幅小。年降水量都在1 100～1 300 mm，年降水量高值区达1 600 mm 以上，其中茶树生长的4—10月总降水量占全年80%左右，空气相对湿度80%左右。降雨强度小，全年降雨日数一般在170～200 d，其中茶叶主产区的贵阳、湄潭、安顺，分别为180 d、185 d 和193 d，空气湿润，相对湿度大。尤其是高温的夏季，其降水量约占全年降水量的一半。这种雨热同季、水分供应良好的状况，为茶树内在品质的形成提供了有利条件（袁子勇等，2018）。

（4）大气质量

贵州是山地农业地区，工业污染少，主要茶区的大气污染程度很低，达到"清洁"等级。按中国《绿色食品产地环境质量现状评价纲要》的要求，适宜发展无公害茶叶。

2.1.2.2 土地资源

（1）地形地貌

贵州地处云贵高原东部斜坡地带，地形复杂，具有地势较高、起伏较大、切割强烈、地貌类型复杂多样的特点。全省山地、丘陵面积占总面积的90%以上，平均海拔1 000 m左右，高于1 000 m的地区占总面积56.1%，中部多为800～1 000 m，除个别区域，大部分地区相对高差300～500 m。贵州大量的坡地均处于茶树生长的适宜海拔范围。

（2）土 壤

贵州土壤属红壤—黄壤，在地理分布上具有垂直—水平复合分布规律，即在相同纬度下发育了同一地带性土壤，但在不同的地势高度下，由于成土条件的差异，形成不同的土壤带，因而在水平地带性基础上，表现出垂直分布的特点。此外，贵州土壤还受地区性母质和地形等条件变化的影响，产生一系列区域性的非地带性土壤。土壤类型较多，主要有黄壤、红壤、赤红壤、红褐土、黄红壤、高原黄棕壤、山地草甸土、石灰土、紫色土、水稻土等，其中适宜茶树生长的为酸性或弱酸性土壤，主要有黄壤、黄棕壤、红壤、黄红壤和紫色土。这些土类分布广、水平地带性和垂直地带性十分明显，pH为4.5～6，底土无硬盘层，土壤水位低，排水良好，坡度适中，非常适合茶树生长。其中以黄壤面积最大，分布在贵州中部和西南部山原地区，砂页岩发育的黄壤，质地疏松，通气和排水良好，耐旱保水保肥，多分布于丘陵中下部，部分地区土壤和岩石中各种微量元素（如硒、锌、锶等）极为丰富，许多地方硒含量在2 mg/kg以上。茶树在此类土壤中生长良好，能获得香味浓的良好品质。

2.1.2.3 茶叶分区

（1）黔中山原茶区

贵州省茶叶主产区，所辖范围广，包括贵阳市、安顺市全部和遵义市南部、毕节市东部、黔东南州西部、黔南州北部的39个市县，主要包括遵义、湄潭、黔西、织金、黄平、凯里、贵定、独山等。黔中山原茶区地处贵州高原的主体部分，地势开阔，丘陵盆地面积大，海拔一般为800～1 200 m，年均温14～16℃、≥10℃积温为4 000～5 000℃·d，年降水量1 200 mm，云雾多，土壤以黄壤为主，有利于茶树生长。但局部地区有冰雹，夏旱频率较高,对春、夏茶生产带来一定威胁。

(2)黔北中山峡谷茶区

位于贵州省的北部,与四川毗邻,包括遵义市的道真、正安、赤水、习水和铜仁地区的沿河等共8个县,大部分海拔为600～800 m,山高谷深坡陡,气候垂直差异大。气候特点:春暖较早、夏温较高、秋寒较迟、雨量较多。年均温在16～17℃,≥10℃积温为4 500～5 000℃·d。赤水、沿河年均温达18℃左右,习水年均温在14℃左右。冬季温高,可发展大叶型茶树品种。山地丘陵中的自然土壤主要是黄壤,不仅茶树生长良好,且品质较佳。

(3)黔东中低山茶区

包括铜仁地区、黔东南大部和黔南州的三都、荔波等23个县市,地势较缓,河网密度大,地形破碎;土壤以黄红壤和黄壤为主,土层深厚,自然肥力较高,有机质含量一般在1.5%以上,但严重缺磷。气候温暖湿润,年均温16～17℃,≥10℃积温大多在5 000～6 000℃·d,降雨量较多,森林资源丰富,是天然绿色宝库,能满足茶树生长需要。但气候不够稳定,春暖稍迟,秋寒偏早,冬温较低,伏旱频率高,对茶树生长发育有一定影响。

(4)黔南山地河谷茶区

包括黔西南州大部分县和黔南州罗甸县等共8个县,处于贵州高原向红水河谷逐渐降低的斜坡地带,地势起伏较大,海拔南低北高。由于纬度偏南,河谷深切,热量极为丰富,年均温18℃左右,≥10℃积温5 500～6 500℃·d,望谟、罗甸年均温达18～20℃,最冷的1月平均气温为7℃,低热河谷四季无霜,为贵州省有名的"天然温室"。自然土壤以红壤分布最广,黄红壤、黄壤次之,这些土壤有机质含量高,呈微酸性,对茶树生长有利。但质地偏黏,含磷较少,对茶树生长带来不利影响。

(5)黔西高原山地茶区

包括毕节市的威宁、赫章、毕节、大方、纳雍以及六盘水市等共9个县,是云贵高原向黔中山原的过渡地带。大部分海拔1 500～2 400 m,境内有贵州最高的韭菜坪达2 900 m,地貌有高原、山地和丘陵等,高原山地面积广,高原平坦,坡度不大,土层深1～2 m。区内气候较冷,昼夜温度及日较差大,是贵州省有名的高寒山区。年均温多在12～14℃,威宁、大方在12℃以下。≥10℃积温3 000～4 000℃·d,雨量偏少,冬春多干旱,春夏多冰雹,是全省的少雨区和冰雹区。气候特点是春季温度回升晚,夏温低,冬季寒冷早。大多数区域土壤呈微酸性,适宜茶树生长。

2.1.3 品种资源丰富

贵州有十分优异的地貌特征、气候条件和土壤优势,是茶树的种植适宜区和优质茶叶基地，全省宜茶地超过 700 万亩，不仅茶区辽阔，各地州县市都产茶，而且茶树栽培品种及野生茶树资源十分丰富，为我国南方茶树品种资源最丰富的省区之一。茶树从野生型到栽培型，从灌木到半乔木、乔木，从小叶种、中叶种到大叶种在全省均有分布，是我国保存茶树品种资源最丰富的省份之一。既有生产红茶的大叶型品种，也有生产绿茶的中小叶型品种，还有可开发利用的大树茶，贵州现有各种类型茶树品种及资源达 560 种。在抗日战争期间，当时中农所湄潭实验茶场（今贵州省茶叶科学研究所前身）收集、栽植了全国 13 个省区 270 个县市的优良茶种，为中华人民共和国成立后选育良种打下了坚实基础，经省茶科所多年调查、收集整理，贵州有务川大树茶和仁怀大丛茶、兴仁高脚茶、贵定仰望大叶茶、都匀毛尖茶和安顺竹叶青、镇远小叶茶和湄潭苔茶等 17 个地方优良品种；有中华人民共和国成立后省茶科所选育成高产优质的黔湄 419 号、黔湄 502 号、黔湄601 号、黔湄 701 号、黔湄 415 号和黔湄 303 号等 10 余个新品种，其中黔湄 419 号和黔湄 502 号为国家级良种；并且还引进一批福建福鼎大白茶、云南云抗 10 号和浙江龙井 43号等良种。深厚的历史渊源和丰富的茶树品种资源，使发展生态茶产业具有独特的优势和潜力。

2.1.3.1　野生茶树

贵州有 120 万余株古茶树分布于全省 9 个市（州）61 个县（市、区）。贵州的古茶树包括野生型古茶树和栽培型古茶树，其中野生型古茶树多分布在海拔 800 ～ 2 200 m 的原始森林和次生林中，而栽培型古茶树则零散分布在屋舍前后与田间地头，迄今在贵州大娄山脉及苗岭南麓，还有不少野生乔木大叶茶树分布。在明代张谦德《茶经》记述有"黔阳之都濡高枝"，这是有关贵州务川大树茶的最早文献记载。贵州近代开展茶树地方品种资源的调查，是从抗战初期开始。1939 年中农所湄潭实验茶场技佐叶知水在务川县老鹰山岩上调查发现了 10 余棵高 6 m，干粗 20 cm 的野生乔木大叶茶；1940 年该场技士李联标对湄潭、凤冈、务川、德江等黔北四县的茶树品种进行资源调查，在务川又发现 1 棵树高7 m，叶长 13.6 cm，叶宽 7 ～ 8 cm 的大茶树，并整理出黔北地方茶树品种十大类型：野生乔木大叶大树茶、半乔木大叶大丛茶、灌木大叶茶、团叶茶、长叶茶、苔茶、小叶茶、柳叶茶、鸡嘴茶和兔耳茶。这是贵州较早的有关茶树品种资源的调查和分类。

目前，全省已探明的相对集中连片超过 1 000 株的古茶树群落有近 50 处，树龄 200年以上的古茶树 15 万株以上，在黔西南州兴义市七舍镇甚至还发现了 1 棵地径在 180 cm左右的古茶树，国内罕见；普安幸存的四球茶古茶树被公认是珍稀原始古老野生品种；纳雍幸存的水东乡姑箐村古茶树被确认为珍稀古老品种——"秃房种"；习水幸存的仙源古茶树被确认为珍稀古老品种——"巨齿种"；金沙清池有 1 500 亩的罕见乔木型古茶树群落园；贵阳市花溪区久安乡及水城蟠龙镇幸存有最大的灌木型古茶树群落园；晴隆的"红药红山茶、红瘤果茶"为山茶属的 2 个新种；晴隆"栗树红花茶和白花茶"是比较原始的茶叶类型；这些古茶树资源为贵州茶产业的发展提供了宝贵的资源和坚实的基础。

调查分析了全省 38 个县（市）古茶树的地理分布、气候环境、形态生化特征，绘制了贵州古茶树分布图。对全省 26 个县（市）40 份古茶树资源进行了遗传多样性分析及 DNA 指纹图谱构建，构建了 40 份古茶树资源的系统发育树及其 DNA 指纹图谱。初步对 81 份古茶树进行了分类，初步筛选出高茶多酚资源 5 份、低咖啡因资源 1 份、潜在优良种质资源 1 份及其他特殊资源 20 份。基于 20 个 SSR 标记等位基因出现频率计算 Nei's 遗传距离（D）结果显示，40 份古茶树资源的遗传距离在 0.075 ～ 0.875，表明 40 份古茶树资源间的遗传差异较大，遗传多样性较高，遗传基础较宽。建立了贵州 20 余个县（市）60 余份古茶树资源的地理分布及其生化成分、形态学特征档案资料。81 份古茶树资源共 38 个气象数据标注点的地理坐标位于 25° 20′ ～ 28° 59′ N，104° 44′ ～ 109° 48′ E，海拔 268 ～ 2 004 m，主要分布在 800 ～ 1 300 m，年平均气温在 13.5 ～ 19.0℃、年极端最高气温在 31.2 ～ 42.6℃、年极端最低气温在 −12.1 ～ −4.0℃、年平均相对湿度在 76% ～ 85%、年降水量在 1 006 ～ 1 588 mm。另外，有 53 份资源中的 20 份资源水浸出物含量变化范围为 38.70% ～ 52.90%、平均为 46.62%、变异系数为 7.50%。53 份资源氨基酸、茶多酚、咖啡碱含量分别为 0.90% ～ 4.60%、15.30% ～ 27.90% 和 1.80% ～ 4.70%，平均含量分别为 2.21%、22.19% 和 3.10%，变异系数分别为 33.94%、12.57% 和 24.84%，酚氨比 4.99 ～ 22.58、平均为 11.39、变异系数为 38.86%，4 个指标的平均变异系数为 27.55%。有 13 份资源的酚氨比 < 8，28 份资源的酚氨比为 8 ～ 15，12 份资源的酚氨比 > 15。氨基酸平均含量低于福鼎大白茶，水浸出物、茶多酚及咖啡碱的平均含量与酚氨比均高于福鼎大白茶，表明 53 份茶树资源生化成分含量差异明显。在无性系茶树良种遗传多样性分析及重要功能基因发掘方面，贵州无性系茶树良种遗传多样性及其指纹图谱正在构建中，已克隆茶树富硒关键酶硒代半胱氨酸甲基转移酶（CsSTM）基因，并进行了生物信息学分析，分析了茶树根、叶等器官中该基因在不同水培硒浓度下的表达模式。克隆了茶树脱落酸（ABA）合成关键酶基因（NCEDs）及其信号转导关键组分基因 SnRK2，并分析了这些基因家族在不同干旱条件下的表达模式。此外，贵州大学已对久安古茶树、黔西部分古茶树进行了遗传多样性研究，黔南民族师范学院、贵阳学院初步开展了都匀野生茶树资源的选育。黔西、毕节、铜仁等地的高校及科研院所也开展了当地古茶树的保护开发研究。

贵州自然地理条件特殊，茶树资源分布范围广，遗传多样，特异性茶树资源较多，是其他茶树原产地省份所不能比拟的，被誉为茶树种质资源的宝库。这些丰富的古茶树资源是见证茶树起源地与茶树驯化栽培历史的活化石：从茶组植物分类学专业的角度来看，贵州的古茶树资源包括大理茶、大厂茶、四球茶、疏齿茶、秃房茶和榕江茶等多个茶组植物种及变种，而物种种属丰富正是该物种起源地的特征之一，这也间接佐证了贵州是茶树的原产地；在 2015 年，"贵州花溪古茶树与茶文化系统"成功入选第三批中国重要农业文化遗产名录。

中华人民共和国成立后，贵州茶树品种资源系统调查研究初步查明贵州茶区分布很广，品种资源丰富，至少有 35 种地方群体品种类型。20 世纪 80 年代初开始，对野生茶树资源丰富的普安、晴隆的调查表明，普安县大茶树集中在普白林场，群众把普白野生大树茶分为白茶与黑茶 2 种。经内含物质的生化分析，具极少茸毛，属于茶树的原始类型；根据调查资料整理及群众习惯称呼归类，晴隆县大树茶可分为半坡大树茶、晴隆大苔茶、晴隆红树茶、栗树红花茶和栗树白花茶 5 种，其中栗树红花茶和白花苔茶生物性状特殊，儿茶素总量和咖啡碱含量都很低，是茶的近缘和较原始类型，是研究茶树生物学进化的重要材料。另外，在晴隆县智口公社营头大队笋家发现的"红药红山茶"和晴隆县栗树公社上捧碧生产队发现的"红瘤果茶"为山茶属的 2 个新种。

2.1.3.2　主栽品种

贵州省种植的茶树品种有选育品种湄潭苔茶、黔湄 419、黔湄 502、黔湄 601、黔湄 701 和黔湄 809；省内地方群体品种有石阡苔茶、贵定鸟王种、都匀毛尖种、安顺竹叶青和镇宁团叶茶。省外引进品种以福建和浙江为主，有少量四川和云南品种，约有 30 个，主要有福鼎大白茶无性系和群体种、福鼎大毫、福云 6 号、金观音、黄观音、福选 9 号、福安大白、大红袍、金牡丹、铁观音、黄金桂、丹桂、梅占、平阳特早、龙井 43、龙井长叶、安吉白茶、乌牛早、浙农 113、迎霜、浙农 117、中茶 108、浙江中小叶种、鸠坑早、云南大叶种、昆明十里香、名山 131、特早 213、蒙山 9 号和台茶 12 号（金萱）。在这些

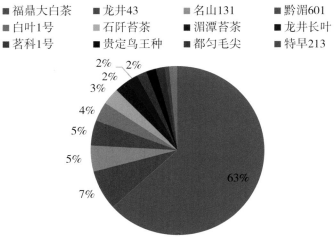

图 2-1　贵州茶树种植品种面积占比结构

品种中，选育无性系品种占大部分，少数地区仍然有一部分本地种子直播品种。同时，在石阡、湄潭、毕节、安顺、贵定和都匀等地区还有很大一部分本地的苔茶品种。

全省主栽的茶树品种有福鼎大白茶、龙井 43、名山 131、黔湄 601、安吉白茶、石阡苔茶、湄潭苔茶、龙井长叶、金观音、贵定鸟王种和都匀毛尖。

1）福鼎大白茶。是贵州省主要栽种的茶树品种，在每个市（州）都有种植，以遵义市种植面积最大。从适应性看，福鼎在各个地区的适应性很强，海拔 500～1 400 m 均有种植，在水城及毕节的高海拔地区也同样表现出很强的适应性，无病害，主要虫害为茶假眼小绿叶蝉，抗寒性、耐旱性均很强，在各个地区基本用作加工绿茶，其产量中等，且大部分地区只加工春茶。

2）龙井 43。近年来，贵州省引进较多的茶树品种，现在种植面积跃居全省第 2，除安顺市种植较少外，在各个地州市都有种植，在黔东南州种植面积最大。但这个品种适宜低海拔种植，一般认为最适合种植在海拔 400～700 m，抗寒性和耐旱性、抗病虫性都中等，持嫩性差，一般只能采春茶，在贵州省一般以采独芽为主，用来制作高档绿茶。

3）黔湄 601。贵州省茶叶研究所育成的品种，为国家级良种，由于其产量高，芽叶肥壮，叶片呈水平着生有利于芽叶采摘，得到广大茶农的认可，在全省的推广面积很大。

4）名山 131。主要分布在铜仁、遵义市，其中以道真县种植面积最广，生长势强，用一芽 2 叶加工的茶品质较好。

5）安吉白茶。1998 年经浙江省农作物品种审定委员会认定为省级良种。由于其在春季 3—4 月 1 个多月的时间内，芽叶白化，此时采摘制成的茶叶氨基酸含量特别高，茶叶品质好，营养价值高，近年来备受追捧。在贵州省正安县种植面积最大，在黔东南、铜仁、遵义、毕节、贵阳、黔西南都有种植，根据调查了解，很多企业和茶农对整个品种比较感兴趣，多次咨询此品种的相关特性，目前该品种在贵州省呈逐步扩大的趋势。

6）乌龙茶品种。近年来，乌龙茶品种大量引入贵州省，主要生产绿茶为主兼制乌龙茶。制绿茶有花香，适应贵州省高香绿茶的需求，主要有金观音、黄金桂、大红袍、金牡丹、铁观音、丹桂、金萱和梅占 8 个品种，分布在铜仁、遵义、黔东南和毕节种植，表现良好，效益较高。另外，早生品种引进对提高春茶产量，提早上市有巨大作用，除龙井 43 外，还有龙井长叶、特早 213、乌牛早、浙农 113、福选 9 号、浙农 117、中茶 108、鸠坑早和平阳特早 9 个品种。

7）福云 6 号。主要种植在安顺市。在贵州制绿茶品质不及福鼎，现有多个县作为淘汰品种。传统的绿茶品种贵定鸟王种、石阡苔茶属绿茶品种，现企业利用夏茶茶多酚物质增加加工为红茶，铁观音、金观音、金牡丹、黄金桂、丹桂和梅占等属乌龙茶品种，现主要用来加工绿茶，有特殊的香味，云南大叶种、黔湄系列良种的单芽加工的翠芽、功夫红茶品质很好。

2.1.3.3 主产区种植品种

湄潭县主栽茶树品种有福鼎大白茶、湄潭苔茶、黔湄 419、黔湄 502、黔湄 601 和黔湄 809。其中，福鼎大白茶品种占全县茶园面积的 60.75%。

凤冈县主栽品种有福鼎大白茶、浙江中小叶种、黔湄 601、黔湄 809、福云 6 号、名山 131、福选 9 号、龙井长叶、金观音、黄观音、金牡丹，其他还有铁观音、梅占、丹桂、黄金桂、迎霜、安吉白茶、中茶 108、平阳特早和龙井 43 等品种，福鼎占 82.9%。

石阡县主栽品种有石阡苔茶、福鼎大白茶、安吉白茶、龙井 43、福选 9 号、名选 131、平阳特早、乌牛早、福鼎大毫茶、金萱和福云 6 号 11 个品种，福鼎大白茶占 46%，其中石阡苔茶占 21.5%，其他品种占 32.5%。

纳雍县全县福鼎占 95.1%，另外 3 个品种安吉白茶、金观音和龙井 43 占 4.9%。

金沙县有 6 个品种，福鼎大白茶、安吉白茶、龙井 43、黔湄 809、地方苔茶和乌牛早，福鼎大白茶占 51.5%。

2.2 技术优势

2.2.1 历史技术

2.2.1.1 栽培技术

20 世纪 70 年代，由贵州省农业科学院茶叶研究所冯绍隆研究员主持完成的茶树密植免耕栽培技术是中国茶树栽培史的一项重大革新，较传统的茶树栽培技术具有成园快、产量高、品质好、省工、省肥、技术简便等显著优点，能提早 2 ~ 3 年成园投产，实现头年种、二年摘、三年亩产超五十、四年五年夺高产，亩产干茶可达 300 ~ 350 kg 的可喜成效。全国先后有 16 个产茶省（区）1 万余人次到湄潭参观交流，在 14 个省区茶园推广应用面积达百万亩以上，被国家科委成果办列为向全国重点推广的农村实用技术成果。

2.2.1.2 生态防治

20 世纪 50 年代末，茶小绿叶蝉在贵州省发生严重危害，造成大面积茶园芽头枯焦无茶可采，当时主要采用农药防治，虽然控制住该虫的为害，但由于其中的二二三农药在防虫的同时大量杀伤茶牡蛎盾蚧的天敌，致使其猖獗成灾，造成茶树大面积（70% 左右）死亡，使科研人员认识到滥用农药的恶果和开展保护利用茶树害虫自然天敌的重要意义。1964 年夏怀恩等在《茶叶通讯》发表"谈茶树害虫的综合防治"，率先提出农业、生物、药剂综合防治控制害虫的观点。其后贵州茶树保护研究的重心逐步转移到茶树害虫及天敌资源的调查、鉴定与天敌的保护利用上。通对省内茶区大量调查，明确贵州茶树害虫 230 种，病害 30 余种，害虫天敌 324 种，防治研究结果分别在《昆虫知识》等杂志上和有关全国性学术会议上进行交流。

2.2.1.3　红茶加工

20 世纪 70 年代，由贵州省农业科学院茶叶研究所王正容牵头，贵州省土畜产进出口公司郭颂仁和羊艾茶场吴辉尘等共同研制成功的羊艾 30 型转子揉切机，成为当时国内最早研制成功的转子机之一，先后 2 次在四川新胜茶场、湖南冰江茶场参加由农业部农机研究院、对贸易部中茶进出口总公司、中商部茶畜局等联合召开的全国大型红碎茶机械现场测试和经验交流会，被推荐为全国较优样机之一，并被批准批量生产。1980 年羊艾茶场用该机具为主的新工艺生产的 53 500 kg 3 套样红碎茶，每 50 kg 均价 297 元，超过了国内先进茶场 2 套样均价水平。

由贵州省农业科学院茶叶研究所张其生撰写的《发酵叶象与红碎茶品质》在 1977 年和 1978 年分别被全国高等农林院校制茶学统编教材和华南农大红茶生物化学教材所采用。在红碎茶工艺及初制机具研究应用方面贵州在当时国内同行中处于领先地位。

2.2.1.4　专业人才

2007 年以来，贵州茶业连创辉煌，茶园面积一度连续 6 年以 70 万亩的速度增长，一跃成为全国第一。首要因素是贵州省委省政府高度重视和省茶办高效推进，同时专业技术的支撑也功不可没。

2007 年，贵州茶业大发展的分水岭，以湄潭茶场为代表的国有企业为茶产业的发展提供了大量的技术人员。同时贵州省农业科学院茶叶研究所的专业人才齐备，从茶树育种、茶园栽培、植物保持、茶叶加工和产品质检等方面均有产业发展所需的专业人才。从茶学专业人才和产业技术人员资源的角度来看，贵州当时在全国名列前茅。

2.2.2　当前技术

2.2.2.1　优质品种集中

贵州茶树资源丰富，福鼎大白茶的种植面积约占总面积的 70%。从茶青采摘劳动力和产品多样性的角度来看存在一些问题，但是从产品品质和规模化的角度来看，这在全国来说是一种得天独厚的优势。首先，福鼎大白茶是全国绿茶品质鉴定标准的对照种，用其做茶品质的起点高，也就是说绝大部分的贵州茶从原料开始就具备优质的基础。其次，截至 2018 年底贵州茶园面积已达 684 万亩，投产茶园 561 万亩，全省 9 个市（州）均有分布，对规模化优质产品的生产带来了根本的保证。

2.2.2.2 科学防治

贵州省茶园提倡生态防控，配置银杏树、光皮桦、山苍子树、樱花树等树种，在茶园地及梯坎面种草，建立林—茶—草立体生态茶园，调节茶园小气候，增加茶园生态多样性，增强茶园天敌对害虫的自然控制能力。重点实施农艺措施对病虫害的防控，提出及时采收夏秋茶的"以用代防"技术，通过及时采收夏秋茶，不给病虫害留食物，实现其种群数量的控制。实施物理和生物防控，使用物理诱虫设备诱杀害虫，应用植物源、生物源和矿物源农药防治病虫害。在茶园病虫爆发时，才考虑选用适于茶园的化学农药，使用静电喷雾器超低剂量施药防治。贵州茶园除草大多使用最原始的人工或轻便机械除草技术，保障了茶园不受除草剂污染。

贵州省多次出台文件加强农药和肥料投入品的监管，贵州茶园禁止使用农药111种，比国家禁止使用种类多63种。建立了茶叶农药专柜监督检查，规范了销售和使用台账，从源头上防止高毒高残留农药、水溶性农药、除草剂在茶园中的使用，杜绝了高毒高残留农药对茶叶的污染。

2.2.2.3 产品质量监督

1996年5月16日，由朱福建牵头的贵州省茶叶产品质量监督检验站挂靠贵州省农业科学院茶叶研究所成立，在茶叶行业内贵州茶叶质监工作领跑全国。全国从事茶叶质量安全的2位院士之一宋宝安院士就在贵州，贵州茶叶质量安全特别是植保方面的高学历人才和团队平台建设等方面已经形成了较强的优势。

2.3 产业优势

2.3.1 茶叶品质独特

贵州省在申报"贵州绿茶"国家农产品地理标志产品中，通过对若干茶样的检测，感官审评等，贵州绿茶得到了"嫩、香、鲜、浓、醇"的总体品质评价。专家组在贵州绿茶品质特征评价的基础上，给予了贵州绿茶"翡翠绿、嫩栗香、浓爽味"独一无二的品质评语。专家组在审评鉴定中指出，贵州绿茶的品质特征源于贵州独特的自然生态环境，具有高海拔冷凉云雾绿茶的典型性，明显别于贵州以外产区生产的绿茶。在此环境中生长的茶树鲜叶肥壮、内含物丰富、持嫩性强，在全国茶产品中独树一帜，并得到了国内外消费者广泛认可。得益于优越的自然条件，贵州茶叶天然品质极佳。根据贵州省茶叶质检站 10 年来（从 1996 年开始）对茶叶产品每年的定期监督检验分析结果，贵州茶叶水浸出物、总灰分、粗纤维、铅、铜等理化参数的国家标准合格率在 95% 以上。抽检样品中近 90% 的农药残留含量能够达到欧盟和日本对茶叶的相关要求。贵州绿茶的内含物质丰富（表 2-1），茶水浸出物含量基本都达 40% 以上；氨基酸含量 3% 以上；茶多酚含量 30% 以上，形成了贵州绿茶香气高、滋味浓、汤色绿、耐冲泡的品质特征（徐嘉民，2017）。

2008 年，贵州茶叶科研上第一个重大专项"贵州茶产业关键技术研究与产业化示范"得到贵州省科技厅立项。通过集成创新，贵州省农业科学院茶叶研究所突破了茶叶加工中同时满足色绿和香高的技术瓶颈，致使色绿香高的贵州茶新产品不断涌现，最典型的产品贵州三绿一红中的湄潭翠芽具备了能与传统龙井茶媲美、但风格迥异的品质特征，为其成为独树一帜的国家级茶产品奠定了一定的基础。

表 2-1　贵州省各地、州、市茶叶水浸出物、游离氨基酸总量、茶多酚含量情况

	指标	水浸出物	游离氨基酸总量（%）	茶多酚（%）
黔东南州	茶样总数（个）		19	
	含量范围	37.2～46.0	2.0～5.4	24.7～37.6
	平均值	43.0	3.7	29.9
黔南州	茶样总数（个）		10	
	含量范围	38.4～47.5	2.2～4.0	21.0～39.2
	平均值	42.7	3.3	32.3
遵义市	茶样总数（个）		14	
	含量范围	39.1～46.6	2.6～4.6	21.0～33.6
	平均值	45.3	3.8	30.1
铜仁地区	茶样总数（个）		11	
	含量范围	37.3～46.9	2.0～3.6	24.2～32.3
	平均值	44.1	3.3	28.6
毕节市	茶样总数（个）		5	
	含量范围	39.9～47.8	2.0～3.4	29.5～36.0
	平均值	42.6	3.1	30.8
安顺市	茶样总数（个）		5	
	含量范围	39.7～46.0	2.6～4.4	23.6～28.7
	平均值	43.0	3.7	26.8
贵阳市	茶样总数（个）		9	
	含量范围	39.1～50.7	2.0～4.2	27.4～33.6
	平均值	44.9	3.4	30.8
六盘水市	茶样总数（个）		4	
	含量范围	39.2～45.6	2.5～3.8	23.6～31.8
	平均值	43.3	3.6	29.6
黔西南州	茶样总数（个）		5	
	含量范围	39.2～44.6	2.3～3.7	26.1～32.9
	平均值	42.9	3.3	29.9

数据来源：贵州省农产品质检中心（贵州省茶质检站）2006 年。

2.3.2 产业规模大

2.3.2.1 种植面积全国第一

截至 2018 年底，全省茶园面积稳定在 684 万亩，约占全国茶园总面积的 16%，2019 年，贵州的茶园面积已突破 700 万亩，2020 年 6 月，全省茶园面积稳定在 700 万亩，稳居全国第一。产量 17.65 万 t，产值 299.8 亿元，综合产值 502.2 亿元，茶产量、销量均实现 20% 以上的增长，是贵州农业农村经济的支柱产业和特色优势产业。

2.3.2.2 茶产业链延伸广

以市场为导向，从注重春茶开发向春、夏、秋茶均衡开发，从注重独芽茶利用向独芽与一芽多叶综合利用转变，从注重发展高端产品茶向发展高中低端产品茶并重转变，提高茶叶下树率。中粮集团、联合利华、英国太古集团等国内外知名大企业经过深入考察，分别在湄潭、石阡、余庆、思南等县建设茶园基地、签订产销协议、建设厂房。大企业的知名品牌、销售渠道、资金技术，与贵州的茶资源紧密结合，带动贵州茶叶风行天下，融入国内国际大市场。

2016 年，我国第 300 亿件快递产生于湄潭县一位茶农，茶农足不出户便能销售茶叶，客户轻触屏幕便能享受一杯贵州茶香。茶叶产值在全省经济作物中，成为全省出口创汇和税源的重要商品。依托大生态，拥抱大数据，借助多渠道营销方式，贵州茶叶源源不断地销往北京、上海、广东、浙江、福建等地，并拓宽美国、俄罗斯、德国等海外市场。据省绿茶品牌发展促进会收集海关，进出口检疫局以及浙江、湖南进出口公司以原料购买出口及贵州省有关出口企业的不完全统计，2016 年贵州省茶叶出口已突破 7 000 万美元，成为继烟、酒之后贵州省第 3 大出口产品。

全省茶产业"接二连三"效应逐步显现，茶产业借力"互联网+"，与电子商务相融合，与创意产业相融合，与文化旅游相融合，与专业力量相融合，激发茶文化和茶旅游潜力，利用贵州省丰富的茶叶资源和茶叶无污染、内质好等优势，开发了茶多酚、茶饮料、茶食品等多元化茶叶产品，提高茶叶资源综合利用效益。催生了加工、包装、销售和茶馆休闲、茶艺表演等产业。茶产业的发展提升了地方知名度、美誉度，使茶园景区化成为一种趋势，延伸了茶产业链，提高茶园资源综合利用效益。

2.3.2.3 茶文化活动丰富

在贵州每年举办的中国·贵州国际茶文化节暨茶产业博览会、都匀毛尖（国际）茶人会、贵州茶业科技年会、贵州茶业经济年会等活动丰富多彩，使贵州茶叶的知名度、美誉度不断提高，奠定了其在全国的地位和话语权。"贵州绿茶"已成为全国首个省级茶叶类国家农产品地理标志产品。

2.3.3　政府支持力度大

贵州种茶发展的一个重要条件是，党和政府的高度重视，各部门的大力协作配合，从 20 世纪 80 年代起，茶叶成为贵州省重要的经济作物，在部分地州市县已将茶叶列为拳头产品，并纳入"贵州省农业区划"的主要内容。2007 年，中共贵州省委、贵州省人民政府前后出台实施了《关于加快茶产业发展的意见》《贵州省茶产业提升三年行动计划（2014—2016 年）》《贵州茶产业发展报告（2016）》等系列政策文件，助推茶叶产业发展，贵州茶叶生产进入了集中化、规模化、标准化、科学化发展的阶段。采取"政府扶持、企业运作、茶农所有、集中连片、科学种植、分户经营"的形式，以茶叶规模化、标准化生产为目标，重点支持黔北湄潭、凤冈、余庆、正安、道真，黔中平坝、西秀、开阳，黔南都匀、贵定，黔西南普安、晴隆，黔西北纳雍、水城，黔东石阡、松桃、印江，黔东南黎平、丹寨、雷山，建设一批规模化、标准化和专业化程度较高的茶叶基地，促进茶园连片集中，形成贵州省高档名优绿茶产业带、大叶种早生绿茶和花茶坯产业带、"高山"有机绿茶产业带和优质出口绿茶产业带。

2.4　茶产业助力脱贫攻坚

在脱贫攻坚、全面小康的关键时刻，茶叶再次担当起了促进贵州山区农村经济发展、助推脱贫攻坚和实现乡村振兴的重任。全省因种茶解决了 300 多万人就业，有 470 余万农民因茶脱贫致富；贵州茶产业正在朝着"百姓富、生态好、产业强"的目标迅速推进。丰富的古茶树资源也在促进贵州山区农村经济发展、助推脱贫攻坚方面发挥了积极作用：全省目前从事古茶树开发的企业达 110 余家，开发出了久安千年绿与千年红、沿河千年古树绿茶与红茶、普安红系列产品、习水仙源红等系列产品，年创产值达 10 亿元；而在铜仁市沿河土家族自治县塘坝镇的连片 500 余亩 5 万株栽培型古茶园，涉及 100 户农户 500人，每株古茶树可以带来年收入 1 000 元以上；在遵义市习水县则开展了古茶树流转，每株年租金达 1 000 元以上，平均每年为农户增加收入 1 200 元左右。

茶产业吸引了更多经营主体参与其中，惠及民生进一步凸显，经济效益、社会效益、生态效益得到了协调发展。全省有 135 万户 470 万农民种茶，茶农人均茶叶收入 1 000 余元。丰产茶园的亩产值达 5 000 ～ 12 000 元。茶叶是劳动密集型产业，1 亩茶园就可以帮助 1 人脱贫。每千克春茶鲜叶售价平均为 120 ～ 160 元，极大地消化了一大批农村劳动力；吸引了一大批外出青年回乡就业和创业；特别是增加了留在农村的一大批老人、妇女、儿童的经济收入来源。随着茶叶加工企业不断增加、产业链条的不断延长，将吸纳更多农民参与种茶、制茶、售茶，如果投产达 700 万亩，可解决 500 万农村劳动力在家门口就近就业。全省大部分茶叶种植好、加工好村镇，都已实现脱贫，农民收入高、村容村貌好，基本建成全面改善。

茶叶气候资源

中国茶树主要分布在北纬 18° ~ 37°，东经 94° ~ 122°，但是主要集中在东经 102° 以东和北纬 30° 以南地区，整个贵州省都位于茶树栽培集中区内。贵州是茶树的故乡，其独特气候和土壤条件非常有利于茶树的生长。与同纬度的东部茶区以及全国名茶产区相比，具有冬季无冻害、夏季无热害、全年雾日数多、日照时数少、多散射光、夜雨多、空气湿润等有利于形成茶叶优良品质的气候资源优势。贵州绿茶品质优良，"兰馨雀舌""湄潭翠芽"等品牌获得第四届中国国际茶博会金奖。

根据贵州茶产业实际生产情况，将贵州茶叶划分为不同茶季（春茶、夏茶与秋茶），茶季主要是依据季节变化和茶树新梢生长的间歇性而定，按采制时间，划分为春、夏、秋三季茶（表 3-1）。

表 3-1 茶树生长期的确定

分 类	春茶季	夏茶季	秋茶季
生长季	3 月 1 日—4 月 30 日	5 月 1 日—8 月 31 日	9 月 1 日—10 月 31 日
持续天数（d）	61	123	61

本章基于 30 年（1989—2018 年）的气象数据，主要阐述了贵州气候资源的分布特征以及春夏秋茶生长期间的农业气候资源空间分布特征，同时采用地面监测和卫星遥感观测 2 个不同手段对影响茶叶品质的空气质量进行了空间分析，可为各地茶叶生产选址和选时提供参考和依据。

3.1 气候资源

3.1.1 光资源

3.1.1.1 云 量

从贵州近30年平均云量（图3-1）的分布来看，贵州云量为7.3～8.3成，云量低值区在西部边缘和西南部地区，少于7.5成，高值区位于北部、中南部和中西部局地，主要包括都匀、湄潭、正安等地，在8.2成以上。贵州近30年日总云量＞8成的年总日数（图3-2）在191.2（望谟）～254.5 d（绥阳），西部边缘和西南部地区云量＞8成的年总日数在210 d以内，北部、中南部和中西部地区在230 d以上，占全年63.5%以上。

3.1.1.2 日照时数

从贵州近30年平均日照时数（图3-3）的分布来看，贵州日照时数为968.6（绥阳）～1 633.8 h（盘州），呈西南多而东北少分布趋势，高值区在西部边缘和西南部地区，日照时数在1 300.0 h以上，低值区主要位于北部大部、中部及南部局地，日照时数

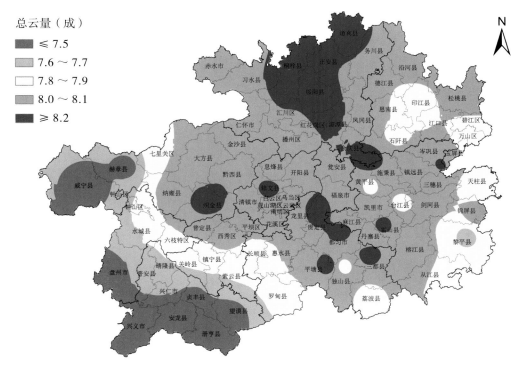

图3-1 贵州省年平均云量分布

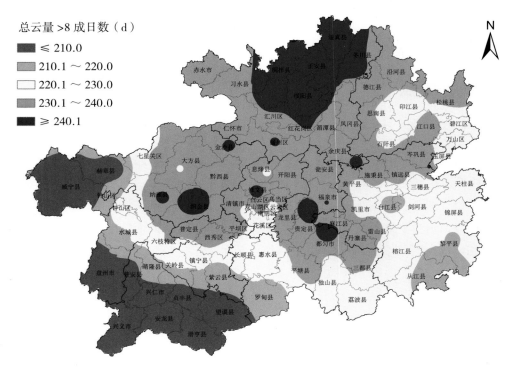

图 3–2 贵州省日总云量＞8 成的年总日数分布

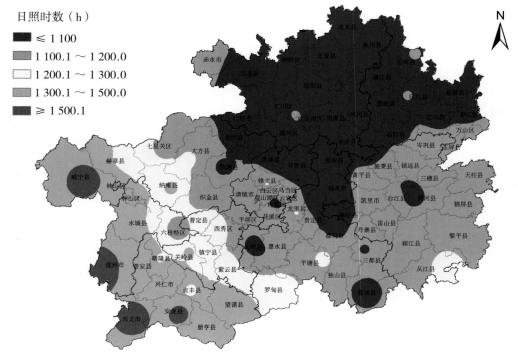

图 3–3 贵州省年平均日照时数分布

不足 1 100.0 h。春季日照时数为 219.0 ～ 503.8 h，呈西南多东北少分布，中部以东地区在 280.7 h 以下；夏季日照时数为 349.3 ～ 503.9 h，中部以北以东大部以及西南部边缘地区在 418.0 h 以上，西部边缘、都匀、贵定等地不足 400.1 h；秋季日照时数为 214.4 ～ 367.3 h，呈西南多北部少分布，北部地区在 263.5 h 以下；冬季日照时数为 89.5 ～ 403.8 h，呈西多东少分布，中部以北以东大部在 152.4 h 以下。

3.1.1.3　散射辐射

从 2011—2018 年贵州省太阳能辐射观测站每月平均散射辐射值、年散射辐射值（表 3-2）可以看出，各站年散射辐射在 1 820.9（沿河）～ 2 958.7 MJ/m²（紫云），其中，兴仁、沿河的年散射辐射站少于 1 900 MJ/m²，水城、赤水、从江及紫云的年散射辐射值在 2 600 MJ/m² 以上；各站平均每月散射辐射值差异较大，最大值普遍出现在夏季的 7 月或 8 月，最小值出现在冬季的 1 月或 12 月。

表 3-2　贵州省太阳能辐射观测站每月平均散射辐射值、年散射辐射值 （单位：MJ/m²）

站　名	1月	2月	3月	4月	5月	6月	7月	8月	9月	10月	11月	12月	年散射辐射值
威宁	84.3	98.3	185.2	221.9	280.1	237.5	283.7	278.5	197.8	133.5	118.6	104.4	2 223.8
水城	48.6	136.5	215.0	309.6	347.6	275.7	358.5	367.3	291.5	150.5	140.5	31.8	2 673.0
桐梓	108.6	148.1	217.4	254.9	300.0	258.8	363.2	404.8	277.2	195.4	129.8	111.5	2 769.5
赤水	73.7	103.9	186.5	244.7	278.6	359.2	453.1	371.4	296.3	140.2	89.4	46.8	2 640.8
沿河	63.0	91.9	131.4	198.4	203.6	198.2	257.2	234.4	193.1	103.2	79.9	68.5	1 820.9
贵阳	117.7	141.4	193.8	237.5	263.3	263.0	327.2	283.9	221.6	175.1	146.2	111.7	2 480.4
都匀	98.2	107.4	193.4	—	—	198.0	293.5	333.5	250.4	157.6	111.8	77.5	—
三穗	58.6	—	—	—	—	236.5	293.7	294.8	199.4	125.4	123.0	69.1	—
兴仁	81.9	107.7	133.5	187.1	208.5	203.5	235.9	213.0	168.4	127.7	107.5	80.0	1 853.6
紫云	119.3	151.5	265.6	313.5	314.5	296.3	344.2	318.5	315.0	235.1	166.8	118.6	2 958.7
丛江	107.9	107.8	204.4	243.3	295.7	297.7	325.3	294.3	245.7	224.5	136.0	121.6	2 603.2
平均值	87.3	119.4	193.4	245.4	276.7	256.7	321.2	308.4	241.5	160.6	123.6	85.6	2 417.8

3.1.2　热量资源

3.1.2.1　稳定通过 10℃的初日

从贵州各地日平均气温稳定通过 10℃初日（图 3-4）的分布可以确定不同地区中熟品种茶叶（如福鼎大白茶）的开采期，南部边缘及东北部边缘局地在 3 月上旬至下旬，中部及西部大部在 4 月中旬至下旬，其余地区在 4 月上旬至 4 月中旬。

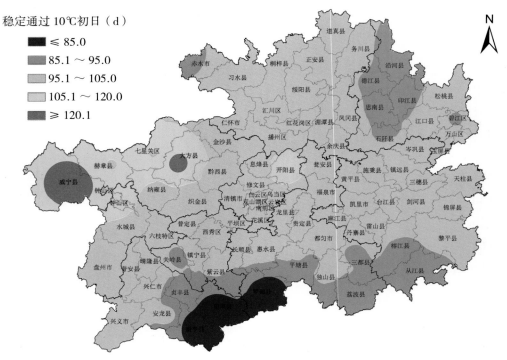

图 3-4 贵州省日平均气温稳定通过 10℃初日分布

3.1.2.2 年平均温度

从贵州近 30 年平均气温（图 3-5）的分布来看，贵州年平均气温为 11.0（威宁）～ 19.9℃（罗甸），南部、东南部边缘和赤水等地年平均温度高于 18.1℃，西部部分及开阳、习水等地年平均温度低于 14.0℃，其余大部地区为 14.1～18.0℃。

3.1.3 水分资源

3.1.3.1 降水量

从贵州近 30 年平均降水量（图 3-6）的分布来看，贵州年平均降水量为 825.9（赫章）～1 453.6 mm（都匀），西北部及北部降水量低于 1 000 mm，其余大部降水在 1 000.1 mm 以上，其中西南部、东南部局地及东部边缘地区在 1 300 mm 以上。春季降水量为 152.0～433.6 mm，呈东多西少分布，中部以东大部地区在 280 mm 以上；夏季降水量为 410.0～811.7 mm，从西南向东北方向递减，中部以北以东大部地区在 550 mm 以下；秋季降水量为 179.1～293.0 mm，低值区主要在南部边缘、毕节市西部、黔东南州等地，其余大部在 200 mm 以上，其中西南部大部、东北部和中部局地以及赤水等在 250 mm 以

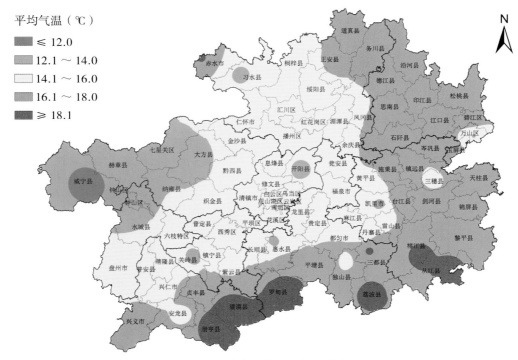

图3-5 贵州省年平均气温分布

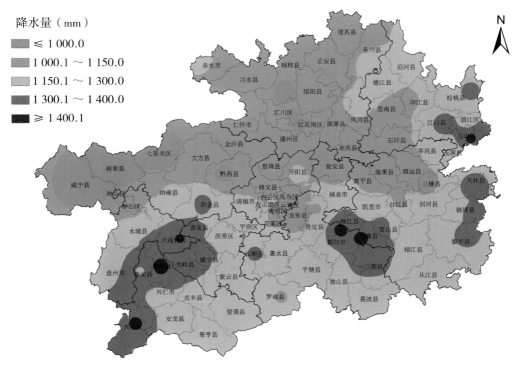

图3-6 贵州省年平均降水量分布

上；冬季降水量为 23.6 ～ 168.0 mm，低值区位于毕节市西部，其余大部在 52.5 mm 以上，其中东部边缘在 110.2 mm 以上。

3.1.3.2 雨日数

从贵州近 30 年平均雨日数（图 3-7）的分布来看，贵州年平均雨日数为 155.4（望谟）～ 248 d（水城），少于 190 d 的雨日数低值区位于东北部及南部边缘等地，其余大部地区雨日数在 190 d 以上。西部、中南部及西北部边缘等地雨日数多于 210 d。

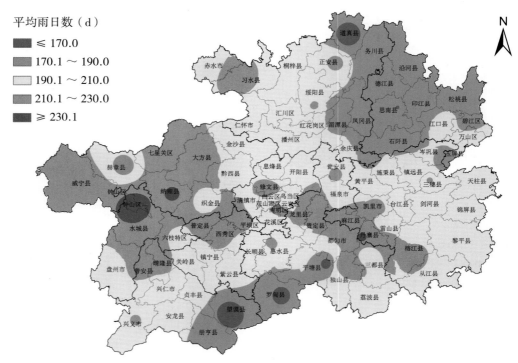

图 3-7 贵州省年平均雨日数分布

3.1.3.3 相对湿度

从贵州近 30 年平均相对湿度（图 3-8）的分布来看，贵州年平均相对湿度为 76%（思南）～ 84%（开阳），低于 79% 的低值区位于南部边缘、北部局地及西部局地等，其余大部地区为 79%～ 81%，高于 81% 高值区位于中部、西北部及东南部局部。

3.1.3.4 雾日数

从贵州近 30 年平均雾日数（图 3-9）的分布来看，贵州年平均雾日数在 55.6（思

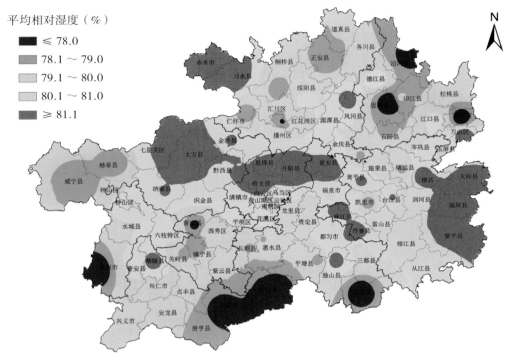

图 3-8 贵州省年平均相对湿度

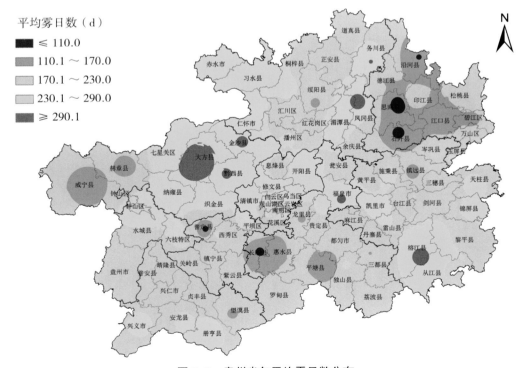

图 3-9 贵州省年平均雾日数分布

南）～ 343 d（大方），大部地区为 170～230 d，雾日数少于 170 d 的低值区位于东北部大部、南部及西部局地，雾日数多于 230 d 的高值区主要位于西北部、中部、北部、东南部局地及南部边缘地区。

3.2 春茶气候资源

3.2.1 光资源

图 3-10 为春茶季日照时数的空间分布。可以看出，近 30 年春茶季平均日照时数为 126.0～353.0 h，全省平均日照时数为 180.1 h。空间分布特征显著，自西南向东北呈递减的变化趋势，西部边缘和西南部地区，日照时数在 260.0 h 以上，中部以东大部分地区的日照时数在 180.0 h 以下，其余地区日照时数为 180.1～260.0 h。

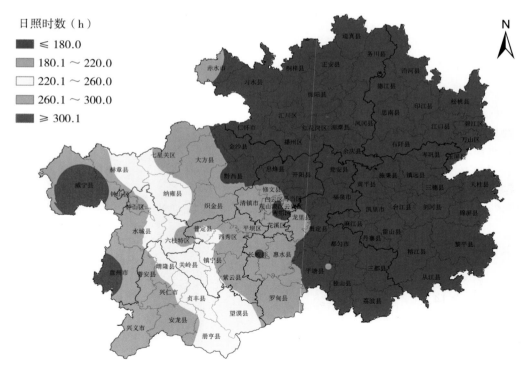

图 3-10 春茶季平均日照时数分布

图 3-11 为春茶季平均总云量的空间分布。可以看出，近 30 年春茶季总云量为 6.4～8.6 成，全省平均总云量为 8.1 成，空间上自西南向东北呈递增的变化趋势，西部边缘和西南部地区，总云量在 7 成以下，中部及中部以西地区总云量为 7.1～8.1 成，中部以东

大部分地区的总云量在 8.1 成以上。

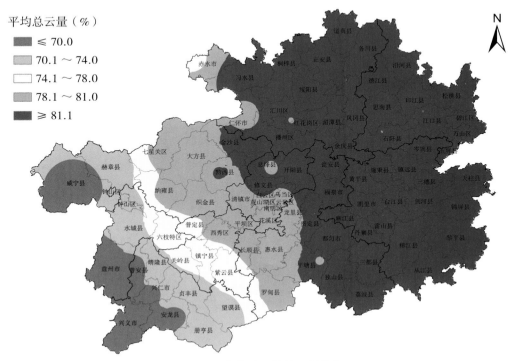

图 3-11 春茶季平均总云量分布

3.2.2 热量资源

图 3-12 为春茶季平均气温空间分布。从图可以看出，近 30 年春茶季平均气温为 10.3 ～ 19.2℃，全省平均值为 14.0℃，南部边缘和赤水等地在 16.1℃ 以上，中部以南以东部分地区为 14.1 ～ 16.0℃，中部以西、西北部及东部边缘等地在 14.0℃ 以下。在春季一般日平均气温稳定在 8.0 ～ 14.0℃ 时，茶树的越冬芽开始萌发，全省春茶季平均气温适宜，可以满足春茶生长发育的温度条件。

图 3-13 为春茶季平均最高气温空间分布。从图可以看出，近 30 年春茶季平均最高气温为 14.9 ～ 25.1℃，全省平均最高气温为 18.9℃，空间上和平均气温分布基本一致，南部边缘和东南部局地平均最高气温在 21.1℃ 以上，中部以西、西北部及东部边缘等地平均最高气温为 19.0℃ 以下，其余地区平均最高气温为 19.1 ～ 21.0℃。

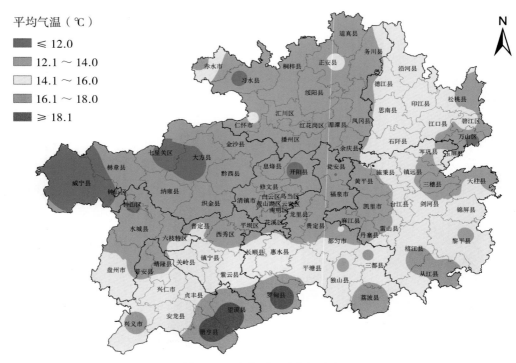

平均气温（℃）
≤ 12.0
12.1 ～ 14.0
14.1 ～ 16.0
16.1 ～ 18.0
≥ 18.1

图 3-12　春茶季平均气温分布

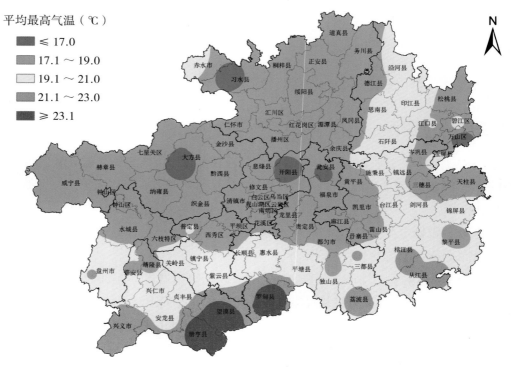

平均最高气温（℃）
≤ 17.0
17.1 ～ 19.0
19.1 ～ 21.0
21.1 ～ 23.0
≥ 23.1

图 3-13　春茶季平均最高气温分布

图 3-14 为春茶季平均最低气温空间分布。从图可以看出，近 30 年春茶季平均最低气温为 5.8 ～ 15.2℃，全省平均最低气温为 14.0℃，南部边缘、赤水、思南和沿河等地平均最低气温在 12.1℃以上，中部以西、西北部局地及东部边缘等地平均最低气温在 10.0℃以下，其余大部分地区的平均最低气温为 10.1 ～ 12.0℃。

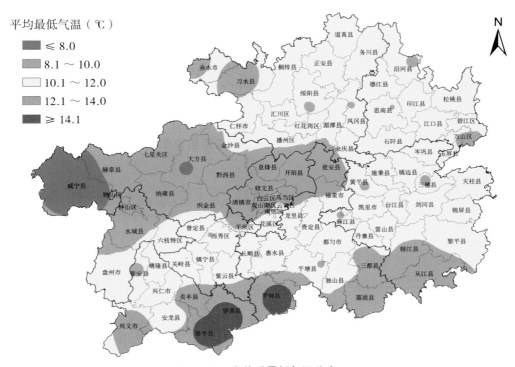

图 3-14　春茶季最低气温分布

图 3-15 为春茶季地面 0 cm 平均温度空间分布。从图可以看出，近 30 年春茶季地面 0 cm 平均温度为 12.5 ～ 22.0℃，全省平均值为 16.2℃。空间上自西南向东北呈递减的变化趋势，南部边缘等地地面 0 cm 平均温度为 18.1 ～ 22.0℃，六盘水市及安顺市大部、黔西南州北部、黔南州中南部及黔东南州南部及东北部局地等地的地面 0 cm 平均温度为 16.1 ～ 18.0℃，其余大部分地区的地面 0 cm 平均温度在 16.0℃以下。

图 3-16 为春茶季 ≥ 0℃活动积温空间分布。从图可以看出，全省春茶季 ≥ 0℃活动积温为 629 ～ 1 169℃·d，全省平均值为 853℃·d。高值区主要分布在黔东南、黔南及黔西南南部边缘一带，平均活动积温为 950.1 ～ 1 169℃·d。其中册亨、望谟、罗甸等地平均活动积温都在 1 060.0℃·d 以上，威宁、七星关、大方、习水、开阳、水城等地的平均活动积温在 730.0℃·d 以下，全省其余大部分地区 ≥ 0℃平均活动积温为 730.1 ～ 950.0℃·d。

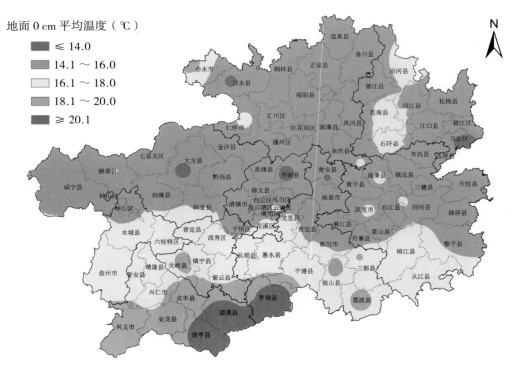

图 3-15　春茶季地面 0cm 平均温度分布

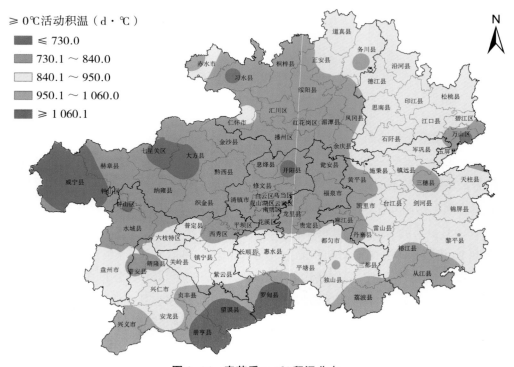

图 3-16　春茶季 ≥ 0℃积温分布

图 3-17 为春茶季 ≥ 10℃活动积温空间分布。从图可以看出，全省春茶季 ≥ 10℃活动积温为 473 ～ 1 156℃·d，高值区主要分布在黔东南、黔南及黔西南南部边缘一带，其中册亨、望谟、罗甸等平均活动积温基本都在 1 020.0℃·d 以上；而在威宁、七星关、大方、习水、开阳、水城等地的平均活动积温为 473 ～ 600.0℃·d。茶树喜欢温暖的气候条件，对温度和热量有一定的要求。在适当的温度条件下，茶树才能生长良好。一般情况下，≥ 10℃的活动积温越多，茶树的生长时期就越长。茶树每萌发一轮所需的 ≥ 10℃的活动积温为 760 ～ 1 060℃·d。

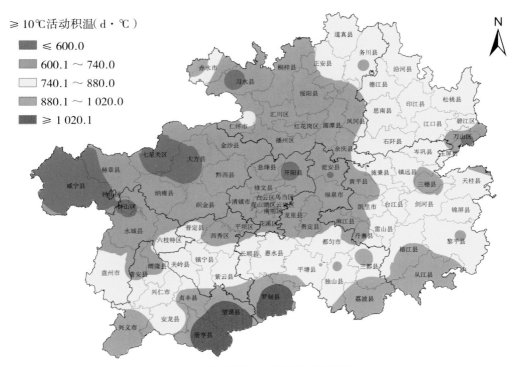

图 3-17　春茶季 ≥ 10℃活动积温分布

3.2.3　降水资源

图 3-18 为春茶季平均相对湿度的空间分布。从图可以看出，近 30 年春茶季平均相对湿度为 66% ～ 84%，全省平均相对湿度为 78%。西南部及西部边缘等地的平均相对湿度在 74% 以下，其余大部地区平均相对湿度为 74% ～ 84%，其中黔东南州东部边缘、中东部局地及习水等地平均相对湿度在 82% 以上。

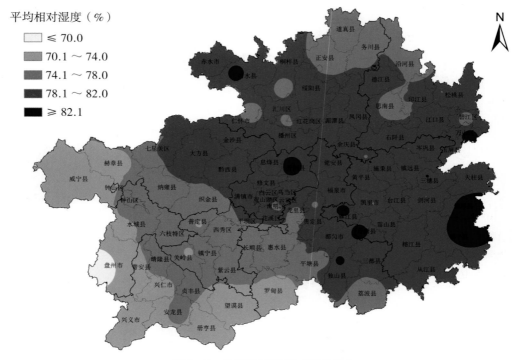

图 3-18　春茶季平均相对湿度分布

　　图 3-19 为春茶季平均夜雨量的空间分布。从图可以看出，全省春茶季平均夜雨量为
46.7 ～ 164.8mm，全省平均夜雨量为 108.9 mm。空间分布特征显著，自西向东呈逐步递
增的变化趋势，铜仁市、黔东南州、黔南州东部和遵义市东部边缘等地夜雨量为 120.1 ～
164.8 mm，贵阳市大部、遵义市大部和黔南州东部等地夜雨量为 100.1 ～ 120.0 mm，其
余地区夜雨量在 100.0 mm 以下。夜雨量占春茶季降水量的 76%，多昼晴夜雨，对春茶生
长非常有利。

　　图 3-20 为春茶季平均降水量的空间分布。从图可以看出，春茶季降水量呈由西到东
逐渐递增的趋势；全省春茶季降水量为 58.8 ～ 237.6 mm，平均为 143.6 mm；高值区主
要分布在黔东南、铜仁南部及黔南东部边缘地区，平均降水量在 170.1 mm 以上；而西部
和西南部地区的平均降水量在 110.0 mm 以下，其余大部为 110.1 ～ 170.0 mm。茶树喜欢
潮湿的阴雨天气，在湿度大的环境里生长快。在春茶吐芽时节，尤其在降雨量高值区，细
雨绵绵，大雾弥漫，叶芽吸收水分、营养快，茶树鲜叶产量高。春茶季是茶树生长旺盛阶
段，降水量达到 80 ～ 110 mm 时能满足茶树生长发育需求。从分析来看，贵州种植面积
较大的茶区包括湄潭、凤冈、印江、石阡、雷山、黎平等地，其降雨较多，能够满足春茶
对水分的需求。

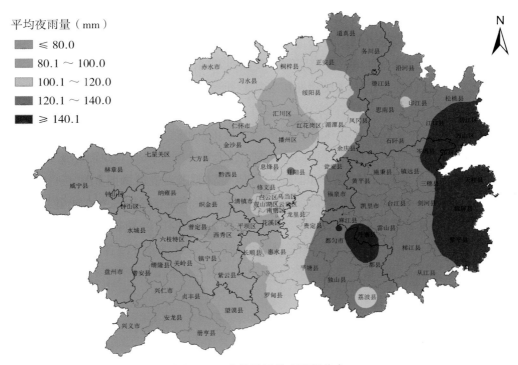

图3-19　春茶季平均夜雨量分布

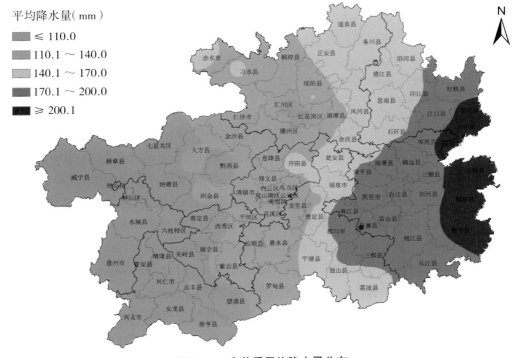

图3-20　春茶季平均降水量分布

3.3 夏茶气候资源

3.3.1 光资源

夏季由于西太平洋副热带高压较为活跃，受副高控制时，气温较高，日照时间长，在这种气象背景条件下，茶树生长相对春季缓慢，夏茶的产量和品质也会受到影响。从图3-21可以看出，全省夏茶季平均日照时数为456.0～632.0 h，全省平均为539.0 h。日照时数高值区主要分布在西南部边缘及赤水等地，日照时数为560.1～632.0 h；而低值区主要在黔南州大部、遵义中部、贵阳东部、安顺东部、西部边缘及东北部边缘等地，日照时数为456.0～530.0 h。其余大部日照时数为530.1～560.0 h。

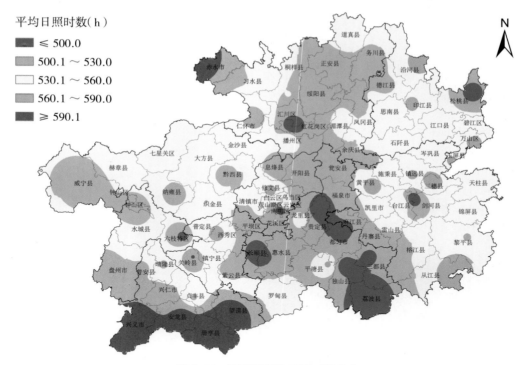

图3-21 夏茶季平均日照时数分布

图3-22为夏茶季平均总云量的空间分布。从图可以看出，近30年夏茶季平均总云量为7.1～8.3成，全省平均为7.7成，最大值出现在修文（8.3成），最低值出现在赤水（7.1成）。中部以北以东大部及西南部边缘地区的平均总云量在7.8成以下，其中，铜仁市大部、遵义市西部、东部边缘地区、黔东南州和黔西南州局地等地平均总云量为7.4～

7.6 成，其余地区平均总云量为 7.8 ～ 8.3 成。

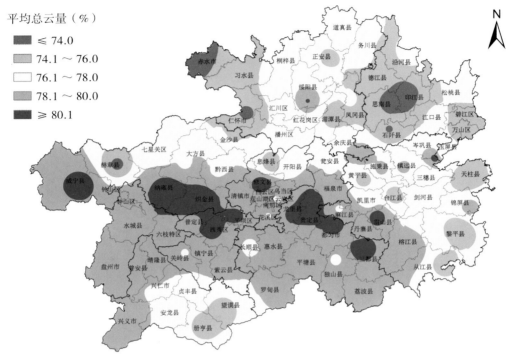

图 3-22　夏茶季平均总云量分布

3.3.2　热量资源

图 3-23 为夏茶季平均气温的空间分布。从图可以看出，近 30 年夏茶季平均气温变化范围为 16.7 ～ 25.9℃，全省平均值为 22.8℃，最大值出现在罗甸（25.9℃），最小值出现在威宁（16.7℃）。空间分布上自东向西呈递减的变化趋势，高值区分布在铜仁市大部、东南部边缘及册亨、望谟、罗甸、赤水等地，平均气温为 24.1 ～ 25.9℃；低值区主要分布在毕节市西部、六盘水西北及大方等地，平均气温为 16.7 ～ 20.0℃。其余大部分地区平均气温为 20.1 ～ 24.0℃。

图 3-24 为夏茶季平均最高气温的空间分布。从图可以看出，近 30 年夏茶季平均最高气温为 21.6 ～ 31.6℃，全省平均最高气温为 27.6℃，最大值出现在罗甸（31.6℃），最小值出现在威宁（21.6℃）。空间分布上和平均气温基本一致，自东向西呈递减的变化趋势，高值区分布在东北部、东南部及南部边缘等地，平均最高气温为 28.1 ～ 31.6℃；低值区主要分布在中部以西及西南部偏北等地，平均最高气温在 21.6 ～ 26.0℃。其余大部分地区平均最高气温为 26.1 ～ 30.0℃。

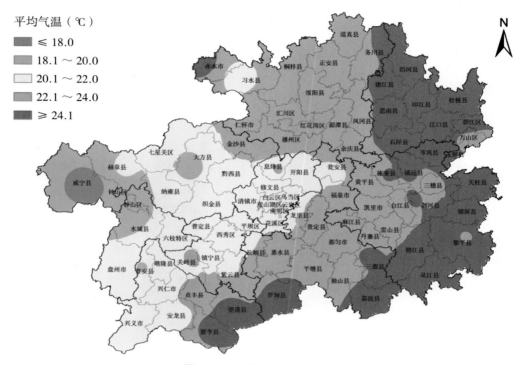

图 3-23　夏茶季平均气温分布

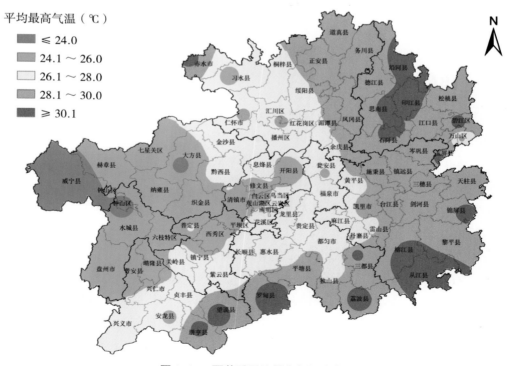

图 3-24　夏茶季平均最高气温分布

图 3-25 为夏茶季平均最低气温的空间分布。从图可以看出，近 30 年夏茶季平均最低气温变化范围为 13.5 ~ 22.3℃，全省平均最低气温为 19.4℃，最大值出现在罗甸（22.3℃），最小值出现在威宁（13.5℃）。高值区分布在铜仁市大部、东南部边缘及南部边缘等地，平均最低气温为 21.1 ~ 22.3℃；低值区主要分布在毕节市中部和西部、六盘水市北部等地，平均最低气温为 13.5 ~ 17.0℃。其余大部分地区平均最低气温在 17.1 ~ 21.0℃。

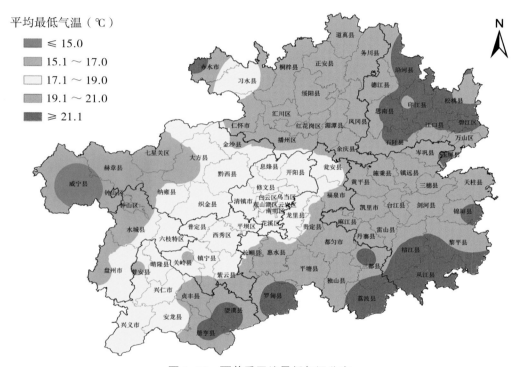

图 3-25　夏茶季平均最低气温分布

图 3-26 为夏茶季极端最高气温的空间分布。从图可以看出，近 30 年夏茶季极端最高气温变化范围为 31.8 ~ 43.2℃，全省平均极端最高气温为 36.7℃，最大值出现在赤水（43.2℃），最小值出现在威宁（31.8℃）。空间分布大体上自东北向西南呈递减的变化趋势，高值区分布在东北部大部、东南部局部及三都、罗甸、册亨、望谟、赤水等地，极端最高气温为 39.1 ~ 43.2℃；低值区主要分布在威宁、水城、大方、织金、西秀、平坝和开阳等地，极端最高气温为 31.8 ~ 34.0℃。其余地区极端最高气温为 34.1 ~ 39.0℃。

图 3-27 为夏茶季地面 0 cm 平均气温的空间分布。从图可以看出，近 30 年夏茶季间地面 0 cm 平均气温变化范围为 20.6 ~ 29.7℃，全省平均值为 25.5℃，最大值出现在罗

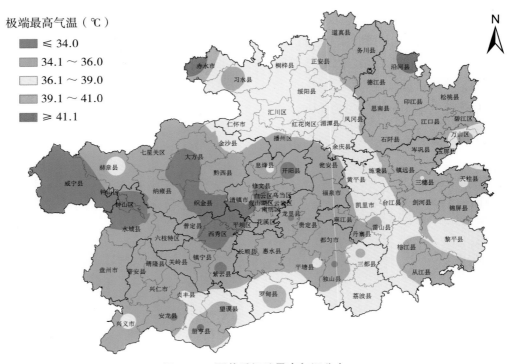

图 3-26 夏茶季极端最高气温分布

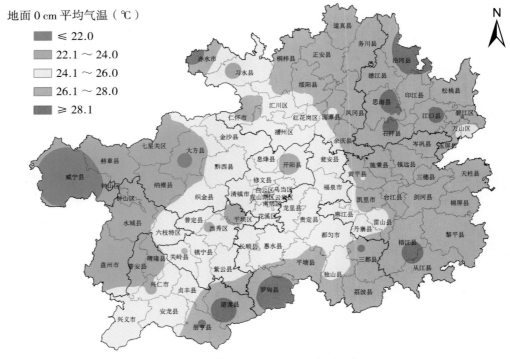

图 3-27 夏茶季地面 0cm 平均气温分布

甸（29.7℃），最小值在威宁（20.6℃）。空间分布上自东向西呈递减的变化趋势，高值区分布在遵义市中部以东及赤水河、仁怀、铜仁市、黔东南州大部、南部边缘等地，地面 0 cm 平均气温为 26.1 ～ 29.7℃；低值区主要分布在毕节市中西部、六盘水市大部、普安、晴隆、开阳及平坝等地，地面 0cm 平均气温为 20.6 ～ 24.0℃。其余大部分地区地面 0 cm 平均气温为 24.1 ～ 26.0℃。

从夏茶季≥ 10℃活动积温空间分布图中可以看出，夏茶季≥ 10℃平均活动积温总体表现为从西北部向东北、东南部逐渐增加的趋势，全省≥ 10℃活动积温变化范围在 2 026.0 ～ 3 181.0℃·d，平均值达 2 798.0℃·d，高值区（≥ 2 720.0℃·d）位于北部、东部、南部地区；低值区（≤ 2 500.0℃·d）位于毕节市中西部、六盘水西北部及普安、晴隆一带。而且，在降水保证的情况下，茶叶生长期内活动积温越多，茶叶采摘次数越多，茶叶产量也就越高。从分析中可以看出，贵州各茶区夏茶季的平均积温可以满足该时段茶树的生长需求。

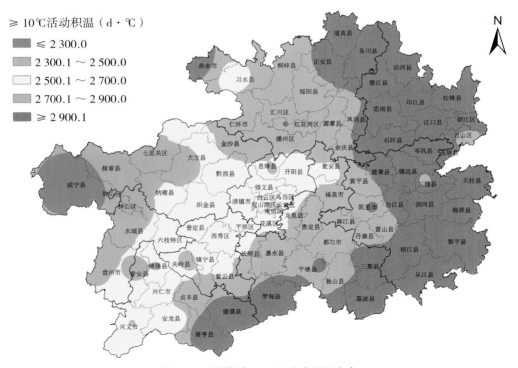

图 3–28　夏茶季≥ 10℃活动积温分布

3.3.3　降水资源

图 3-29 为夏茶季平均相对湿度的空间分布。从图可以看出，近 30 年夏茶季平均相对湿度为 75%～84%，全省平均相对湿度为 80%。黔东南州大部、黔南州东南部、黔西南州局地、铜仁和贵阳局地等地的平均相对湿度在 81% 以上，遵义市大部、毕节市和铜仁市局地等地的平均相对湿度较低，在 79% 以下，其余大部分地区平均相对湿度在 80% 左右。

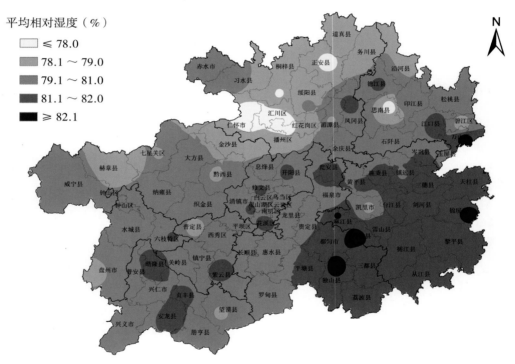

图 3-29　夏茶季平均相对湿度分布

图 3-30 为夏茶季夜雨量的空间分布。从图可以看出，近 30 年夏茶季平均夜雨量为 291.9～680.8 mm，全省平均夜雨量为 436.4 mm，占夏茶季降水量的 60%。空间分布特征显著，自西南向东北部逐步递减的变化趋势，高值区主要分布在省的西南部及麻江等地，夜雨量为 530.1～680.8 mm。其中兴义、六枝、普定、镇宁、织金和关岭等地夜雨量在 600 mm 以上，东部大部、北部大部及威宁、赫章、七星关等地夜雨量较少，在 291.9～390.0 mm，其余大部夜雨量为 390.1～530.0 mm。

从图 3-31 可以看出，夏茶季降水量总体表现为由西南向东北方向逐渐减少的趋势，全省降水量变化范围为 553.1～981.9 mm，全省平均值为 729.2 mm；省内不同地区间

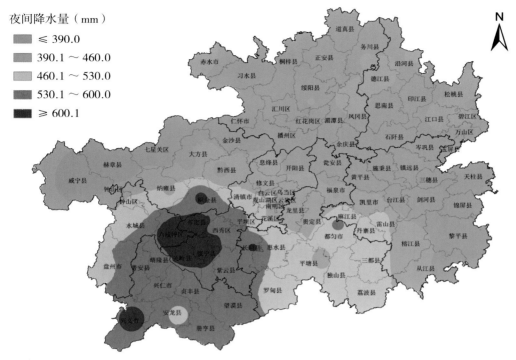

图 3-30 夏茶季夜雨量分布

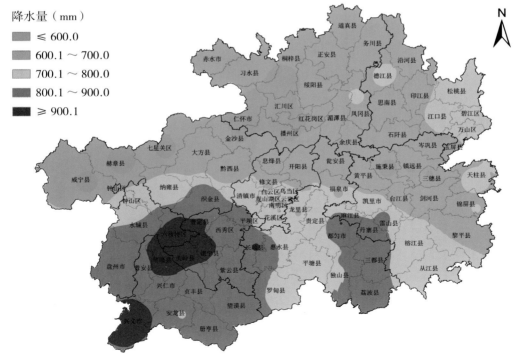

图 3-31 夏茶季降雨量分布

夏茶季降水量存在明显差异，降水量最大值出现在六枝（981.9 mm），高值区（≥ 800.0 mm）位于西南部及都匀—雷山—荔波一带；而降水量的最小值在赫章（553.1 mm），低值区（≤ 600.0 mm）主要分布在遵义市大部、毕节市北部及施秉—三穗一带。茶树是叶用作物，雨量和温度直接关系到能否高产优质，对水、湿有特殊要求。茶树生长的年降水量为 1 000 ～ 2 000 mm，在其生长期月平均降水量在 100 mm 以上，湿度在 80% ～ 90% 就能满足对水分的需求。从分析可以看出，夏茶季月平均降水量都在 100 mm 以上，降水量能满足茶树正常生长发育的需求。

3.4 秋茶气候资源

3.4.1 光资源

图 3–32 为秋茶季平均日照时数的空间分布。从图可以看出，全省秋茶季平均日照时数为 161 ～ 257 h，全省平均日照时数为 203 h。由于秋季副热带高压常常控制贵州省中部以南区域，秋茶季平均日照时数的分布特征与西太平洋副高控制区域相当吻合，秋茶季平均日照时数由南向北递减，差异明显。日照时数高值区（> 220.1 h）主要分布在贵州省

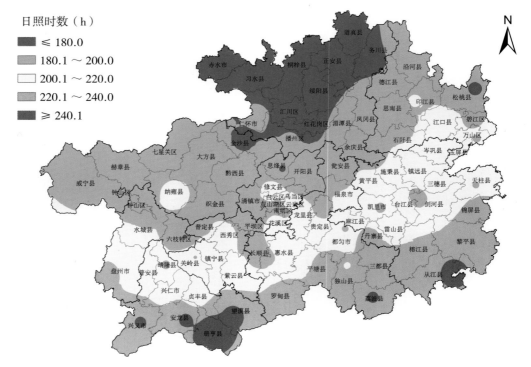

图 3–32 秋茶季平均日照时数分布

南部边缘的大部分区域，其中最高值出现在册亨；日照时数低值区（≤ 180.0 h）主要分布在遵义市中部以北、金沙、松桃等地。其余大部秋茶季平均日照时数为 180.1 ～ 220.0 h。

图 3-33 为秋茶季平均总云量的空间分布。从图可以看出，近 30 年秋茶季平均总云量为 6.8 ～ 8.2 成，全省平均总云量为 7.5 成，最大值出现在纳雍（8.2 成），最小值出现在荔波（6.8 成）。空间分布上自西北向东南呈逐步递减的变化趋势，毕节市、遵义市和六盘水市大部分地区的平均总云量为 7.8 ～ 8.2 成，南部、东南部边缘及铜仁市大部等地平均总云量相对较低，为 6.8 ～ 7.4 成，其余大部平均总云量为 7.5 ～ 7.7 成。

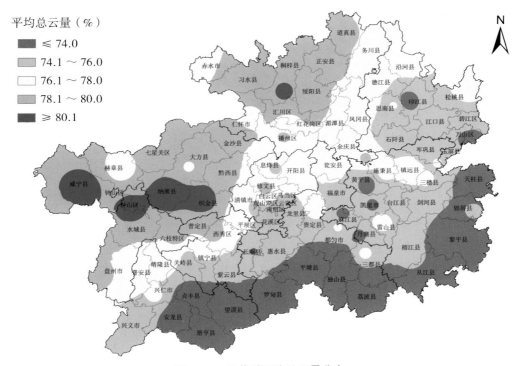

图 3-33　秋茶季平均总云量分布

3.4.2　热量资源

图 3-34 为秋茶季平均气温空间分布。从图可以看出，近 30 年秋茶季平均气温为 13.1 ～ 22.6℃，全省平均气温为 18.8℃。东部大部、南部边缘和赤水河谷等地，平均气温为 19.1 ～ 22.6℃，毕节市西部、六盘水市北部及习水、开阳、普安等地平均气温较低，在 17.0℃ 以下，其余大部平均气温为 17.1 ～ 19.0℃。

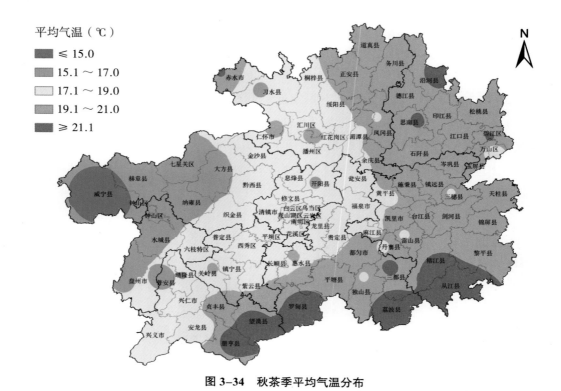

图 3-34　秋茶季平均气温分布

　　图 3-35 秋茶季平均最高气温的空间分布。从图可以看出，近 30 年秋茶季平均最高气温变化范围为 17.6 ~ 28.5℃，全省平均值为 23.4℃，最大值出现在罗甸（28.5℃），最小值出现在威宁（17.6℃）。空间分布上和平均气温基本一致，高值区分布在东部大部及南部边缘等地，平均最高气温为 24.1 ~ 28.5℃；低值区主要分布在毕节市大部、六盘水市大部、中部局部及普安、晴隆、习水和万山等地，平均最高气温为 20.1 ~ 22.0℃。其余大部分地区平均最高气温为 22.1 ~ 24.0℃。

　　图 3-36 为秋茶季平均最低气温的空间分布。从图可以看出，近 30 年秋茶季平均最低气温变化范围为 10.4 ~ 19.1℃，全省平均值为 15.7℃，最大值出现在罗甸（19.1℃），最小值出现在威宁（10.4℃）。空间上和平均气温分布基本一致，高值区分布在遵义市大部、铜仁市、黔东南州、黔南州南部、安顺市南部及黔西南州东南部和兴义等地，平均最低气温为 16.1 ~ 19.1℃；低值区主要分布在毕节市中西部、六盘水市北部和普安等地，平均最低气温为 10.4 ~ 14.0℃。其余大部分地区平均最低气温为 14.1 ~ 16.0℃。

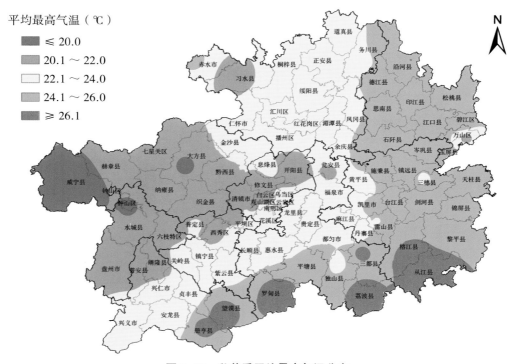

图 3-35 秋茶季平均最高气温分布

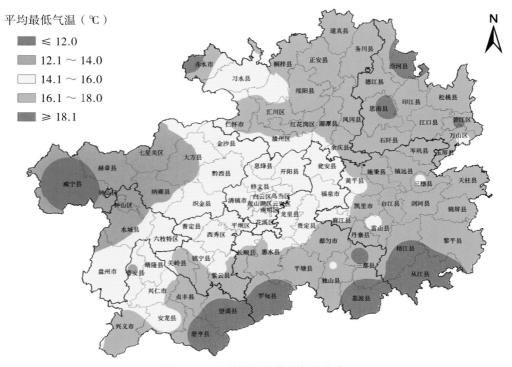

图 3-36 秋茶季平均最低气温分布

图 3-37 为秋茶季极端最高气温的空间分布。从图可以看出，近 30 年秋茶季极端最高气温变化范围为 30.0 ～ 42.1℃，全省平均值为 35.4℃，最大值出现在赤水（42.1℃），最小值出现在威宁（30.0℃）。空间分布上自东北向西南呈递减的变化趋势，高值区分布在铜仁市、遵义市东北部及赤水、仁怀、黔东南州局部、黔南州罗甸以及黔西南州册亨等地，极端最高气温为 37.1 ～ 42.1℃；低值区主要分布在六盘水市、黔西南州北及西秀和威宁等地，极端最高气温为 30.0 ～ 32.0℃。其余大部分地区极端最高气温为 32.1 ～ 37.0℃。

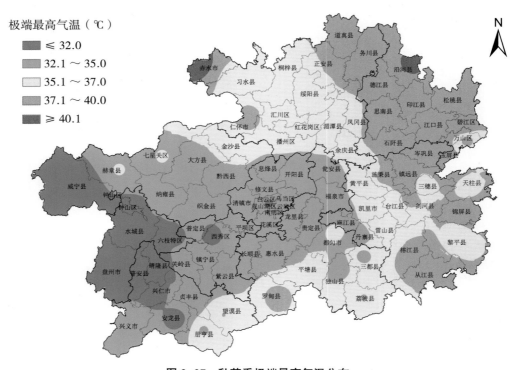

图 3-37　秋茶季极端最高气温分布

图 3-38 为秋茶季极端最低气温的空间分布。从图可以看出，近 30 年秋茶季极端最低气温为 -0.4 ～ 8.8℃，全省平均值为 4.1℃。空间差异明显，高值区主要分布在东北部大部、西南部大部、东南部局地及赤水等地，平均最低气温为 5.2 ～ 8.8℃；低值区主要分布在中部、西部、西南部边缘和黔东南州东部边缘等地，平均最低气温为 -0.4 ～ 3.3℃。其余大部分地区的平均最低气温为 3.4 ～ 5.1℃。

图 3-39 为秋茶季地面 0 cm 平均气温的空间分布。从图可以看出，近 30 年秋茶季间地面 0 cm 平均气温变化为 16.1 ～ 26.4℃，全省平均值为 21.3℃，最大值出现在罗甸（26.4℃），最小值出现在威宁（16.1℃）。高值区分布在东部和南部边缘等地，地面 0 cm

极端最低气温（℃）

≤ 1.4
1.5～3.3
3.4～5.1
5.2～7.0
≥ 7.1

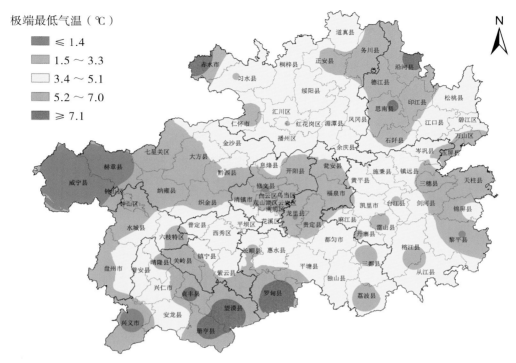

图 3–38　秋茶季极端最低气温分布

地面 0 cm 平均气温（℃）

≤ 18
18.1～20.0
20.1～22.0
22.1～24.0
≥ 24.1

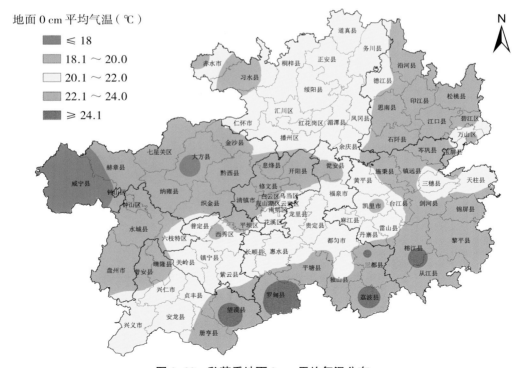

图 3–39　秋茶季地面 0 cm 平均气温分布

平均气温为 22.1 ～ 26.4℃；低值区主要分布在毕节市和六盘水市大部、贵阳市大部和普安、晴隆、瓮安、习水等地，地面 0 cm 平均气温为 16.1 ～ 20.0℃。其余地区地面 0 cm 平均气温为 20.1 ～ 22.0℃。

图 3-40 为秋茶季 ≥ 0℃平均活动积温的空间分布。从图可以看出，全省秋茶季 ≥ 0℃平均活动积温为 802 ～ 1 380℃·d，全省平均值为 1 145℃·d。高值区主要分布在东部大部、南部边缘及赤水、仁怀、汇川等地，平均活动积温为 1140.1 ～ 1 380℃·d，其中册亨、望谟、罗甸、荔波、榕江、从江和沿河、思南、石阡及碧江等地平均活动积温基本都在 1 240.0℃·d 以上；毕节市中部和西部、六盘水市北部和西部以及普安、开阳等地的平均活动积温在 1 040℃·d 以下。其余地区 ≥ 0℃平均活动积温为 1 040.1 ～ 1 140.0℃·d。

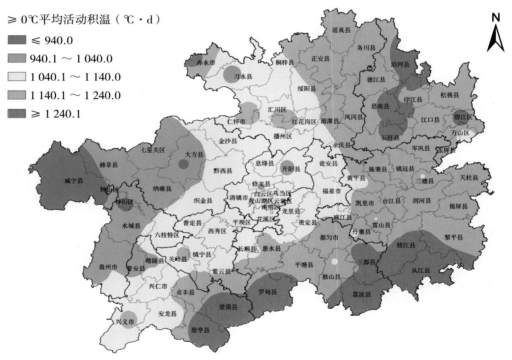

图 3-40　秋茶季 ≥ 0℃平均活动积温分布

图 3-41 为秋茶季 ≥ 10℃平均活动积温的空间分布。从图可以看出，秋茶季 ≥ 10℃平均活动积温由东向西逐步递减的趋势，全省秋茶季 ≥ 10℃活动积温为 710 ～ 1 380℃·d，全省平均值为 1 137℃·d。高值区主要分布在遵义市大部、铜仁市、黔东南州、黔南州大部、黔西南州东部及兴义市、安顺市南部，平均活动积温为 1 130.1 ～ 1 380℃·d，其中册亨、望谟、罗甸、荔波、榕江、从江、思南和沿河等地平均活动积温

基本都在 1 260.0℃·d 以上；毕节市中部和西部和六盘水市北部等地的平均活动积温在 1 000.0℃·d 以下。其余地区 ≥ 10℃平均活动积温为 1 000.1 ～ 1 130.0℃·d。

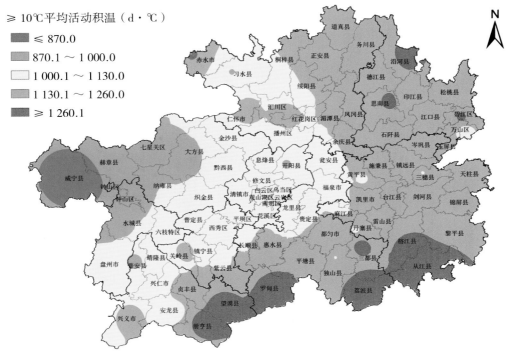

图 3-41　秋茶季 ≥ 10℃平均活动积温分布

3.4.3　降水资源

图 3-42 为秋茶季平均相对湿度的空间分布。从图可以看出，近 30 年秋茶季平均相对湿度为 76% ～ 85%，全省平均相对湿度为 80%。高值区主要分布在省的西南部、赤水、习水、中部局地和东部边缘等地，平均相对湿度在 82% 以上；低值区主要分布在黔南州南部、安顺市中部、铜仁市大部及遵义市西南部等地，平均相对湿度在 80% 以下。其余地区平均相对湿度为 80% ～ 82%。

图 3-43 为秋茶季平均夜雨量的空间分布。从图可以看出，近 30 年秋茶季平均夜雨量为 72.8 ～ 173.5 mm，全省平均夜雨量为 115.3 mm，占秋茶季降雨量的 62%。空间分布特征差异显著，降水分布不均，高值区主要分布在省的西南部及赤水、册亨等地，夜雨量为 133.1 ～ 173.5 mm；省的东南部及威宁、赫章和七星关等地夜雨量较少，为 72.8 ～ 92.0 mm。其余地区夜雨量为 92.1 ～ 133.0 mm。

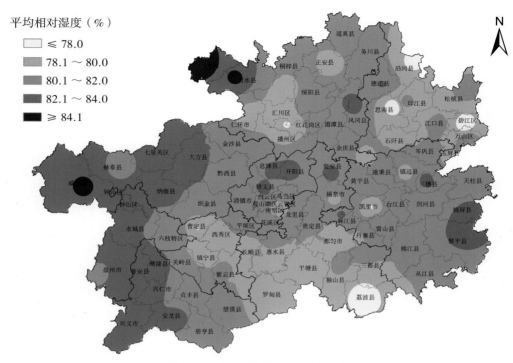

图 3-42　秋茶季平均相对湿度分布

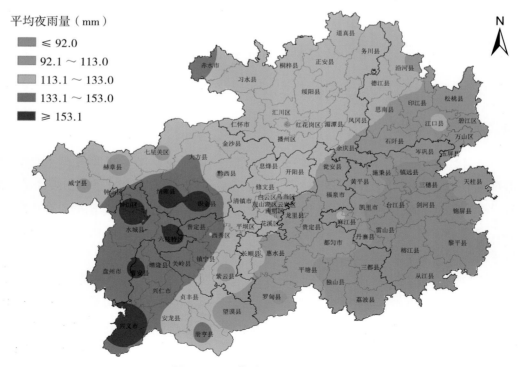

图 3-43　秋茶季平均夜雨量分布

图 3-44 为秋茶季降水量的空间分布。从图可以看出，近 30 年秋茶季平均降水量为 148.0～251.8 mm，平均降水量为 186.6 mm，空间分布东西差异显著。高值区分布在省的西南部及赤水等地，秋茶季降水量为 210.1～251.8 mm。低值区主要分布在黔东南州大部和南部边缘一带，秋茶季降水量为 148.0～168.0 mm，其余大部秋茶季降水量为 168.1～210.0 mm。

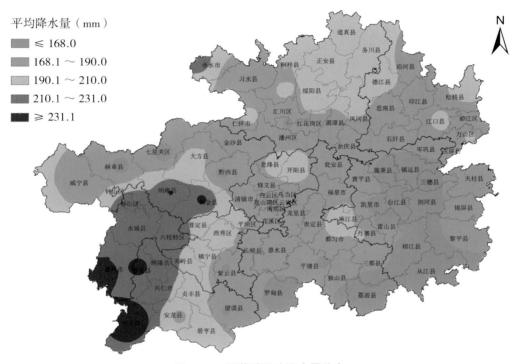

图 3-44　秋茶季平均降水量分布

3.5　空气质量

3.5.1　环境空气质量指数时空分布特征

环境空气质量是影响无公害食品质量最基础因素之一。本节主要研究分析贵州 9 个市州环境空气质量状况及关键污染因子，为茶叶的优质、高效、安全生产提供基础保障。由于 GB 3095—2012《环境空气质量标准》在 2012 年颁布实施，贵州各地相继才开始建设环境监测站，自 2015 年后数据才正常可供研究。本节研究资料选取 2015—2017 年贵州省 9 个市州逐日空气质量指数及首要污染物，来源于贵州省环境监测中心站。

3.5.1.1　空气质量指数月变化

空气质量指数（AQI）是表征空气质量好坏的无量纲参数，是 6 种污染物空气质量分指数中的最大值。2015—2017 年贵州省 9 个城市空气质量指数见图 3–45，各城市之间差异并不大，月变化趋势基本一致，进入春季，3 月 AQI 呈下降趋势，夏季初 6 月降幅较明显，各城市达到一年中最低值，7—10 月呈缓慢上升趋势，11 月到翌年 1 月呈明显上升趋势。这种趋势变化存在明显的季节分布特征，夏季低、冬季高，春秋季起伏变化。AQI 的这种变化特征除了与冬季污染排放大有关，还与气象要素的季节性变化有关。6 月是贵州降水量最多的月份，降水对污染物有稀释清除作用，因而 AQI 值最低。

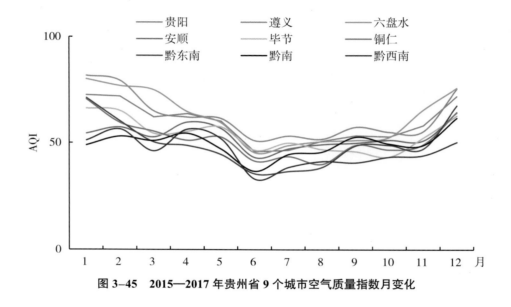

图 3–45　2015—2017 年贵州省 9 个城市空气质量指数月变化

3.5.1.2　空气质量指数逐年变化

2015—2017 年的逐年变化见图 3–46，由于贵州省总体空气质量较好，近 3 年各地变化幅度不大。六盘水、毕节和黔东南三地 3 年来 AQI 几乎无变化；贵阳和遵义两地 2017 年较前两年有较明显的下降；安顺和铜仁两地 2015 年最大，2016 年最小，2017 年比 2016 年有小幅度的上升，黔西南近 3 年呈逐渐下降趋势。

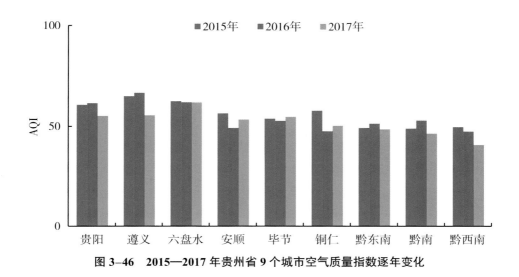

图 3-46　2015—2017 年贵州省 9 个城市空气质量指数逐年变化

3.5.1.3　空气质量指数季节分布

从空气污染特征分析中可看出，具有明显的季节性特征，空气质量指数的季节分布如图 3-47 所示。贵州 9 个城市均表现出冬季最高、夏季最低的特征，仅毕节秋季比夏季 AQI 略低，黔东南和黔西南两地 AQI 春、秋季数值相当，其余城市均表现出春季高于秋季特征。空气质量指数的季节分布特征，一是反映了污染排放的季节性因素，二是反映了空气质量指数受气象条件的季节变化影响。

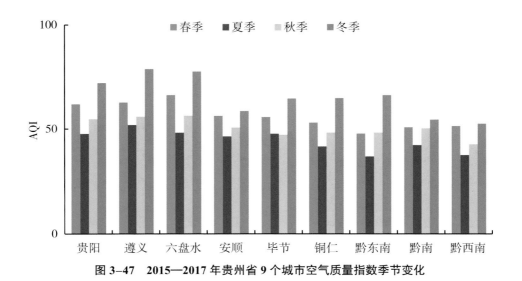

图 3-47　2015—2017 年贵州省 9 个城市空气质量指数季节变化

3.5.1.4　污染天数及空气质量优良率

　　贵州 9 个主要中心城市 2015—2017 年污染天数及空气质量优良率见图 3-48。污染天数与优良率是对立因子，污染天数多则优良率低。由图可以看出，全省污染天数各地分布不均，存在相对污染区、环境优良区及环境优质区，相对污染区包括遵义、六盘水和贵阳，最高污染天数为遵义的 80 d，其次六盘水为 79 d，环境优良区为中间档次包含毕节、凯里和安顺，环境优质区包含黔西南、黔南和铜仁，污染天数最少为兴义的 2 d，其次为黔南的 10 d。对应来看，兴义优良率最高为 99.8%，最低为遵义的 92.7%，全省 9 个中心城市均在 90% 以上，说明贵州环境空气质量较好，有利形成优质茶叶品质。

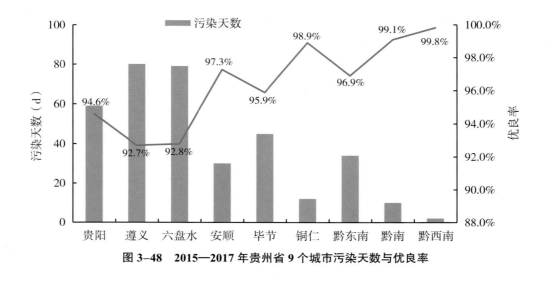

图 3-48　2015—2017 年贵州省 9 个城市污染天数与优良率

3.5.1.5　首要污染物

　　贵州 9 个中心城市环境空气污染并不严重，标准规定空气质量指数为 50 以上需计算首要污染物，3 年首要污染物情况如图 3-49 所示。贵州 9 个城市主要的首要污染物为 PM_{10}、$PM_{2.5}$ 和 O_3；只有安顺和都匀发生过 SO_2 污染，次数分别为 47 和 16；六盘水发生过 4 次 NO_2 污染，贵阳、遵义、毕节和凯里只发生 1 次 NO_2 污染，其他城市没有发生；兴义发生过 7 次 CO 污染，毕节和铜仁各发生 1 次，其余城市未发生过。从 9 个城市首要污染物总的出现次数来看，$PM_{2.5}$ 最多占 41.8%，其次为 PM_{10} 占 36.1%，O_3 占 20.5%。在 3 种主要的首要污染物中，各地有所偏重，贵阳、遵义、六盘水、毕节、黔东南和黔南等地 $PM_{2.5}$ 出现次数较多，其中黔东南 $PM_{2.5}$ 是其他 2 种污染物的 4～5 倍，贵阳、遵义和六盘水次多的是 PM_{10}，而毕节次多的是 O_3；铜仁和黔西南 PM_{10} 出现次数较多，其中

铜仁 PM_{10} 是其他 2 种污染物的 4 ~ 6 倍，$PM_{2.5}$ 和 O_3 次数相差不大，黔西南 O_3 次多，是 $PM_{2.5}$ 的 3.5 倍；安顺 O_3 出现次数较多、其次是 $PM_{2.5}$ 和 PM_{10}。

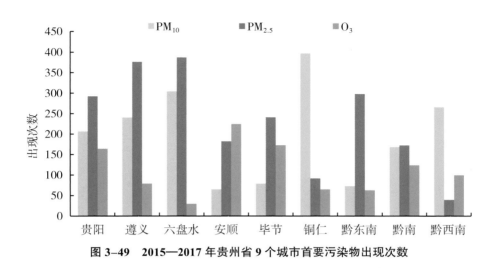

图 3-49   2015—2017 年贵州省 9 个城市首要污染物出现次数

3.5.2   气溶胶时空分布特征

大气气溶胶通常是指悬浮在大气中的颗粒与气体载体共同组成的多相体系，这些颗粒可由人为活动和自然活动产生，典型的人为活动有化石燃料的燃烧、秸秆燃烧、汽车排放以及其他工业活动等，而自然活动有沙尘、森林火灾及海盐泡沫等。

地面和卫星观测是目前测量大气气溶胶特性的 2 种重要方式。地基太阳光度计遥感气溶胶光学厚度（Aerosol Optical Depth，AOD）是目前气溶胶遥感中最准确的方法（图 3-50），其具有窄视场角，测量的 AOD 受地表和气溶胶前向散射的影响很小，精度很高，不确定性仅为 0.01 ~ 0.02（Holben et al.，1998），通常用来校验卫星遥感产品。NASA 在全球建立了地基太阳光度计观测网（AERONET）（Holben et al.，2001），中国气象局也建立了气溶胶地基监测网（CARSNET）（Xie et al.，2011）。AERONET 共有分布于全球各地的 400 余个观测站，采用的是法国的 CIMEL 太阳光度计（延昊等，2006），这些观测站网在卫星遥感气溶胶特性的真实性检验、气溶胶类型以及气候效应评估方面起着重要作用。大气气溶胶具有分布范围广，空间异质性大的特性，要想获得大范围、长时期的 AOD 分布情况，只能依赖于卫星遥感观测。卫星遥感探测气溶胶方法具有覆盖面积广，效费比高，时效性强等优点，得到了迅速发展，国内外多颗卫星观测数据都可用于反演 AOD 产品，如国外的 MODIS、MISR、Calipso 以及国内的风云 3 号系列卫星、环境 1 号系列卫星等。搭载于 EOS 卫星上的 MODIS 传感器反演的气溶胶产品已经从最初的第 4 版(Collection

4，C4）发展到现在的第 6 版（Collection 6，C6），其产品在全球及中国区域已经过大量的验证（Remer et al.，2003；李晓静等，2009；He et al.，2010；Nichol et al.，2016；Liu et al.，2016；赵仕伟等，2017），表现出良好的数据质量，加上其数据具有较高的时空分辨率，因而在区域环境和模式对比研究中得到了广泛的应用（Adhikary et al.，2008；Carnevale et al.，2011；董自鹏等，2014）。

本节使用了 MODIS 的 3 km 高分辨率 AOD 数据，主要分析贵州复杂地形条件下 AOD 的空间分布、季节分布和年际变化趋势，以揭示贵州各区域、城市尺度大气环境状况和贵州大气环境变化情况。

3.5.2.1　空间分布

图 3–50 所示为贵州多年平均 AOD 空间区域分布。贵州年平均 AOD 空间分布大体呈现东高西低，AOD 分布存在 5 个高值区（0.5 以上），分别位于贵州省北部（遵义市 1 个、铜仁市 2 个）、东南部和省会贵阳。高值区中，贵阳高值区为孤立形态，即与周围区域 AOD 值差异较大，其气溶胶主要来源于本地排放，受周围的传输影响较小。遵义市和铜仁市东边的高值区与这 2 个地州级市区的盆地范围大致吻合，表明其主要也来自本地排放。其余 2 个高值区并不处于城市地区，加上这 2 个地区海拔较低，表明这 2 个高值区的气溶胶除来自本地排放外，可能还有相当部分是从其他区域传输而来的。如贵州北部、东

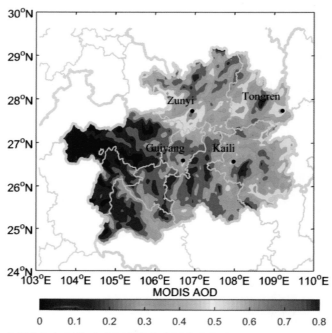

图 3–50　贵州省多年平均遥感气溶胶光学厚度分布（NASA，2001—2016，550 nm）

部和南部边缘低海拔地区的次高值区（0.4左右）毗邻中国气溶胶的高值区之一的四川盆地等地，在一些季节很可能受这些区域气溶胶传输的影响。

AOD低值区（AOD<0.2）主要位于贵州西部海拔较高地区。其分布与海拔高度呈显著的负相关关系，在低海拔地区（1 500 m以下），AOD均值大多在0.2以上；高海拔地区（1 500 m以上）AOD绝大部分均低于0.2。究其原因，贵州西部高海拔地区人口密度低，本地排放源较少，故AOD值也非常低。

3.5.2.2　季节分布

图3-51所示为贵州省4个季节的平均AOD分布。4个季节平均差异较大，反映出不同季节人类活动的交替和气象条件的差异。例如，春秋季从事农事活动时生物质的大量燃烧，对人为气溶胶的排放贡献产生较大影响；又如，不同季节风速、降水的不同，对气溶胶的清除作用也有差异。

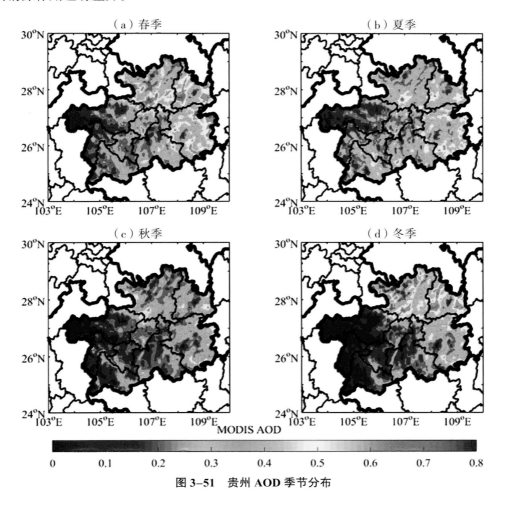

图3-51　贵州AOD季节分布

春季：图 3-51（a）表明，贵州春季 AOD 整体较高，由于贵州春耕和收获时生物质燃烧，使得贵州 AOD 高值明显，其中贵州大部、贵阳高值达到 0.6 左右。春季贵州以西南风向为主，东南亚 AOD 高值区的气溶胶也可能向北传输入贵州境内。另外，每年初春季也会有多次东北冷空气来袭（倒春寒），会将东部地区浓度较高的气溶胶带入贵州境内。

夏季：图 3-51（b）表明，由于季风影响，贵州地区进入主汛期，导致贵州高原东部夏季 AOD 较春季明显下降，高值区面积整体缩小。由于生物质燃烧和森林火灾的减少，降水和光照增加较多，植被生长茂盛，导致该地区 AOD 降幅较大。高值区域明显位于贵州东北部、东南部及贵阳等城市地区，城市尺度分布明显，这与该区域夏季人类活动增加及静稳天气增多有关（张云等，2016）。

秋季：图 3-51（c）表明，秋季 AOD 在夏季基础上继续下降，高值区域范围明显缩小，且只有贵州北部小区域（遵义、铜仁）存在大于 0.6 的区域。贵州东部达到一年中的最小值，贵州西部也达到一年中的次低值。

冬季：图 3-51（d）表明，贵州地区东部冬季 AOD 相比秋季增加明显，特别是贵州北部 AOD 均值达 0.6 以上的高值区域明显扩大，这除了与冬季取暖等活动造成的本地排放增多有关外，还与冬季贵州以外的东部和北部气溶胶高值区有关，因冬季贵州东部盛行东北风，区域传输影响较大。而贵州西部的 AOD 继续下降，整体下降到 0.2 以下，为贵州西部一年中的最低值。

3.5.2.3 月际和年际间变化趋势

从图 3-52 可知，近 16 年以来，贵州 AOD 的月平均 AOD 为 0.19～0.47，表现出明显的季节性差异。低值（<0.26）主要出现在 10—12 月，高值（>0.36）出现在 3—4 月、6 月和 1 月，高值主要分布于春季、夏季和冬季，这主要与春季多发的森林火险和夏冬季人类活动的增加有关。多年月均 AOD 的均值为 0.32。

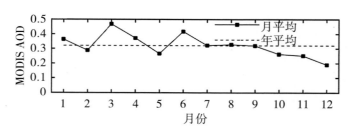

图 3-52 2001—2016 年贵州 AOD 月变化特征

在贵州，夏季主要受湿润的西南季风影响，而冬季主要受东北季风影响，因而冬季除本地排放外，其东部海拔较低地区还受到周边 AOD 较高地区的传输影响。由于这些人为排放和气象因素对气溶胶的影响交织在一起，贵州 AOD 的月变化较为复杂。

近 16 年来，贵州年 AOD 呈现的下降趋势为 −0.059/10a（图 3–53），其中在 2001—2011 年呈波动上升趋势，2011 年以后出现明显下降（通过 95% 置信度检验）。贵州夏季受西南季风影响，冬季受东北季风影响，不同季节的季风风向和湿度不同，因而改变气溶胶的传输路径和降水的清除作用。

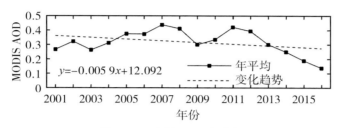

图 3–53　贵州 AOD 年变化

3.5.3　PM$_{2.5}$ 时空分布特征

在气溶胶的颗粒物中，空气动力学直径不大于 2.5μm 的颗粒物被称为细颗粒物 PM$_{2.5}$，它对环境和人体健康影响尤为重要。PM$_{2.5}$ 是影响中国多数城市空气质量的首要污染物之一。研究表明，PM$_{2.5}$ 可以通过呼吸道进入人体，对呼吸系统和心血管系统有较大危害，也会缩短人的预期寿命（Rd et al.，2009）。

近年来，利用卫星遥感反演 AOD 资料间接获得近地面 PM$_{2.5}$ 的质量浓度方法，弥补了地面监测站点稀疏及观测数据序列较短等不足，其主要理论基础是气溶胶光学厚度与 PM$_{2.5}$ 之间存在的特定相互关系，可以表达为 AOD= PM$_{2.5}$×H×S；其中：H 为气溶胶标高，实际应用中可以用大气边界层高度（PBLH）代替，S 为气溶胶在环境相对湿度（R 小时）条件下的比消光效率（Koelemeijer，2006）。以此为基础，国内外学者利用多种数据源和技术手段对遥感 PM$_{2.5}$ 方法展开了广泛研究。Wang 等（2003）通过分析美国阿拉巴马州 1 个城市的地面站网和卫星数据，得到 PM$_{2.5}$ 浓度与 AOD 相关系数可达 0.7 以上，表明 AOD 可用于对 PM$_{2.5}$ 的污染状况定性和定量化的评估（Wang et al.，2003）；Engel–Cox 等（2004）用 MODIS 和 AOD 数据发现美国中、东部 AOD 与地面颗粒物的相关性比西部更高（Engel–Cox et al.，2004）；Donkelaar 等（2006）通过 MODIS 数据反演的 AOD 与地面日平均 PM$_{2.5}$ 进行线性拟合的相关系数在 0.7 左右，与月平均 PM$_{2.5}$ 相关系数可达 0.9，并用遥感 AOD 数据处理后绘制了全球 PM$_{2.5}$ 分布图（Van Donkelaar et al.，2006）。在中国，利用 MODIS–AOD 研究北京 PM$_{10}$ 污染，两者相关系数可达到 0.79（李成才 等，2006）；也有使用 MODIS L1B 数据反演了 1 km 分辨率的 AOD，然后与 PM$_{2.5}$ 的站点数据建立了回归模型，相关系数达到了 0.88，实现了华中地区空间连续的 $PM_{2.5}$ 反演（李同文 等，2015）；还有使用卫星遥感反演的 $PM_{2.5}$ 数据分析了中国东部长序列的 $PM_{2.5}$ 分布特征（He et al.，2017）；也有使用 MODIS 3km 分辨率的 AOD 数据反演了全国 $PM_{2.5}$ 在 2015 年日均分布数据（He et al.，2018）。总体来看，国内外通过 AOD 反演 $PM_{2.5}$ 的主流方法主要有：一是基于 AOD 与 $PM_{2.5}$ 的简单线性回归模拟，在此基础上建立 $PM_{2.5}$ 的一元线性回归模型（Wang et al.，2003，Engel-Cox et al.，2004，Chu et al.，2003，Gupta et al.，2006）。二是根据大气和气溶胶粒子垂直分布对 $PM_{2.5}$ 和 AOD 之间关系的影响，采用混合层高度（边界层高度或霾层高度）和湿度因子等对 AOD 进行修正，再与 $PM_{2.5}$ 构建相关模型（Koelemeijer et al.，2006，Engel-Cox et al.，2006，Tsai et al.，2011）。三是结合 AOD 与各种气象因素、地理信息等辅助变量，构建多元线性回归模型（Pawan et al.，2009）、线性混合效应模型（Lee et al.，2011）、广义相加模型（Kloog et al.，2011）、地理加权回归模型（He et al.，2018）或神经网络（Gupta et al.，2009）等。四是结合大气环境数值模拟与卫星遥感反演数据，通过模型拟合气溶胶垂直廓线，并定义由遥感 AOD 数据推算近地面 $PM_{2.5}$ 的转换因子，从而估算 $PM_{2.5}$ 浓度（Liu et al.，2004，Liu et al.，2007，Donkelaar et al.，2010）。国内外现有应用卫星遥感反演区域 $PM_{2.5}$ 数据的结果表明，利用卫星遥感产品反演地表 $PM_{2.5}$ 的技术可行，并已开始向应用领域转变，可以有效地弥补地面监测站点有限、时间序列较短等不足，解决了目前地面监测站点分布不均，以及空间分辨率较低、代表性不足等问题。

3.5.3.1 反演模型

利用从 MCD19A2 中提取出的 550nm AOD 数据，构建 4 种 AOD 数据集，分别是未校正 AOD、经 RH 校正后的 AOD、经 PBLH 校正的 AOD 和经 RH 和 PBLH 同时校正的 AOD，利用这 4 种 AOD 数据集，分季节、分站点和 $PM_{2.5}$ 构建模型（图 3-54），对构建的 4 个季

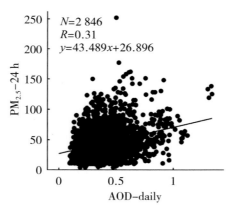

图 3-54　原始 AOD 与 $PM_{2.5}$ 相关系数

节的 4 种模型，进行指示克里金插值，统计 1° × 1° 网格范围内出现的概率，最后进行分区，再分区建立各区域的 $PM_{2.5}$ 反演模型，进行 $PM_{2.5}$ 反演，建立的站点模型相关系数范围为 $-0.2 \sim 0.97$，其中秋季的相关系数最高，夏季最低。图 3–54 为所有 2 846 对原始 AOD 数据建立的 $PM_{2.5}$ 模型。图 3–55 为建立的春夏秋冬 4 个季节的区域模型进行的区域划分情况。图 3–56 为根据不同分区，分季节建立的 $PM_{2.5}$ 反演模型。

选取 2016 年 001 ~ 060 d（未参与建模），2014 年第 133 ~ 365 d 的共 350 对数据作为验证数据，对建立的模型进行验证，验证结果表明，平均绝对误差为 3.93 μg/m³。

春季 $PM_{2.5}$ 反演分区图

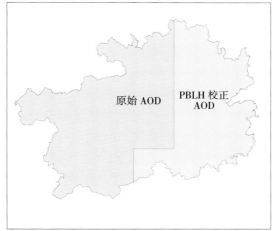

夏季 $PM_{2.5}$ 反演分区图

秋季 $PM_{2.5}$ 反演分区图

冬季 $PM_{2.5}$ 反演分区图

图 3–55　贵州省 4 个季节反演 $PM_{2.5}$ 分区

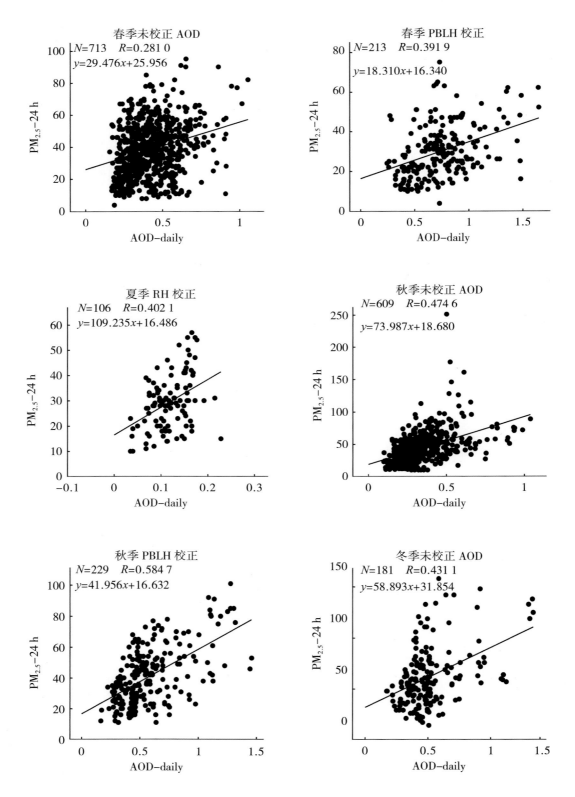

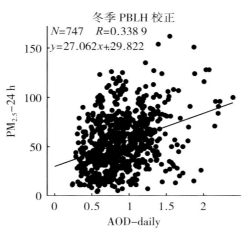

图 3-56　贵州省 PM$_{2.5}$ 4 个季节分区建模

3.5.3.2　月分布特征

图 3-57 是反演 2018 年的 PM$_{2.5}$ 月平均分布。从图 3-57 可以看出，2018 年 PM$_{2.5}$ 的分布的高值位于 1—4 月，另外可以清楚看到，夏季由于降水的作用，很难得到较好的影

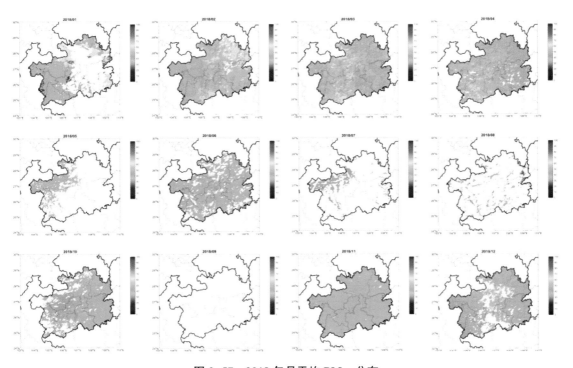

图 3-57　2018 年月平均 PM$_{2.5}$ 分布

像用于反演 $PM_{2.5}$。从区域来看，1 月和 2 月高值区主要在东部，3 月和 4 月主要在西部，12 月主要在中部和北部。

3.5.3.3　季节分布特征

从图 3-58 多年季节平均可以看到，$PM_{2.5}$ 的分布呈现春冬季节高，夏秋季节低的形态，这与 AOD 的分布也是一致的。但春季高值区主要分布在南部边缘和北部地区，而冬季分布在中部以北地区。夏秋季节 $PM_{2.5}$ 分布较低，表明夏秋季节空气质量最好。

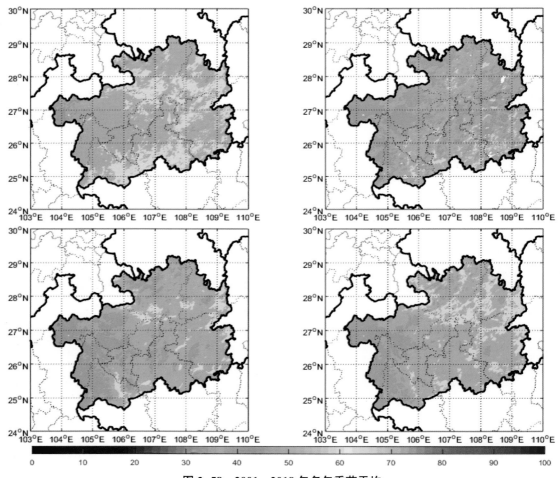

图 3-58　2001—2018 年多年季节平均

茶叶主要气象灾害

贵州位于副热带东亚大陆的季风区内，气候类型属中国亚热带季风湿润气候。贵州省地处低纬山区，地势高差悬殊，立体气候明显，天气气候垂直差异较大，低温、高温、干旱、冰雹等主要气象灾害对茶的产量、品质均有影响。

4.1 低　温

茶树为多年生亚热带常绿植物，耐低温性差，易遭低温危害。受气候变化影响，极端气候事件发生频率增加，极端冷冬会导致贵州茶树树梢甚至树干冻坏冻死，明显暖冬会造成茶树芽叶萌动期提前，此时如遇寒潮、倒春寒等低温灾害会导致茶叶减产、品质下降。根据灾害发生时间，茶树低温灾害可分为冬季冻害、春季冷害和春季霜冻害。

4.1.1 冻　害

4.1.1.1 冻害影响

茶树冻害是指茶树因遇到极端低温，使植株体内结冰或丧失生理活动，造成植株死亡或部分死亡的现象。在冬季，当冷高压控制茶区时出现低温，如果强度超过了茶树植株所能适应的范围，则将出现茶树冻害。贵州冬季低温伴有降雨、降雪的天气，空气湿度、土壤湿度都高，高山茶区，冬季茶树上常有雾凇或冰凌，若茶树枝叶上雾凇、冰凌过多，过重，会造成较大损失。茶树受冻通常由上部的叶尖开始，然后扩及叶缘、叶片中部，以至叶柄，再延及整个梢枝，出现硬化、干枯现象，最后影响枝干。一般茶树冻害分为5级，即极重冻害、严重冻害、一般冻害、轻微冻害及未受冻害。茶树的种类不同，其耐寒性各异。在各茶树品种中，长期适应于南亚热带大叶种等皆容易受冻，适应于亚热带地区的灌木型的小叶种抗寒力强，不易受冻。小叶种茶树冻害分级指标见表4-1。

表 4–1　茶树冻害分级（小叶种茶树）

级　别	茶树受冻后表现	全园受害茶株（%）	受冻时的低温值（℃）
极重冻害	叶全部枯落，枝干枯死	100	< –15
严重冻害	叶片受冻部分萎缩凋零，树冠、树梢有部分干枯	50～90	–15～–14
一般冻害	树冠、树梢大部分冻伤	20～50	–14～–12
轻微冻害	树冠、树梢叶尖稍有冻坏，或少数部分枯萎	< 20	–12～–10
未受冻害	叶、干绿色正常	0	> –10

　　贵州茶树多为南方品种，根部耐寒性较差，小叶种细根在 –5℃时就可能受害；树冠在 –4 ～ –3℃便会死亡。云南大叶种更不耐冻，冻害低温指标较高，在 0℃以下即将受冻。当温度为 –3 ～ –2℃时，会严重地影响茶叶产量，降至 –5℃以下时，芽、叶及老嫩枝条，将有不同程度的干枯脱落，直至地上部分全枯。采用年极端最低气温作为茶树冻害指标，来分析贵州茶树种植冻害分布特征和受害风险。

4.1.1.2　冻害风险

　　年极端最低气温可用来评价茶树冬季冻害发生程度。影响气温的环境因子主要有经纬度、海拔高度、地形地貌（地形遮蔽度、坡度、坡向等）、山系的走向及下垫面性质（土壤、植被情况等）等。同一天气形势下，在范围较大的山区，经纬度和海拔高度是影响气温分布的主要因素；山区范围较小时，经纬度的影响可以忽略，海拔高度和地形是影响气温差异的主要因子。贵州省西高东低，中部高南北低，冬季受冷空气和海拔影响，东北部、西部和中部地势较高一带冬季最低气温较全省其他地区偏低，茶树遭受冻害风险较高；南部和北部地势较低处冬季温度偏高，茶树遭受冻害风险较小，利于贵州省茶叶主产区茶树安全越冬。

　　从贵州省年极端最低气温空间分布（图 4–1）可以看出，极端最低气温为 –15.3 ～ –1.9℃，总体呈中间偏低，南部和北部边缘一带偏高的分布特征。苗岭一带及毕节市大部、铜仁市中东部和黔南州中部以北的中高海拔以上地区，极端最低气温在 –8℃以下，其余大部年极端最低气温为 –8 ～ –3℃，极端冷冬年份贵州大部茶区会受冻害影响。从贵州省 80% 保证率年极端最低气温空间分布（图 4–2）可以看出，全省 80% 保证率年极端

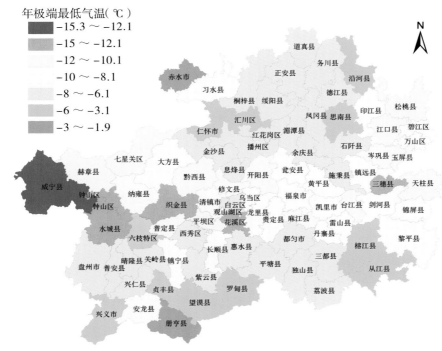

图4-1 贵州省年极端最低气温空间分布

图4-2 贵州省80%保证率下年极端最低气温空间分布

最低气温在 −6.5 ～ 2.3℃，除了威宁 80% 保证率年最低气温低于 −5℃，其他区域年最低气温 80% 保证率为 −5℃ 以上，均能满足茶树安全越冬，各等级冻害发生风险较低。

4.1.2 冷　害

4.1.2.1 冷害影响

早春气温回暖，茶芽萌动后，茶树抗寒能力减弱，如果气温突降至生物学界限温度以下，会使已萌动的茶芽遭受冷害。早生茶树品种萌动的生物学最低温度为 6 ～ 8℃，中生茶树品种萌动的生物学最低温度为 8 ～ 10℃，迟生茶树品种萌动的生物学最低温度为 10 ～ 12℃。根据研究，当福鼎大白茶萌芽后出现连续 7 d 以上气温为 1 ～ 6℃ 的低温时段时，低温冷害将对茶树叶片生理指标造成严重影响。

贵州茶叶品种一般在"惊蛰"前后萌芽，鱼叶展开后出现冷害会降低茶叶的品质。因此选取 3 月上旬—4 月中旬出现的最高气温 ≤ 6℃ 最长连续日数作为贵州茶叶低温冷害指标。

4.1.2.2 冷害风险

从贵州省茶叶冷害多年平均最长连续日数分布（图 4-3）、持续 3 d 以上冷害概率分布（图 4-4）可以看出，贵州省冷害最长持续日数介于 0 ～ 4 d，赤水、沿河、印江、思南、汇川以及南部边缘的从江、榕江、三都、荔波、平塘、罗甸、望谟、册亨、贞丰、关岭一带无冷害灾害，茶叶主产区多年平均最长连续冷害日数仅为 1 ～ 2 d。大部分地区发生持续 3 d 以上冷害灾害的概率小于 30%，全省仅西北部、开阳—瓮安—福泉—麻江—丹寨一带以及万山区的冷害发生持续 3 d 以上的冷害概率较高，但持续 5 d 以上的冷害概率极低。说明春季冷害风险极小，利于茶叶主产区茶芽的萌动、生长。

4.1.3 霜　冻

4.1.3.1 霜冻影响

霜冻是茶叶生产中危害最大的一种气象灾害。茶树在遭受霜冻灾害后，由于细胞内水分冻结，原生质遭到破坏，细胞液外溢而发生红变，出现"麻点"现象，芽叶焦灼；茶芽生长点受霜冻危害后，停止萌发，形成死芽，造成春茶采摘期延后。茶树受冻是从嫩叶或芽的尖、缘开始蔓延，继而使叶、芽呈黑褐色焦枯状。当芽局部受冻，部分叶细胞坏死，会影响茶叶的品质。遭受霜冻的嫩叶制作的绿茶滋味苦涩，制作红茶因酚类衍生物减少而发酵不良，香气降低。

图 4-3　贵州省茶树冷害多年平均最长连续日数分布

图 4-4　贵州省持续 3 d 以上茶树冷害发生概率分布

由于地形的不同，霜冻的差异也会很明显。在地势低洼、地形闭塞的小盆地、洼地、坡地下部，冷空气容易沉积，茶树受冻最重；山坡地中部，空气流动畅通，茶树受冻最轻；山顶由于直接接受寒风侵袭且土壤被吹干，茶树受冻较重。不同坡向也影响茶树受冻程度，一般情况下，北坡接受太阳辐射少，又直接受西北风影响，在冬季北坡茶叶受冻比南坡重，早春太阳直射东坡与东南坡，温度逐渐升高，使茶树生理活动加强，新芽萌动，一旦遇到倒春寒的低温袭击，芽叶最易遭受霜冻害。而土壤干燥疏松的茶园，白天升温快，夜间冷却也快，比土壤潮湿的茶园受冻重。

茶树的霜冻受到许多因子的影响，与低温及其持续时间、茶树的品种、茶树所处的地理条件以及栽培管理等因子均密切相关。茶树的冻害指标因品种不同相差很大。茶树各器官抗冻能力也不同：成叶和枝条的耐冻能力较强，在 −3℃左右才受伤害；而茶芽和嫩梢的耐冻性较差，1～2℃时便受害。此外，茶树的耐寒性因年龄而不同，一般幼年期较差，壮年期较强。

贵州茶树为南方品种，易受冬末早春的晚霜冻为害，早生品种在"惊蛰"和"春分"时开始萌芽，"清明"前采茶，中生品种约推迟半个月在"清明"开采，若茶树在 2 月中旬—3 月下旬遭受霜冻害，当日最低气温降至 −1～2℃时，将显著降低明前茶和清明茶的产量和品质。因此，用 2 月中旬—3 月下旬日最低气温 ≤ 2℃作为贵州茶树霜冻的气象指标。

4.1.3.2 霜冻风险

图 4-5 为贵州省茶叶霜冻多年平均最长连续日数分布，图 4-6 至图 4-8 分别为持续 3 d、5 d、7 d 以上霜冻的概率分布。从霜冻极端最长连续日数分布可以看出，赤水、册亨、望谟、罗甸的多年平均霜冻最长日数小于 1 d，霜冻轻；威宁、钟山区、水城、七星关、开阳、瓮安等地的多年平均霜冻最长日数为 7～12 d，霜冻较重；其余大部分地区的霜冻最长日数介于 1～7 d。

从图 4-6 可以看出，全省出现持续 3 d 以上霜冻的概率较高，贵州仅南部边缘的兴义、册亨、望谟、贞丰、关岭、罗甸、荔波、从江、榕江、三都和北部的沿河、思南、汇川、赤水等地极少出现持续 3 d 以上的茶叶霜冻；中部高山茶区出现概率达 80% 以上，其余茶叶主产区概率为 20%～80%，出现中级霜冻危害的概率高。

从图 4-7 可以看出，全省出现持续 5 d 以上霜冻的概率较高，霜冻高概率发生区主要分布在威宁—纳雍—修文—黄平—三穗为中心的中部一带，发生概率在 50% 以上，其中威宁、大方、开阳发生持续 5 d 以上霜冻灾的概率大于 80%，霜冻较重，对中西部高山茶区造成较大的影响。南部边缘以及遵义中东部、铜仁北部地区的持续 5 d 以上霜冻发生概率较小。

图 4-5　贵州省茶叶霜冻害多年平均最长连续日数分布

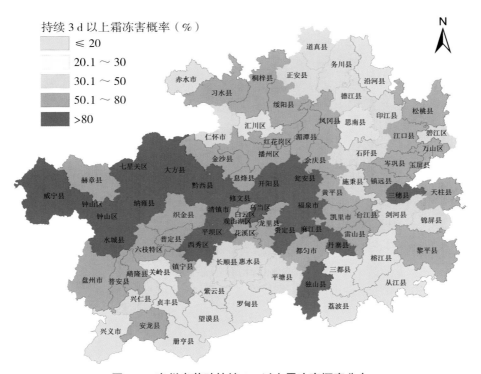

图 4-6　贵州省茶叶持续 3 d 以上霜冻害概率分布

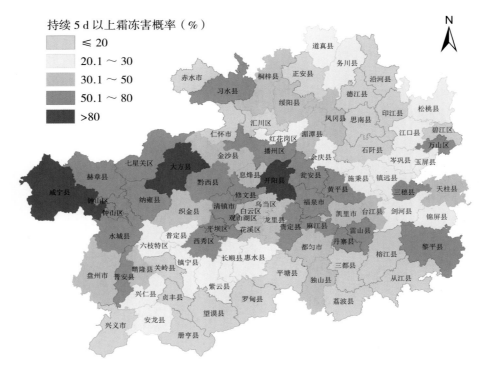

图 4-7　贵州省茶叶持续 5 d 以上霜冻害概率分布

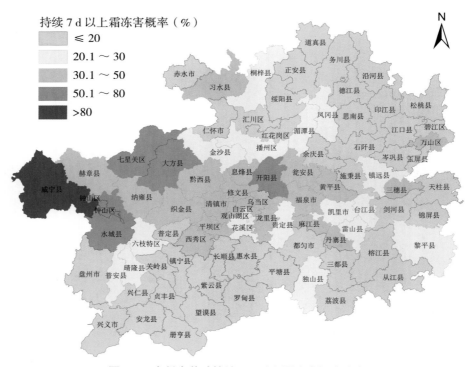

图 4-8　贵州省茶叶持续 7 d 以上霜冻害概率分布

从图 4-8 可以看出，全省出现持续 7 d 以上霜冻害的概率较低，仅有威宁、钟山区、水城、七星关、大方和开阳等地的发生概率在 50% 以上，其他地区发生持续 7 d 以上霜冻发生概率较小。

综合霜冻平均最长持续日数和其发生概率分布可得出，霜冻在大部分地区主要持续日数为 3 ～ 5 d，中部高山茶区出现概率达 50% 以上。

4.1.4 倒春寒

倒春寒一般指 3 月 21 日—4 月 30 日，日平均气温不大于 10℃，持续 3 d 或 3 d 以上（其中从第 4 d 开始，允许有间隔 1 d 的日平均气温不小于 10.5℃），为一次倒春寒天气过程。倒春寒使茶叶生长突遇低温，对茶叶生长和茶叶品质造成影响。统计每一次倒春寒持续日数，得到倒春寒持续最长日数的多年平均值。

贵州全省的倒春寒最长持续日期介于 0 ～ 16 d（图 4-9），其中，安龙、丹寨、福泉、天柱、玉屏、江口、印江、湄潭以及播州倒春寒最长持续日数的 30 年平均值介于 14 ～ 16 d，倒春寒持续最长日数最长；汇川、红花岗、水城、册亨、望谟、罗甸等地的倒春寒持续最长日数的多年平均值小于 6 d，倒春寒持续时间较短，对茶叶造成的影响相对较小。

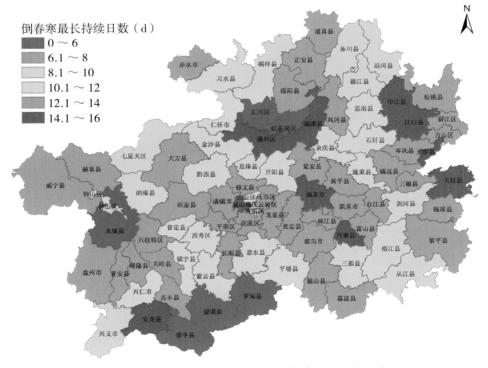

图 4-9 贵州省茶叶倒春寒多年平均最长持续日数分布

4.1.5 凝 冻

凝冻的定义为，每年冬季（当年 12 月至次年 2 月），当日平均气温 ≤ 1℃，日最低气温 ≤ 0℃，且当日雨量 ≥ 0.0 mm 的 3 个标准同时达到，即为一个凝冻日。一次凝冻过程持续 2～3 d 为轻级，持续 4～5 d 为中级，持续 6～9 d 为重级，持续日数 ≥ 10 d 为特重级。凝冻对茶树叶片生理指标造成严重影响。利用每次凝冻过程的持续日数，统计每个站点最长凝冻持续日数的多年平均值，得到凝冻灾害的风险分布。

图 4-10 中蓝色区域为凝冻最长持续日数的 30 年平均值介于 0～2 d 的区域，即这些区域无凝冻发生，有利于茶树的生长；持续最长日数达到重级的区域集中在威宁、钟山区、纳雍、大方、黔西、开阳、余庆、绥阳、三穗、台江、平坝、普安等地；其他区域的凝冻最长持续日数 4～6 d，等级为中级，对茶叶生长会造成一定的影响。

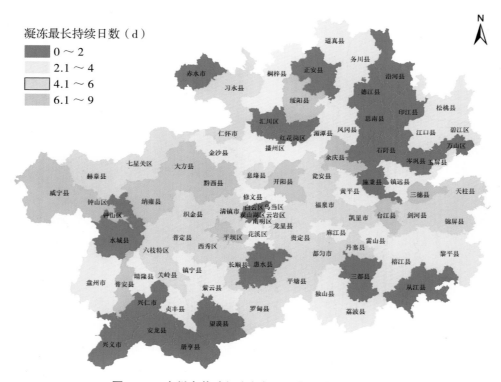

图 4-10　贵州省茶叶凝冻多年平均最长持续日数分布

4.2 高 温

4.2.1 高温影响

茶树不耐高温，多数茶树种正常生长的气温为 10 ～ 35℃，当最高气温达到 35℃时，茶树中的酶促反应将被破坏，新梢生长缓慢或停止；当最高气温持续在 40℃以上时，会造成枝梢枯萎，叶片脱落，幼龄茶树死亡。

4.2.2 高温风险

4.2.2.1 极端最高气温

从贵州省近 30 年极端最高气温空间分布（图 4-11）可以看出，贵州省近 30 年 40℃以上极端最高气温出现册亨、望谟、赤水、沿河、印江、思南、石阡、镇远、江口、碧江区一带，极端最高气温达到 40 ～ 43.2℃；威宁、钟山区以及水城—普定—平坝—贵阳—瓮安一带的极端最高气温值较低，低于 35℃；省内其余地区为 35 ～ 39.9℃。

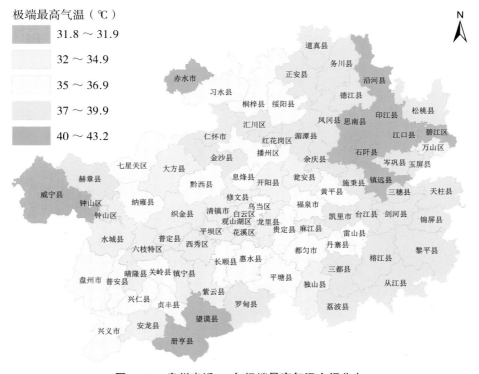

图 4-11 贵州省近 30 年极端最高气温空间分布

从 20% 保证率最高气温空间分布（图 4-12）可以看出，5 年一遇的最高气温，40℃以上区域为沿河和赤水的河谷，中部和西部大部、东部局地小于 35℃，其余茶区为 35.0 ～ 39.9℃。贵州省东北部低海拔茶区存在 5 年一遇的 40℃以上极端高温的致命危害风险，高海拔茶区和省内其他茶区风险很小。北部和东部茶区夏茶生产存在 5 年一遇的 35℃以上高温危害风险，其他茶区全年茶叶正常生产的高温危害风险极小。

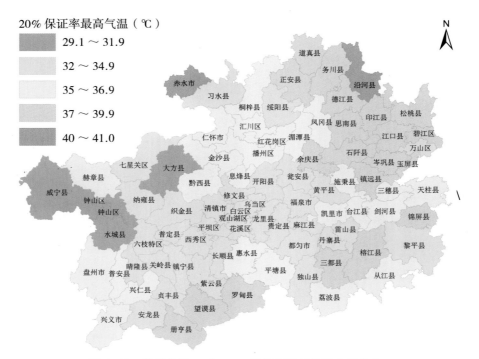

图 4-12　贵州省近 30 年 20% 保证率最高气温空间分布

4.2.2.2　≥ 35℃和≥ 40℃高温天数空间分布

从图 4-13 和图 4-14 可以看出，≥ 35℃最高气温平均天数介于 0 ～ 35.5 d，赤水、沿河、碧江、榕江、罗甸等地≥ 35℃最高气温出现的天数最多，多年平均值为 25 ～ 35 d，对夏茶生产较为不利；贵州省除东部、南部边缘的茶区≥ 35℃高温平均日数在 5 d 以上，其他地区≥ 35℃最高气温出现平均天数都在 5 d 以下，大部分茶区茶叶生产基本不存在高温影响。

从图 4-15 可以看出，贵州省除碧江、江口、沿河、册亨以及赤水的茶区≥ 40℃高温平均日数在 1 d 以上，其他地区基本无≥ 40℃的高温天气。因此，除个别高温区对夏茶生产较为不利外，各主要茶区茶树种植不存在致命性高温危害风险。

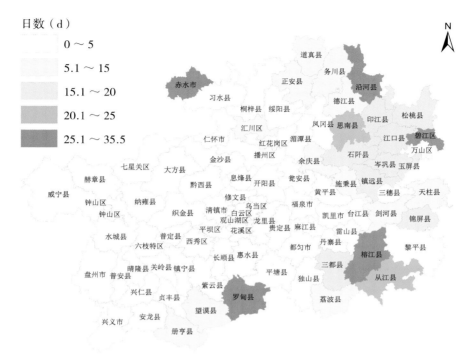

图4-13　贵州省近30年≥35℃最高气温平均天数空间分布

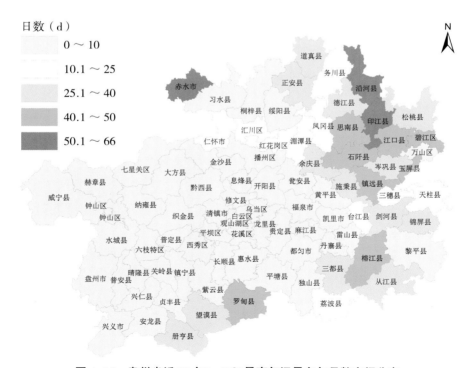

图4-14　贵州省近30年≥35℃最高气温最多年月数空间分布

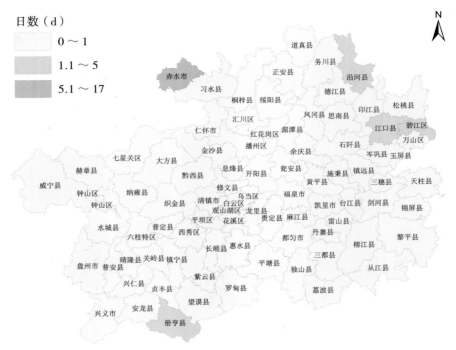

图 4-15 贵州省近 30 年 ≥ 40℃最高气温最多年月数空间分布

4.3 干 旱

4.3.1 干旱影响

适度的热量和水分供应，是维持茶树正常生长的关键性必备环境条件，如果热量供过于求加上水分供应不足，空气或土壤湿度过低，将导致茶树体内水分供应失衡，达到一定程度就会形成茶树干旱危害，轻则影响茶叶产量，重则影响茶株正常生长。不同季节的干旱对茶树造成危害有差异（娄伟平，2013）。

冬旱会造成茶树秋稍的芽、叶受害，轻则使越冬芽发育不良，春芽瘦弱稀疏，重则芽、叶青枯干死。重度冬旱将降低秋冬新植茶苗成活率。

春旱严重时对西南云贵茶区的影响较大，可能造成早春茶、明前茶、清明茶、及其他春茶减产、品质下降。

夏旱严重时因伴随高温，会导致茶叶失去净光合作用，叶片由于萎蔫而褪色，转为淡绿，气温高于48℃时，叶绿体和酶的功能将全被破坏，细胞中蛋白质凝固，叶片转为枯绿，继而出现焦斑、泛红以致枯干脱落，自上而下逐渐枯死，将导致夏茶减产降质，并对下一年茶叶生产造成影响。

4.3.2 干旱风险

采用土壤相对湿度（R）作为干旱分级标准（见表4-2），建立贵州省近30年来冬春旱、夏旱等列资料。

表4-2 土壤相对湿度（R）干旱分级标准

等　级	无　旱	轻　旱	中　旱	重　旱	特　旱
土壤相对湿度 R	R＞60%	60%≥R50%	50%≥R＞40%	40%≥R＞30%	R≤30%

4.3.2.1 冬春旱

利用贵州省近30年来的冬春旱发生资料，对轻级以上、中级以上、重级以上和特重级以上冬春旱发生的概率进行分析。

贵州轻级以上冬春旱发生的概率分布如图4-16所示。从图上可以看出，贵州省的西部边缘和南部边缘一带发生轻级以上干旱的概率在60%以上，毕节中东部、贵阳北部、黔南州北部、铜仁北部以及遵义地区发生轻级以上干旱的概率在20%以下，其他地区发生轻级以上干旱的概率为20%～60%。

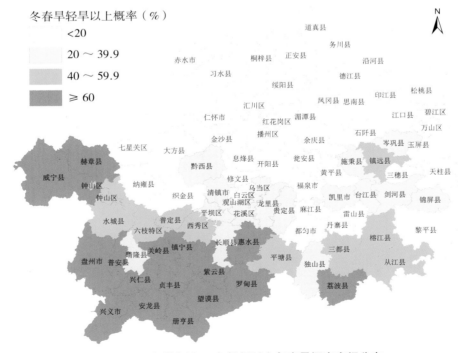

图4-16 贵州省近30年轻级以上冬春旱概率空间分布

贵州中级以上冬春旱发生的概率分布如图4-17所示。从图上可以看出，与轻级以上冬春旱发生概率分布相似，西部与南部边缘易发生中级以上冬春旱；中部及东北部发生中级以上冬春旱的概率较低。概率小于20%的区域较轻级以上发生概率范围更广。

图4-17 贵州省近30年中级以上冬春旱概率空间分布

贵州重级以上冬春旱发生的概率分布如图4-18所示。从图上可以看出，册亨和望谟发生重级以上冬春旱的概率大于60%；赫章、盘州、兴义、安龙、罗甸、三都、荔波等地发生重级以上冬春旱的概率介于40%～60%；其余地区发生重级以上冬春旱的概率介于20%～40%。

贵州特重级以上冬春旱发生的概率分布如图4-19所示。从图4-19可以看出，全省发生特种级冬春旱的概率较低，盘州、册亨、望谟、罗甸发生特重级以上冬春旱的概率介于5%～10%；其余地区发生重级以上冬春旱的概率小于5%。

综上，贵州各茶区冬春旱危害风险均较小，冬春旱主要出现在省之西南部和南部边沿茶区，且主要为中级以下，大部分茶区重级以上春旱风险概率较小，仅西南部局地达5年一遇。

图 4-18 贵州省近 30 年重级以上冬春旱概率空间分布

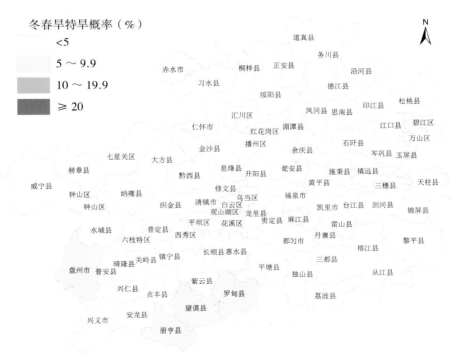

图 4-19 贵州省近 30 年特重级冬春旱概率空间分布

4.3.2.2 夏 旱

对贵州省近 30 年来发生的夏旱资料进行统计分析，得到轻级以上、中级以上、重级以上和特重级以上夏旱发生的概率分布。

贵州轻级以上夏旱发生的概率分布如图 4-20 所示。从图上可以看出，播州区、思南、锦屏发生轻级以上夏旱的概率大于 60%；省中部和东部其他地区发生轻级以上夏旱的概率为 20%～60%，西部发生轻级以上干旱的概率在 20% 以下。

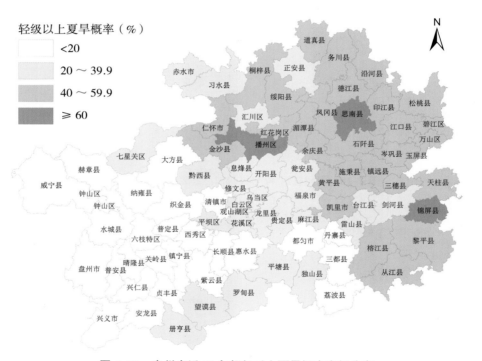

图 4-20 贵州省近 30 年轻级以上夏旱概率空间分布

贵州中级以上夏旱发生的概率分布如图 4-21 所示。可以看出，东部与东北部的概率介于 20%～60%；除望谟和册亨外，中部和西部发生中级以上夏旱的概率小于 20%。

贵州重级以上夏旱发生的概率分布如图 4-22 所示。可以看出，全省发生重级以上夏旱的概率较小，均小于 40%，其中仁怀、沿河、印江和锦屏发生重级以上夏旱的概率介于 20%～40%；其余地区发生重级以上夏旱的概率小于 20%。

贵州特重级以上夏旱发生的概率分布如图 4-23 所示。可以看出，全省发生特种级夏旱的概率较低，小于 5%。

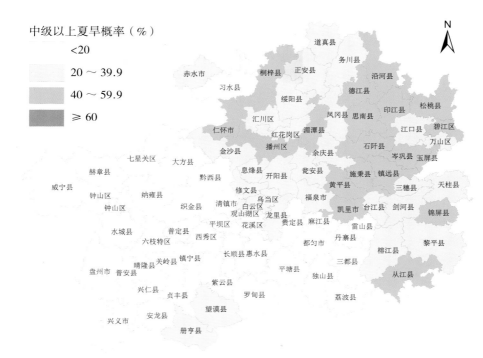

图 4-21 贵州省近 30 年中级以上夏旱概率空间分布

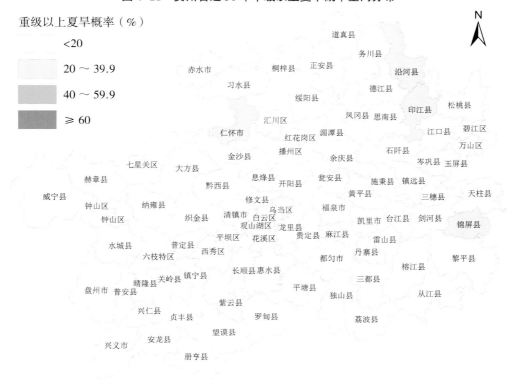

图 4-22 贵州省近 30 年重级以上夏旱概率空间分布

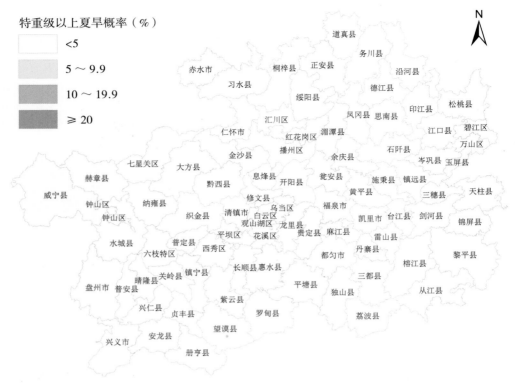

图 4-23 贵州省近 30 年特重级以上夏旱概率空间分布

综上可以得出，贵州中部以西以南茶区夏旱危害风险很小，北部和东部茶区中级以上夏旱概率相对较高，而沿河、印江、锦屏、仁怀的茶园有重级夏旱风险，茶区遭受特大重旱的风险均极小。

4.4 冰 雹

4.4.1 影 响

冰雹灾害是由强对流天气系统引起的一种剧烈的气象灾害。冰雹常发的春季或夏初，正是茶叶采收的黄金季节。遭受冰雹袭击的茶园，轻则芽叶受损，失去经济价值，重者造成茶树死亡。冰雹灾害的出现通常是范围小，时间短，但来势猛、强度大，并常常伴随着大风、雷雨等阵发性灾害性天气过程。每次降雹的范围都很小，一般宽度为几米到几千米，长度为 20 ～ 30 km，所以民间有"雹打一条线"的说法。

贵州是冰雹灾害较为严重省份之一，尤其是贵州的中西部地区，地形复杂，天气多变，冰雹多，受害重，对茶树危害很大。虽然降雹仅限于局部地区，但对茶树的危害和造成的损失往往超过冬季冻害和倒春寒。贵州每年春末夏初（4—5月）时常遭到冰雹的突然袭击，冰雹灾害发生时常伴随着狂风骤雨，对茶树造成的伤害主要是机械损伤。冰雹会打伤打断茶树枝条、打碎叶片，影响产量及品质，尤其是对采摘期的茶树危害最大。田永辉等人的研究表明，冰雹灾害使茶树根系活力、光合作用、百芽重分别下降了19.7%～29.1%、30.3%～51.5%、10.4%～33.5%；茶树新梢损伤率为52.7%～80.2%。冰雹后茶树的生化成分都呈下降趋势，水浸出物、茶多酚、氨基酸、咖啡碱分别下降了3.67%、2.37%、0.29%、0.63%。

4.4.2　不同茶季冰雹特征分析

根据贵州茶叶实际生产情况以及茶树新梢生长的间歇性，将其分为春茶、夏茶和秋茶，主要生长期见第3章。将站点出现冰雹灾害时统计为一个冰雹日，得到贵州境内不同茶树生长期中冰雹日数的时空特征。

4.4.2.1　春茶冰雹特征分析

图4-24为2000—2019年贵州84个台站春茶季总降雹日数分布。从图上可以看出，春茶季冰雹发生总日数总体呈从西向东减少的趋势，贵州中西部属于冰雹多发区和重灾区，其中贵州西部的盘州、水城、普安、兴仁、晴隆以及毕节的织金、纳雍一带为高值

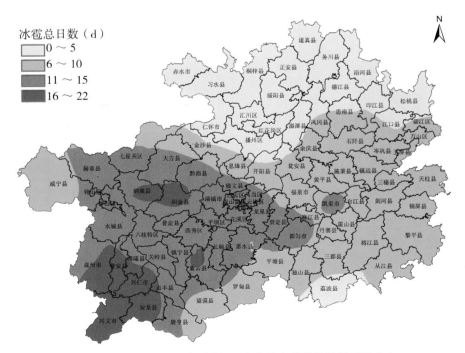

图4-24　2000—2019年贵州84个台站春茶季总降雹日数分布

区，总冰雹日数大于 16 d；遵义、铜仁北部以及黔南州和黔东南州的南部地区为春茶季冰雹总日数的低值区。从图 4-25 可以看出，2000—2019 年春茶季中，贵州省内发生的年总冰雹日数介于 5 ~ 80 d，2007 年、2009 年、2013 年发生的冰雹日数最多，全年内春茶季全省发生的冰雹日数大于 70 d，冰雹频发给茶叶带来了较大的影响。2011 年、2015 年和 2017 年全省发生的冰雹日数较少，每年冰雹总日数少于 10 d。

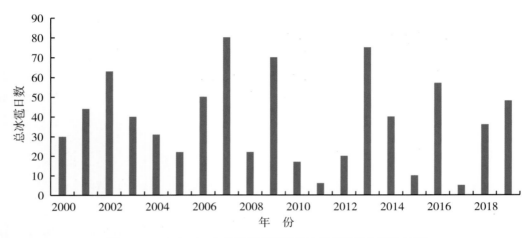

图 4-25　2000—2019 年贵州春茶季总冰雹日数的年变化特征

4.4.2.2　夏茶冰雹特征分析

图 4-26 为 2000—2019 年贵州 84 个台站夏茶季总降雹日数分布。从图上可以看出，夏茶季冰雹发生总日数总体特征与春茶季的分布特征相同，呈从西向东减少的趋势，贵州中西部属于冰雹多发区和重灾区，其中毕节西部、六盘水以及黔西南的北部一带为夏茶季的冰雹总日数高值区，夏茶季的总冰雹日数大于 13 d，明显低于春茶季；贵州中部以及东部为夏茶季冰雹总日数的低值区，介于 0 ~ 4 d。从图 4-27 中可以看出，2000—2019 年夏茶季中，冰雹总日数介于 2 ~ 39 d，2002 年和 2005 年发生冰雹的日数较多，全省发生的冰雹日数大于 30 d，2009 年、2010 年和 2012 年全省发生的冰雹日数较少，每年冰雹总日数少于 7 d。

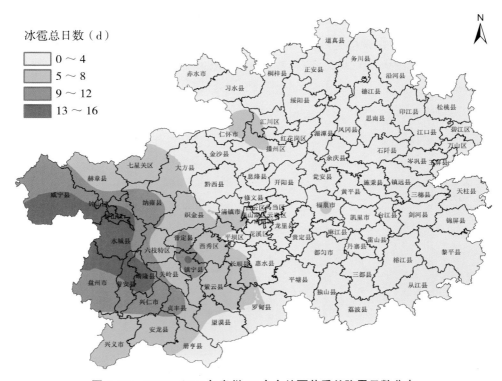

图 4-26 2000—2019 年贵州 84 个台站夏茶季总降雹日数分布

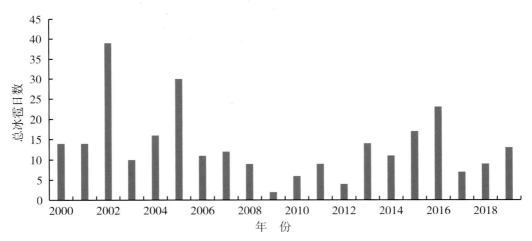

图 4-27 2000—2019 年贵州夏茶季总冰雹日数的年变化特征

4.4.2.3 秋茶冰雹特征分析

图 4-28 为 2000—2019 年贵州 84 个台站秋茶季总降雹日数分布。从图上可以看出，秋茶季冰雹发生总日数小于春茶季和夏茶季，秋茶季冰雹主要发生在毕节的中北部和西部边缘一带，总日数为 3 ～ 4 d，贵州其他区域的冰雹发生总日数较少。从图 4-29 可以

看出，秋茶季冰雹发生的日数较少，2000—2019 年秋茶季中，冰雹发生的年总日数最大值为 4 d，分布在 2006 年、2014 年、2015 年；另外除 2000 年（1 d）、2001 年（2 d）、2002 年（1 d）、2005 年（1 d）、2008 年（1 d）之外，其他年份的秋茶季并未出现冰雹灾害。

图 4-28　2000—2019 年贵州 84 个台站秋茶季总降雹日数分布

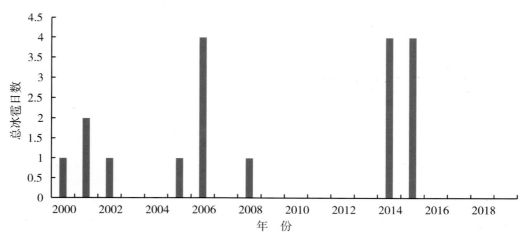

图 4-29　2000—2019 年贵州秋茶年总冰雹日数的年变化特征

低温胁迫对茶叶生长影响试验研究

茶树［Camellia sinensis（L.）O.Ktze.］，属山茶科（Theaceae）、山茶属（Camellia）的灌木或小乔木，我国的茶树资源非常丰富。茶树是南方的主要经济植物茶科植物，目前有23属380多种（肖正东等，2011；李娜娜，2015；杨再强等，2011）。茶树喜温暖湿润气候，生长最适宜温度为20～25℃，平均气温10℃以上时芽开始萌动，较喜光耐阴（孔海云，2011）。茶树越冬的叶片能够通过光合作用从而合成碳水化合物并贮藏在植株体内，供翌年茶树新梢生长（程鹏等，2012；蒋跃林等，2005）。

茶叶是贵州重要的经济产出，其中春茶产值占总产值一半以上，气候变化导致的冬暖使得茶叶萌动期提前，而频发的倒春寒带来的低温灾害又给茶叶生长造成巨大威胁，因此制定贵州茶叶的低温灾害指标对茶叶气象服务有重要的意义。研究应用人工气候室，开展茶树低温胁迫控制试验，测定不同低温胁迫条件下茶芽生理生化指标、光合特性、产量及品质的变化，确定茶树的半致死温度、不同低温胁迫下的减产率，为茶叶保险产品设计以及生产气象服务提供依据。

5.1 试验方案

5.1.1 供试材料

供试材料为贵州主要种植品种福鼎大白茶，盆栽规格为50 cm（直径）×50 cm（高），盆栽茶树选用无病虫害的6年和10年树龄健康茶树，取自贵州省遵义市凤冈茶园，盆栽后水肥管理均同于茶树正常田间管理。处理分3个批次进行，第一批处理时间3月27—4月3日；第二批处理时间4月10—4月17日；第三批处理时间4月17日—4月24日。每批次挑选6年树龄长势较为一致的共12盆，3盆对照置于室外，9盆置于气候室内进行分别处理，处理设置情况详见表5-1。待处理完毕后测定其形态指标、光合特性并将样品送往实验室内进行生理生化指标和品质分析测试。

5.1.2 温度控制方案

低温控制试验于贵州省黔东南州气象局内的人工气候室中进行，茶树移栽恢复正常生长后进行分组设置低温试验。贵州春季倒春寒多为平流降温过程，分析多年低温天气过程特征可知低温天气日较差约 5℃。根据此低温天气特征，设置 6 组动态低温处理，分别为：

最低温度 –2℃（最高温度 3℃）表示为处理 –2-3；最低温度 –1℃（最高温度 4℃）表示为处理 –1-4；最低温度 0℃（最高温度 5℃）表示为处理 0-5；最低温度为 1℃（最高温度 6℃）表示为处理 1-6；最低温度为 3℃（最高温度 8℃）表示为处理 3-8；最低温度 5℃（最高温度 10℃）表示为处理 5-10。参考气温日变化特征每组低温处理设置 4 个温度梯度：20：01 至第二天 9：00 该时段为温度最低值，9：01—13：00 该时段最低值增加 2℃，13：01—17：00 该时段为温度最高值，17：01—20：00 时段为最高值减少 2℃。

将处于萌芽期的茶树放入不同低温处理下的气候室，每组 0℃以上的低温处理分别设 3 个持续天数，分别持续 3 d、5 d、7 d；0℃以下的低温处理持续天数至新芽出现超过 2/3 的焦黑色时停止处理。低温处理过后，观察茶叶形态并采集茶叶用冰袋保存立即送往实验室进行茶叶生理指标测定。每组设 12 棵茶树，设对照（CK）：室外春季正常温度，遇低于 10℃以下低温时则进行室内保温处理以保证对照组不受低温影响。每组测定 3 次重复。试验设置详情如下（表 5–1）。

表 5–1　低温控制试验方案

处理代号	试验设置
–2-3-1 d	最低气温 –2℃，最高气温 3℃，持续 1 d
–2-3-2 d	最低气温 –2℃，最高气温 3℃，持续 2 d
–2-3-3 d	最低气温 –2℃，最高气温 3℃，持续 3 d
–1-4-1 d	最低气温 –1℃，最高气温 4℃，持续 1 d
–1-4-2 d	最低气温 –1℃，最高气温 4℃，持续 2 d
–1-4-3 d	最低气温 –1℃，最高气温 4℃，持续 3 d
0-5-1 d	最低气温 0℃，最高气温 5℃，持续 1 d
0-5-2 d	最低气温 0℃，最高气温 5℃，持续 2 d
0-5-3 d	最低气温 0℃，最高气温 5℃，持续 3 d
1-6-3 d	最低气温 1℃，最高气温 6℃，持续 3 d
1-6-5 d	最低气温 1℃，最高气温 6℃，持续 5 d
1-6-7 d	最低气温 1℃，最高气温 6℃，持续 7 d
3-8-3 d	最低气温 3℃，最高气温 8℃，持续 3 d
3-8-5 d	最低气温 3℃，最高气温 8℃，持续 5 d

（续表）

处理代号	试验设置
3-8-7 d	最低气温 3℃，最高气温 8℃，持续 7 d
5-10-3 d	最低气温 5℃，最高气温 10℃，持续 3 d
5-10-5 d	最低气温 5℃，最高气温 10℃，持续 5 d
5-10-7 d	最低气温 5℃，最高气温 10℃，持续 7 d
ck	以室外未经处理且正常生长的茶树为对照

注：后续文中出现的 -2-3-1 d 表示最低温度 -2℃，最高温度 3℃，持续天数为 1 d，以此类推。

5.1.3　低温胁迫下指标测定

低温胁迫对植物的影响主要体现在 4 个方面，影响植株形态的生长发育、生理生化过程、光合过程并最终影响品质和产量。低温对植株形态的影响最直观表现为茶叶叶片和芽生长速度；低温对光合作用的影响主要为光合作用中各参数。

低温对生理生化过程的影响主要为细胞内保护酶抗氧化能力、氧化产物及细胞膜系统的影响。低温胁迫对茶叶的生理生化伤害本质为植物膜脂过氧化及膜透性的破坏，茶叶对低温的生理生化响应主要体现在这 2 个方面。丙二醛（MDA）是植物逆境环境下膜脂过氧化的产物，是植物膜氧化损伤指标，众多逆境胁迫的植物生理响应均以此为重要指标。膜透性破坏用相对电导率（R）来表示，相对电导率直接表征物细胞伤害率。

当低温达到一定程度时，植物达到半致死状态，即伤害率达到 50%，若温度低于该温度，植物所受的低温损伤则不可恢复甚至死亡，该界限温度称为低温半致死温度，低温半致死温度通常用于衡量植物对逆境环境的忍受程度。基于细胞伤害率的低温半致死温度研究广泛应用于不同环境胁迫情况下和不同种类的植物耐寒性评价。

5.1.3.1　光合特性参数测定

试验期间，取茶树从上往下数的第 3 节位叶片，利用美国 LI-COR 公司生产的 LI-6400XT 便携式光合作用测定系统在 9：00—11：00 测定不同低温梯度下茶树叶片的光合特性，每个处理重复 3 次。同时测定光响应曲线，设定光强梯度 0、15、30、60、120、250、500、1 000、1 500、2 000 μmol/（m²·s）10 个水平，采用 Li6400-02B 红蓝光源，Flow 为 500 μmol/s，CO_2 浓度为 400 μmol/mol，测定净光合速率（Pn）、气孔导度（Gs）、胞间 CO_2 浓度（Ci）以及蒸腾速率（Tr），同时计算水分利用效率 WUE（Pn/Tr），根据模型模拟得到光响应曲线，重复 3 次，取平均值。通过对光响应测定结果，按非直角双曲线方程对光响应参数进行估算，不同低温强度下的响应曲线采用非直角双曲线模型进行拟合，并通过直线回归得光补偿点（LCP）、光饱和点（LSP）、最大净光合速率（A_{max}）、表观量子效率（Q）、暗呼吸速率（Rd）等。

5.1.3.2 生理生化指标测定

低温胁迫对茶叶的生理过程方面的伤害本质为植物膜脂的过氧化及膜系统的破坏，主要体现为 3 个指标：保护酶抗过氧化能力（超氧化物歧化酶活性）、植物膜脂过氧化的产物（丙二醛）及膜透性（相对电导率）。

1）超氧化物歧化酶（SOD）。取 0.5 g 成熟植物叶片去叶脉放于预冷的研钵中，1 mL 预冷的磷酸缓冲液在冰浴上研磨成浆，加缓冲液使终体积为 5 mL。4℃、10 000 r/min 下离心 20 min，上清液即为 SOD 粗提液。取 5 mL 试管 4 支，2 支为测定管，另外 2 支为对照管，加入待测试溶液，混匀后将 1 支对照管罩上双层黑色硬质套遮光置暗处，其他各管于 4 000 Lx 日光下反应 10 min。至反应结束后。遮光的对照管做空白，分别在 560 nm 下测定其他各管的吸光度，计算 SOD 活性式中：A_{ck} 为照光对照管的吸光度；A_E 为样品管的吸光度；V_T 为样品液总体积（mL）；W 为样品鲜重（g）；V_1 为测定时样品用量（mL）。

$$SOD\ 总活性 \left[\frac{u}{g(FM)}\right] = \frac{A_{ck} - A_E \times V_T}{0.5 \times A_{ck} \times W \times V_1} \tag{5-1}$$

2）丙二醛（MDA）。称取茶树叶片 1 g，剪碎，加入 5%TCA（三氯乙酸）2 mL，研磨至匀浆，再加 8 mL TCA 进一步研磨，匀浆在 3 000 r/min 离心 10 min，上清液为样品提取液。吸取离心的上清液 2 mL，加入 2 mL 0.6% TBA（硫代巴比妥酸）溶液，摇匀。将试管放入沸水浴中煮沸 10 min，取出试管并冷却，3 000 r/min 再离心 15 min。取上清液并量其体积，以 0.67% TBA 溶液为空白测定 532 nm、600 nm 和 450 nm 处的吸光值，并利用式（5-2）计算 MDA 含量。

$$MDA含量 = \frac{MDA浓度\left(\frac{\mu mol}{L}\right) \times 提取液体积（mL）}{样品重量（g）\times 1\,000} \tag{5-2}$$

3）膜透性（R）。选取茶树叶片，剪下后用湿布包住。实验时用自来水将供试叶片冲洗，除去表面沾污物，再用蒸馏水冲洗 1 ～ 2 次，用干净纱布轻轻吸干叶片表面水分，然后剪成约 1 cm² 的小叶片，将剪下的小叶片混合均匀，快速称取鲜样 3 份，每份 1 ～ 2 g，分别放入 3 个烧杯中，分别放入真空干燥器，用抽气机抽气 7 ～ 8 min，以抽出细胞间的空气，重新缓缓放入空气，空气中的水即被压入组织而使叶下沉。将抽过气的烧杯取出，放在实验桌上静置 20 min，其间轻轻摇动，在 20 ～ 25℃恒温下，用电导仪测定溶液电导率。测过电导率后，再放入 100℃沸水浴中 15 min，以杀死植物组织，取出放入室温冷却 1 h，在 20 ～ 25℃恒温下测其煮沸电导率。通过式（5-3）和式（5-4）计算相对电导率

（R）和细胞伤害率（M），3份样品的测试值取平均。

$$R = \frac{处理电导率 - 对照电导率}{煮沸电导率 - 对照电导率} \qquad (5-3)$$

$$M = \frac{处理组相对电导率 - 对照组相对电导}{1 - 对照组相对电导率} \qquad (5-4)$$

4）可溶性蛋白（SP）。取茶叶鲜样 0.2 ～ 0.5 g，用蒸馏水或缓冲液研磨成匀浆后，3 000 ～ 4 000 r/min 离心 10 min，上清液备用。吸取样品提取液 1.0 mL（视蛋白质含量适当稀释），放入试管中（每个样品重复 2 次），加入 5 mL 考马斯亮蓝试剂，摇匀，放置 2 min 待反应完成，在 595 nm 下比色，测定吸光度，并通过标准曲线查蛋白质含量。

$$可溶性蛋白含量（mg/g）=（C \times V_T）/1\,000 \times V_S \times W_F（mg/g） \qquad (5-5)$$

式中：C 为查标准曲线值，μg；V_T 为提取液总体积，mL；W_F 为样品鲜重，g；V_S 为测定时加样量，mL。

5）叶绿素。取新鲜茶叶片，剪去粗大的叶脉并剪成碎块，称取 0.1 g 放入研钵中加 80% 丙酮少量，少许碳酸钙和石英砂，研磨成匀浆，再加 80% 丙酮，将匀浆转入离心管，并用适量 80% 丙酮洗涤研钵，一并转入试管，用 80% 丙酮定容至 10 mL。

取浸提液，用 722 型可见光分光光度计比色，测定 663 nm、645 nm、652 nm 波长处的吸光值，用 80% 的丙酮做参比。按公式计算叶绿素 a、叶绿素 b，并计算得出叶绿素总含量（a+b）。

$$叶绿素\,a\,含量（mg/g）=（12.72A663-2.59A645）\times V_S/1\,000\,W \qquad (5-6)$$

$$叶绿素\,b\,含量（mg/g）=（22.88A645-4.67A663）\times V_S/1\,000\,W \qquad (5-7)$$

式中：V_S 为提取液总体积（mL），A663、A645 分别是提取液在放长 663nm、645nm 下的吸光度，W 为样品质量。

6）过氧化物酶（POD）。取 1.0 ～ 5.0 g 洗净的茶树叶片，切碎，放入研钵中，加适量的磷酸缓冲液研磨成匀浆。将匀浆液全部转入离心管中，于 3 000×g 离心 10 min，上清液转入 25 mL 容量瓶中。沉淀用 5mL 磷酸缓冲液再提取 2 次，上清液并入容量瓶中，定容至刻度，低温下保存备用。依次加入 2.9 mL 0.05 mol·L^{-1} 磷酸缓冲液；1.0 mL H$_2$O$_2$；1.0 mL 0.05 mol·L^{-1} 愈创木酚和 0.1 mL 酶液。用加热煮沸 5 min 的酶液为对照，反应体系加入酶液后，立即于 34℃ 水浴中保温 3 min，然后迅速稀释 1 倍，470 nm 波长下比色，每隔 1 min 记录 1 次吸光度 A470，共记录 5 次，然后以每分钟内 A470 变化 0.01 为 1 个酶活性单位（U）。

$$过氧化物酶活性（U·g^{-1}·min^{-1}）=（A470 \times V_T）/（W \times V_S \times 0.01 \times t） \qquad (5-8)$$

式中：A470 为反应时间内吸光度的变化；W 为茶树叶片鲜重（g）；t 为反应时间（min）；V_T 为提取酶液总体积（mL）；V_S 为测定时取用酶液体积（mL）。

7）低温半致死温度。茶叶低温半致死温度的确定可通过拟合茶叶伤害率与低温程度两者间 Logistic 函数计算得到。式（5-9）为低温程度与细胞伤害率的 Logistic 函数关系式，y 为伤害率（%），x 为低温程度（℃），a、b 为待定参数，K 为饱和参数，对于伤害率来讲饱和值为 100%。当伤害率为 50% 时即为低温半致死温度（$\ln a/b$）。将式（5-9）通过等式两边取自然对数进行线性转换，得式（5-10），通过线性拟合确定待定参数值 a、b。

$$y = \frac{k}{1 + ae^{bx}} \tag{5-9}$$

$$\ln\left(\frac{k}{y} - 1\right) = \ln a + bx \tag{5-10}$$

5.2 低温对茶树的光合特性和产量的影响

5.2.1 低温对茶树叶片光合特性的影响

光合作用是植物利用光能转化为化学能，进行同化作用的重要生理过程，是植物生长发育的根本原因，直接影响作物品质的优劣和产量的高低（李庆会等，2015）。随着温度的降低，福鼎大白茶叶片 Pn 明显降低，其中，-2-3-3 d（1.532 μmol/（m²·s））处理下的茶树叶片表现出较低的光合速率，与对照组 CK 相比下降了 59.71%，5-10-3 d（5.711 μmol/（m²·s））相比对照组要高 70.17%，0-5-1 d 的 Tr 最高，为 0.891 mmol H_2O/（m²·s），相比对照组要高 10.39%。Gs 也随着温度的降低，逐渐降低，1-6-5 d 的 Gs 最大，为 0.749 mol H_2O/（m²·s），当温度达到 5℃ 时，Gs 反而较低，-1-4-1 d 处理下的 Ci 最高，达到了 498.45 μmol CO_2/mol，最低的是 -2-3-1 d（311.18 μmol CO_2/mol），与对照组相比降低了 21.27%。茶树叶片的水分利用率是衡量消耗相同的水分，能够固定 CO_2 的量的生理指标（刘自刚，2013）。气孔是植物体 CO_2 进入和水蒸气流出的主要通道，气孔导度的大小不仅对茶树的蒸腾作用和光合作用产生影响，也会对茶叶的水分消耗和产量产生影响（吕晋慧，2012）。0-5-2 d 的 WUE 最高，为 9.77 μmol/mmol，-2-3-1 d 的 WUE 最低，为 0.43 μmol/mmol，比对照组低 90.00%。不同低温处理下茶树叶片的 Pn、Tr、Gs、Ci 和 WUE 差异显著（表 5-2）。

表 5-2 不同低温处理对茶树叶片光合特性的影响

处 理	Pn [μmol /（m²·s）]	Tr [mmol H_2O/(m²·s)]	Gs [mol H_2O/ (m²·s)]	Ci [μmol CO_2/ mol]	WUE [μmol /mmol]
-2-3-1 d	1.817 ± 0.66 cd	0.777 ± 0.22 a	0.159 ± 0.011 cd	311.18 ± 2.11 e	0.43 ± 0.49 e
-2-3-2 d	1.651 ± 0.60 d	0.686 ± 0.20 ab	0.135 ± 0.002 d	311.71 ± 7.29 e	2.61 ± 0.60 cd

（续表）

处　理	Pn [μmol / (m²·s)]	Tr [mmol H₂O/(m²·s)]	Gs [mol H₂O/ (m²·s)]	Ci [μmol CO₂/ mol]	WUE [μmol /mmol]
−2−3−3 d	1.532 ± 0.52 de	0.256 ± 0.03 cd	0.107 ± 0.003 d	311.45 ± 9.42 e	3.15 ± 0.88 c
−1−4−1 d	1.700 ± 0.69 cd	0.416 ± 0.14 bc	0.274 ± 0.005 bc	498.45 ± 5.00 a	1.12 ± 0.94 cd
−1−4−2 d	2.496 ± 0.82 c	0.327 ± 0.05 c	0.079 ± 0.008 de	444.86 ± 1.90 ab	2.92 ± 0.70 c
−1−4−3 d	2.172 ± 0.84 c	0.316 ± 0.14 c	0.051 ± 0.004 de	369.74 ± 1.20 cd	0.83 ± 0.35 de
0−5−1 d	3.875 ± 1.64 b	0.891 ± 0.05 a	0.276 ± 0.017 bc	424.08 ± 3.84 ab	5.47 ± 0.27 bc
0−5−2 d	3.475 ± 1.72 b	0.210 ± 0.08 cd	0.169 ± 0.014 c	344.94 ± 5.12 de	9.77 ± 0.75 a
0−5−3 d	2.721 ± 1.02 bc	0.561 ± 0.08 b	0.353 ± 0.007 b	391.29 ± 4.31 cd	6.36 ± 0.16 b
1−6−3 d	3.529 ± 1.15 b	0.464 ± 0.15 bc	0.366 ± 0.022 b	353.66 ± 5.04 cd	7.17 ± 0.69 b
1−6−5 d	3.543 ± 1.48 b	0.662 ± 0.15 ab	0.749 ± 0.036 a	412.24 ± 9.50 b	6.91 ± 0.45 b
1−6−7 d	4.822 ± 1.86 ab	0.520 ± 0.19 b	0.320 ± 0.013 b	312.24 ± 5.20 e	9.28 ± 0.51 a
3−8−3 d	4.785 ± 1.71 ab	0.473 ± 0.21 b	0.156 ± 0.010 cd	317.71 ± 4.33 e	4.90 ± 0.47 c
3−8−5 d	3.353 ± 0.12 b	0.149 ± 0.11 d	0.040 ± 0.001 de	378.39 ± 1.65 cd	0.82 ± 0.33 de
3−8−7 d	3.528 ± 1.31 b	0.349 ± 0.04 bc	0.120 ± 0.002 d	492.58 ± 1.63 a	2.88 ± 0.81 c
5−10−3 d	5.711 ± 2.20 a	0.278 ± 0.07 cd	0.025 ± 0.001 e	405.15 ± 3.86 b	8.34 ± 0.91 b
5−10−5 d	3.815 ± 0.89 b	0.136 ± 0.03 de	0.048 ± 0.006 de	448.87 ± 1.09 ab	5.14 ± 0.09 bc
5−10−7 d	4.298 ± 0.15 ab	0.095 ± 0.03 de	0.047 ± 0.001 de	427.01 ± 2.60 ab	4.55 ± 0.81 c
CK	3.356 ± 1.08 bc	0.753 ± 0.19 ab	0.0303 ± 0.0234 b	395.24 ± 2.61 cd	4.30 ± 0.69 c

注：每列不同的小写字母代表不同低温处理之间存在显著性差异（$P<0.05$）。下同。

5.2.2　不同低温条件下茶树叶片的光响应曲线

由图 5-1 的光响应曲线可知：当光合有效辐射为 0 μmol/（m²·s）时，各处理的净光合速率均为负值，随着光合有效辐射的升高，净光合速率逐渐升高，光合有效辐射在 200 μmol/（m²·s）以下时，净光合速率大多呈线性上升。当光合有效辐射达到 1 500 μmol/（m²·s），1-6-5 d 处理下的净光合速率增长的非常缓慢，这可能是由于光合有效辐射过高，多余的光照条件导致光合速率下降或者是引起了光抑制。

应用非直角双曲线 Farquhar 模型拟合不同低温处理下茶树叶片光响应特征：

$$A = \frac{\varphi Q + A_{\max} - \sqrt{(\varphi Q + A_{\max})^2 - 4\varphi Q A_{\max}}}{2K} - Rd$$

式中：A 为净光合速率；φ 为光合有效辐射；Q 为表观量子效率；K 为曲角；Rd 为暗呼吸速率；$A_{\max}$ 为最大净光合速率。

最大光合速率（$A_{\max}$）是光达到饱和时的光合速率，反映的是植株叶片的光合潜能（张守仁，1999），随着温度的降低，茶树的最大光合速率均表现出下降的趋势，0-5-2 d 处理下的最大光合速率最低，仅为 10.47 μmol/（m²·s），只有对照组的 42.27%，5-10-

7 d 低温处理下的最大光合速率最大，与对照组相近，为 23.37 μmol/（m²·s）。表观量子效率（Q）是净光合速率和相应光量子通量密度的比值，是光合作用中光能转化效率的指标之一（吴雪霞，2008），随着温度的降低，表观量子效率呈下降的趋势，0-5-1d 处理下的表观量子效率最低，仅有 0.022 μmol（CO_2）/（m²·s），只有对照组的 29.33%，5-10-7d 低温处理下表观量子效率最高，达到了 0.071 μmol（CO_2）/（m²·s）。随着温度的降低，茶树叶片的暗呼吸速率（Rd）表现出下降的趋势，且均低于对照组，-2-3-2 d 的 Rd 最低，仅有 0.34 μmol（CO_2）/（m²·s），仅为对照组的 35.42%（表 5-3）。

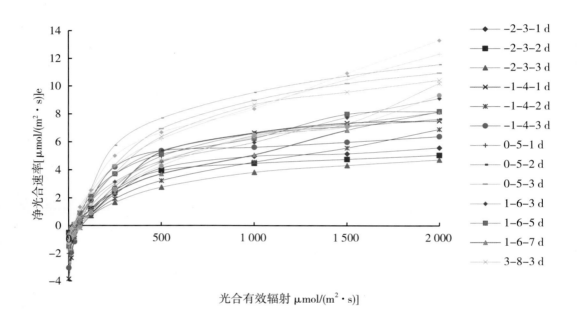

图 5-1　不同低温梯度下茶树叶片的光响应曲线

表 5-3　不同低温处理对茶树叶片光合参数的影响

处　理	Q [μmol (CO_2)/(m²·s)]	Amax [μmol /(m²·s)]	Rd [μmol (CO_2)/(m²·s)]	LCP [μmol /(m²·s)]	LSP [μmol /(m²·s)]
-2-3-1 d	0.025 ± 0.78 de	13.9 ± 0.81 d	0.34 ± 0.14 e	13.6 ± 0.75 d	569.6 ± 3.46 a
-2-3-2 d	0.029 ± 0.29 de	14.74 ± 0.91 cd	0.31 ± 0.33 e	10.69 ± 0.32 e	518.97 ± 2.15 ab
-2-3-3 d	0.037 ± 0.13 cd	12.71 ± 0.79 e	0.51 ± 0.15 d	13.78 ± 0.68 d	357.3 ± 1.89 cd
-1-4-1 d	0.031 ± 0.42 d	13.73 ± 0.12 d	0.35 ± 0.34 e	11.29 ± 0.26 e	454.19 ± 2.21 bc
-1-4-2 d	0.047 ± 0.06 bc	21.63 ± 0.94 ab	0.56 ± 0.30 cd	11.91 ± 0.35 e	472.13 ± 3.20 b
-1-4-3 d	0.032 ± 0.01 d	14.41 ± 0.98 cd	0.63 ± 0.16 c	19.69 ± 0.78 bc	470.00 ± 2.48 b
0-5-1 d	0.022 ± 0.02 e	13.43 ± 0.32 de	0.76 ± 0.90 b	34.55 ± 0.91 a	645.00 ± 6.31 a
0-5-2 d	0.046 ± 0.01 bc	10.47 ± 0.34 e	0.72 ± 0.50 bc	15.65 ± 0.21 cd	243.26 ± 1.02 e

（续表）

处 理	Q [μmol (CO₂)/(m²·s)]	Amax [μmol /(m²·s)]	Rd [μmol (CO₂)/(m²·s)]	LCP [μmol /(m²·s)]	LSP [μmol/(m²·s)]
0–5–3 d	0.048 ± 0.74 bc	13.75 ± 0.61 d	0.68 ± 0.68 bc	14.17 ± 0.65 d	300.63 ± 1.56 de
1–6–3 d	0.036 ± 0.81 cd	14.39 ± 0.89 cd	0.59 ± 0.14 cd	16.39 ± 0.52 c	416.11 ± 2.41 bc
1–6–5 d	0.042 ± 0.75 c	19.70 ± 0.39 b	0.56 ± 0.78 cd	13.33 ± 0.34 d	482.38 ± 2.98 b
1–6–7 d	0.047 ± 0.03 bc	15.16 ± 0.96 c	0.73 ± 0.37 b	15.53 ± 0.25 cd	338.09 ± 1.95 d
3–8–3 d	0.053 ± 0.01 b	14.10 ± 0.52 cd	0.84 ± 0.13 ab	15.85 ± 0.48 cd	281.89 ± 1.35 e
3–8–5 d	0.046 ± 0.01 bc	13.56 ± 0.87 de	0.92 ± 0.04 a	20.00 ± 0.31 b	314.78 ± 2.64 de
3–8–7 d	0.044 ± 0.01 c	19.99 ± 0.61 b	0.95 ± 0.04 a	21.59 ± 0.29 b	475.91 ± 3.51 b
5–10–3 d	0.046 ± 0.25 bc	13.87 ± 0.42 d	0.73 ± 0.03 b	15.87 ± 0.51 cd	317.39 ± 2.47 d
5–10–5 d	0.051 ± 0.01 b	19.88 ± 0.22 b	0.88 ± 0.05 ab	17.25 ± 0.37 c	407.06 ± 3.06 c
5–10–7 d	0.071 ± 0.02 a	23.37 ± 0.42 a	0.92 ± 0.38 a	12.96 ± 0.13 de	342.11 ± 2.59 cd
CK	0.075 ± 0.84 a	24.77 ± 0.82 a	0.96 ± 0.11 a	12.8 ± 0.22 de	343.07 ± 3.12 cd

光补偿点（LCP）反映的是植物对弱光的利用情况，光饱和点（LSP）则反映了植物对强光的利用能力（薄晓培，2016）。与对照组 CK 相比，茶树叶片的光补偿点和光饱和点表现出相应的特征，低温使得茶树叶片呈现出光补偿点光饱和点波动上升。低温在一定的程度上减弱了茶树利用强光的能力，使茶树叶片的干物质累积量减少，低温对于茶树光系统光能的转化过程有着明显的抑制作用。不同低温处理下茶树叶片的 Q、A_{max}、Rd、LCP 和 LSP 等光合参数差异显著。

不同的低温条件下，茶树叶片的 Pn 与 Gs、Tr 呈显著性正相关，与 Ci 呈负相关，除 –2–3–2d、–1–4–1d、1–6–3d 等少数几个处理外，大多达到了显著性水平（$P<0.01$）。造成 CO_2 同化效率较低，致使过多的 CO_2 滞留胞间，Pn 下降，同时胞间 CO_2 浓度上升，表明胞间 CO_2 浓度是制约福鼎大白茶叶片净光合速率的主要原因之一（表 5–4）。

表 5–4　不同低温处理下茶树叶片 Pn 与其他光合参数间的相关性

处 理	Pn	Gs	Ci	Tr
–2–3–1 d	1	0.950**	–0.937**	0.949**
–2–3–2 d	1	0.4330	–0.792**	0.771**
–2–3–3 d	1	0.692*	–0.935**	0.795**
–1–4–1 d	1	0.459	–0.381	0.852**
–1–4–2 d	1	0.950**	–0.846**	0.975**
–1–4–3 d	1	0.805**	–0.697*	0.863**
0–5–1 d	1	0.979**	–0.692*	0.12
0–5–2 d	1	0.871**	–0.674*	0.876**

（续表）

处　理	Pn	Gs	Ci	Tr
0–5–3 d	1	0.599	−0.781**	0.607
1–6–3 d	1	0.339	−0.855**	0.794**
1–6–5 d	1	0.926**	−0.779**	0.426
1–6–7 d	1	0.594	−0.810**	0.689*
3–8–3 d	1	0.861**	−0.776**	0.952**
3–8–5 d	1	0.850**	−0.945**	0.883**
3–8–7 d	1	0.778**	−0.464	0.894**
5–10–3 d	1	0.716*	−0.599	0.943**
5–10–5 d	1	0.992**	−0.830**	0.936**
5–10–7 d	1	0.531	−0.448	0.537
CK	1	0.921**	−0.812**	0.924**

注：* 在 0.05 水平（双侧）上显著相关；** 在 0.01 水平（双侧）上显著相关。

5.2.3　低温对茶树产量的影响

叶片是进行呼吸作用和光合作用等生理代谢活动的主要器官，也是茶叶收获的主要部位，直接影响着茶树的品质、产量以及生理活性（娄伟平，2013）。温度是影响植物光合特性的因素之一，低温能够引起茶树叶片光合作用降低，引起茶叶减产，当温度下降到0℃以下后，减产率达到了 19.02%（表5–5），在最低温度达到 −2℃时，仅处理 1 d，茶树叶片表现出明显的受冻现象，受冻叶片变黑，在搬离人工气候室后，也不能恢复生长，叶片慢慢萎缩，甚至死亡（图5–2）。

表 5–5　低温对茶叶产量的影响

处　理	芽数（个）	总重（g）	单芽重（g）	百芽重（g）	减产率（%）
−2–3–1 d	31	3.103 9 ± 0.042 0 c	0.100 1 ± 0.001 0 e	10.013 ± 0.005 4 e	−11.56
−2–3–CK	25	2.830 2 ± 0.044 0 d	0.113 2 ± 0.001 2 d	11.321 ± 0.003 1 d	—
−1–4–1 d	27	3.076 2 ± 0.042 0 cd	0.113 9 ± 0.001 8 de	11.393 ± 0.001 5 de	−6.57
−1–4–2 d	26	2.803 7 ± 0.034 0 d	0.107 8 ± 0.001 1 e	10.783 ± 0.002 8 e	−11.57
−1–4–3 d	32	3.160 1 ± 0.044 0 c	0.098 8 ± 0.001 4 e	9.875 ± 0.001 7 e	−19.02
−1–4–CK	30	3.658 3 ± 0.040 0 bc	0.121 9 ± 0.001 5 d	12.194 ± 0.002 5 d	—
0–5–1 d	14	1.704 2 ± 0.042 0 e	0.121 7 ± 0.001 0 de	12.173 ± 0.003 7 de	−3.14
0–5–2 d	15	1.657 4 ± 0.041 0 e	0.110 5 ± 0.001 2 de	11.049 ± 0.002 9 de	−12.08
0–5–3 d	17	1.786 3 ± 0.044 0 e	0.105 1 ± 0.000 5 e	10.508 ± 0.001 5 e	−16.39
0–5–CK	10	1.256 7 ± 0.037 0 e	0.125 7 ± 0.001 0 d	12.567 ± 0.005 8 d	—
1–6–3 d	8	1.604 2 ± 0.044 0 e	0.200 5 ± 0.001 0 ab	20.053 ± 0.000 8 ab	−5.88

（续表）

处　理	芽数（个）	总重（g）	单芽重（g）	百芽重（g）	减产率（%）
1-6-5 d	15	2.957 1 ± 0.044 0 d	0.197 1 ± 0.000 8 b	19.714 ± 0.003 4 b	-7.47
1-6-7 d	13	2.496 7 ± 0.042 0 de	0.192 1 ± 0.001 6 bc	19.205 ± 0.002 8 bc	-9.86
1-6-CK	12	2.556 7 ± 0.037 0 de	0.213 1 ± 0.001 3 a	21.306 ± 0.006 7 a	——
3-8-3 d	25	5.104 2 ± 0.041 0 a	0.204 2 ± 0.001 2 ab	20.417 ± 0.005 1 ab	3.11
3-8-5 d	27	5.257 4 ± 0.032 0 a	0.194 7 ± 0.000 9 bc	19.472 ± 0.002 6 bc	-1.66
3-8-7 d	21	3.986 3 ± 0.035 0 b	0.189 8 ± 0.001 3 c	18.982 ± 0.001 9 c	-4.13
3-8-CK	18	3.564 1 ± 0.045 0 bc	0.198 0 ± 0.001 1 b	19.801 ± 0.005 8 b	——
5-10-3 d	19	3.904 2 ± 0.036 0 b	0.205 5 ± 0.000 5 a	20.548 ± 0.003 5 a	-0.95
5-10-5 d	25	5.157 4 ± 0.037 0 a	0.206 3 ± 0.001 4 a	20.630 ± 0.005 7 a	-0.56
5-10-7 d	17	3.466 3 ± 0.161 0 bc	0.203 9 ± 0.000 5 ab	20.390 ± 0.002 5 ab	-1.72
5-10-CK	22	4.564 1 ± 0.035 0 ab	0.207 5 ± 0.001 5 a	20.746 ± 0.003 4 a	——

图 5-2　低温处理下受伤的茶树叶片

　　利用人工气候室开展了茶树低温试验，系统地研究了低温过程对茶树叶片光合特性及最终产量的影响，研究结果表明，与对照组 CK 相比，经过低温处理后的茶树叶片的净光合速率（Pn）、气孔导度（Gs）、胞间 CO_2 浓度（Ci）以及蒸腾速率（Tr）、水分利用效率以及光合参数都发生了不同的响应，且差异显著，表现出低温程度越强，持续的时间越长，这种响应越明显，低温促使茶树叶片的表观量子效率、最大净光合速率和暗呼吸速率出现了不同程度的下降，光饱和点、光补偿点存在小范围的上升。

　　低温胁迫对光合作用的影响不仅是影响光合磷酸化、光合电子传递和暗反应相关的酶，也造成了光合机构的损伤（肖正东等，2011）。杨再强等（2011）认为，寒潮过程中，随着日最低气温的下降，茶树的表观量子效率、最大光合效率均有下降的趋势，与本研究结果基本一致。刘自刚等（2000）认为，当昼夜温度为 $-5/20\,^{\circ}\mathrm{C}$ 时，白菜型冬油菜叶片的净光合速率显著降低，影响光合磷酸化、光能转化和电子传递等。表观量子效率越大，植物转换、吸收光能的色素蛋白复合体会越多，利用弱光的能力越强。吴雪霞等（2006）研究认为，低温减少了叶绿素 b 的含量，叶绿素 b 与植株叶片的光能捕获能力有关，从而影响了叶片固定 CO_2 的能力，最终影响茶叶的产量。

5.3 低温胁迫对茶树生理生化指标的影响

低温胁迫对茶叶生理过程的影响本质为植物膜脂的过氧化及膜系统的破坏，主要体现为以下几个指标：保护酶抗过氧化能力（超氧化物歧化酶活性）、植物膜脂过氧化的产物（丙二醛）、膜透性（相对电导率）、可溶性蛋白含量、叶绿素含量及过氧化物酶（POD）。

5.3.1 低温冷害胁迫下茶树生理生化特征

植物在低温环境下，细胞内自由基的产生和消除平衡遭到破坏，从而使细胞膜结构和功能受到破坏。SOD 是保护酶，能消除自由基保护膜系统（孙波等，2014a），因此理论上来说，植物遭遇低温逆境时，SOD 活性升高。但由于植物机体的抗寒性，SOD 活性对低温的响应出现多种类型。丙二醛（MDA）是植物逆境环境下产生的膜脂过氧化产物，是植物膜氧化损伤指标。MDA 的积累对植物细胞会造成伤害，随着温度的下降，植物本身清除能力下降，因此 MDA 含量上升，达到一定损伤程度后 MDA 含量达到极大值，因此许多研究结果均表明在低温胁迫下，植物 MDA 呈先升高后下降的现象（李鹏程等，2017；李叶云等，2012；马艳青，2000）。相对电导率（R）是衡量细胞质膜是否受到伤害的指标，通常情况下，细胞内的电解质受细胞膜的阻隔保留在细胞内，当细胞膜遭受低温伤害时，细胞膜受到损伤，导致膜透性增大，电解质则大量涌向细胞外，导致电导率激增，大量的植物低温胁迫响应研究中相对电导率（R）变化特征均反映了这一现象（李鹏程等，2017；马艳青，2000；李仁忠等，2016；孙波等，2014；许瑛，2008），R 越大，则植物损伤越严重。

5.3.1.1 超氧化物歧化酶（SOD）活性

SOD 是植物重要的抗氧化酶，在低温胁迫时有保护细胞膜的作用，是植物抗寒性的重要指标（程艳等，2018）。通过测定不同低温胁迫程度下茶叶 SOD 活性，SOD 活性变化特征见图 5-3。从图中可以看出，随着低温胁迫程度的增加，SOD 活性大致呈现升高的趋势。

从低温持续天数来看，SOD 活性对低温持续天数的响应特征因不同低温强度而不同：处理组 5-10 相较对照，SOD 活性呈首先下降然后迅速升高的现象；处理组 3-8 SOD

活性明显大于对照组，持续天数对该组 SOD 活性影响较小；处理组 1-6SOD 活性随持续天数的增加大致呈升高的现象，于持续 7 d 时达到最大值 611.74 U/g·FW，是对照组（189.58 U/g·FW）的 3 倍。从低温强度来看，SOD 活性随最低温度的下降呈明显的上升趋势，而处理组 3-8 持续 7 d 反而出现一个异常低值。

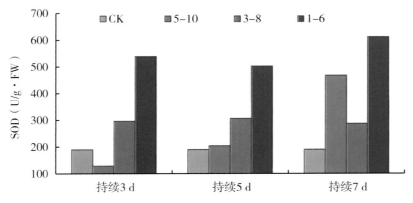

图 5-3　低温冷害胁迫下茶树叶片 SOD 活性特征

试验反映出的总体情况是：当最低温度降至 3℃时，持续天数的影响较小，最大值与最小值数值相差 10 U/g·FW；处理组 5-10 持续 3 d 时 SOD 活性下降，表明 5℃低温天气持续 3 d 或以下对茶叶生长没有影响，但持续天数达 5 d 和 7 d 时，SOD 活性明显升高；处理组 1-6SOD 活性明显升高，说明在此低温环境下，低温对茶叶生长的影响十分明显。

5.3.1.2　丙二醛（MDA）

图 5-4 为不同低温程度下茶树叶片 MDA 含量的变化特征。从图中可以看出，MDA 变化趋势因低温强度和持续时间不同而存在差异。

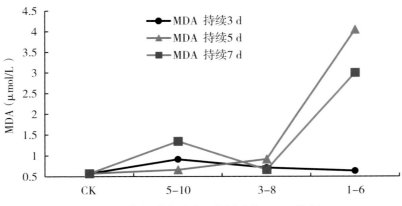

图 5-4　低温冷害胁迫下茶树叶片 MDA 特征

当低温持续时间相同时，随着最低温度的下降 MDA 的响应特征有 2 种类型：低温过程持续 3 d 和 5 d 时，MDA 呈先升高后下降的趋势，而低温过程持续 7 d 时，MDA 则呈持续上升的趋势。而当处于相同的最低温度时，MDA 随胁迫时间延长 MDA 先升高后下降的趋势：处理组 1-6MDA 含量最高，随持续时间的增加表现为先升高后下降，因此最大值为持续 5 d 情况（4.03 μmol/L），是对照组（0.57 μmol/L）的近 7 倍。处理组 3-8MDA 总体表现为低值，虽同样表现为随持续时间的增加先升高后下降的趋势，但不同持续时间对 MDA 的影响差异较小。处理组 5-10 随着低温过程持续时间的增加 MDA 含量先升高后下降的特征明显。另外，图 5-4 不同低温环境下 MDA 含量特征明显地可以看出，处理组 1-6MDA 含量对持续时间的响应尤其显著，表明最低温度越低茶叶的生理反应越强烈。总之，试验表明在低温冷害胁迫下，与对照组相比，茶树均体现出不同程度的损伤，温度越低损伤越严重。

5.3.1.3 相对电导率（R）

正常情况下，植物细胞膜对物质具有选择透过能力，当植物受到逆境危害时，细胞膜受到损伤，导致膜透性增大，从而使细胞内电解质外渗，使得细胞提取液电导率增大。电导率越大，则植物损伤越严重（许瑛，2008）。图 5-5 为不同低温冷害程度下茶树 R 的变化特征。从图中可以看出，随着低温冷害过程持续天数的增加以及最低温度的下降，相对电导率 R 均呈现明显的上升趋势。最大值为处理组 1-6 持续 7 d 情况（94%），明显高于对照组（75.6%）。另外，图 5-5 相对电导率（R）的折线图表明，3 个处理组低温过程持续 3 d 和 5 d 时相对电导率（R）差异较小，当低温过程持续达到 7 d 时，相对电导率（R）方表现出明显的差异。

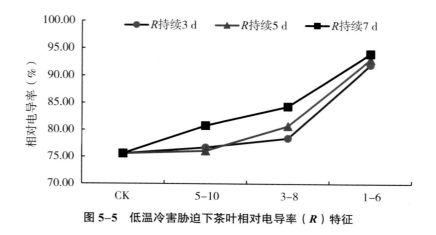

图 5-5 低温冷害胁迫下茶叶相对电导率（R）特征

试验表明：低温对茶叶生长的影响不仅表现在低温强度上，低温天气过程的持续时间同样重要，低温强度和低温持续时间是低温冷害程度的 2 个方面。

超氧化物歧化酶（SOD）、丙二醛（MDA）及相对电导率（R）对低温冷害过程响应特征不同。随低温程度的加重，SOD 活性大致呈上升趋势，MDA 呈先升高后下降趋势，R 呈持续上升趋势，三者从不同层面反映出植物应对低温冷害时的生理响应。

浙江 4 种典型茶叶品种乌牛早、龙井 43、鸠坑和福鼎大白茶在不同低温胁迫下，SOD 活性特征随着温度下降呈先升高后下降的趋势（李仁忠等，2016）；安徽的 2 个茶叶品种舒茶早和乌牛早在 −5℃ 持续天数的实验中，SOD 活性表现为随持续天数的增加先下降后缓慢上升（李叶云等，2012）；其余作物低温胁迫下也表现出 SOD 活性先升高后下降现象（孙波等，2014）或保持相对稳定（马艳青，2000）的现象。本试验中，在不同的低温持续时间和不同低温强度下，SOD 活性特征大致表现出随着低温程度的加强而上升趋势。目前保护酶对低温响应的研究中，低温胁迫环境的模拟一般是将最低温度持续一定时间，例如 −5℃ 持续 1 d、2 d 等（李叶云等，2012；马艳青，2000），或者将低温持续若干小时仅设置 1 d（李仁忠等，2016）。显然实际的低温天气过程并非如此，气温日变化在能量昼夜变化基础上遵循周期性规律，日出前后气温为一天中最低值，午后 14：00 气温为一天中最高值。此外，倒春寒引起的低温天气过程也并非持续 1 d、2 d、3 d，特别是贵州春季倒春寒引起的低温冷害天气常出现长达一周之久的情况。由于植物自身对逆境环境的适应，从农业气象上来说，作物能够抵抗短时间的低温，因此许多作物农业气象低温指标用持续 3～5 d 的低温水平或某生育阶段积温来衡量。本试验根据实际低温天气过程特征拟合低温胁迫环境，通过对萌芽期茶叶生长形态观察发现，0℃ 以上的低温并没有对茶叶本身造成肉眼可见的损伤，仅表现为生长停滞。通过对湄潭、凤冈、正安、开阳等茶园实地调研，茶园经营者的经验也表明 0℃ 以上的春季低温使茶叶生长停滞，推迟茶叶上市时间从而造成损失。本试验模拟的低温胁迫环境更符合低温天气过程，缓冲了持续低温对茶叶生长的损伤，增强茶叶抗寒锻炼，因此 SOD 活性呈现持续升高趋势，未出现先升高后下降的特征。

本试验对 MDA 的研究结果也说明了这一点，$\geqslant 3℃$ 的低温范围内，随着低温持续时间的延长，MDA 先升高后下降；随着最低温度的下降，MDA 先升高后下降。处理 1-6 由于低温强度太大，MDA 含量明显高于其余处理组，在浙江茶叶霜冻指标研究中，低温环境为 <3℃，4 种典型茶叶品种乌牛早、龙井 43、鸠坑和福鼎大白茶 MDA 体现出持续升高的现象（李仁忠等，2016），与本试验吻合，从一定程度上来说，3℃ 有可能是茶叶低温灾害的分水岭，进一步的定量化通过低温半致死温度计算实现。相对电导率（R）的研究结果也表明，随着低温程度的加深，相对电导率（R）均呈现明显的上升特征。

5.3.2 低温冻害胁迫下茶树生理生化特征

5.3.2.1 丙二醛（MDA）

从图 5-6 中可以看出 MDA 变化趋势，MDA 变化特征大致呈现出随着低温胁迫程度的增加 MDA 含量升高的趋势：相同低温处理组，MDA 随着胁迫时间的延长而升高（-2-3 呈先升高后下降的趋势）；相同胁迫天数情况下，MDA 含量与低温变化大致呈先增高再下降的趋势，因此处理组 0-5 持续 3 d 时 MDA 含量最高，为 2.38 μmol/L，是对照组的近 40 倍，处理组 0-5 持续 2 d 时 MDA 含量第二高数值，是对照组的近 33 倍。当低温胁迫时间为 1 d 时，除处理组 -2-3 表现出较明显的生理反应，0-5、-1-4 处理组 MDA 含量变化与对照组（CK）差异不大，表明茶树生长在一定温度范围内对短时间的低温有一定的免疫能力；当低温胁迫时间达到 2 d 和 3 d 时，各温度处理 MDA 含量均表现出明显的变化，表明达到 2 d 后的低温胁迫对茶叶生长的损伤明显，从试验的茶树形态外观实际情况也表明，当处理组 0-5，-1-4 持续 1 d 时茶叶外观并未有明显变化，持续 2 d 后外观才出现明显的冻伤现象，而处理组 -2-3 持续仅 1 d 时便表现出明显的焦黑冻害现象。

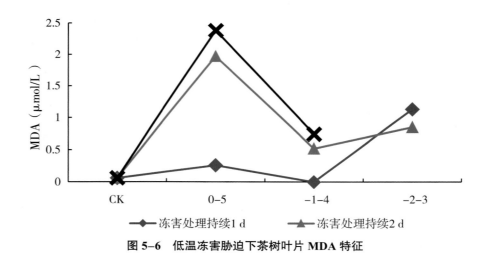

图 5-6 低温冻害胁迫下茶树叶片 MDA 特征

5.3.2.2 相对电导率（R）

图 5-7 为不同低温冻害程度下茶树 R 的变化特征。图 5-7 中呈现出随着低温胁迫程度的增加，R 呈现较明显的升高趋势。从不同的低温处理来看，最低温度越低 R 越大；从低温胁迫时间来看，胁迫时间越长 R 越大，因此最大值出现在 -2-3 处理组持续 2 d 情况（81.75%），明显高于对照组（73.5%）。从图 5-7 可以看出，R 随着低温变化而增高

的趋势尤其明显，而随着胁迫时间的延长而增大的趋势则相对不显著，特别是当低温为0℃和–1℃的情况，胁迫时间1 d和2 d没有显著差异，直至低温胁迫时间为3 d时，R才出现明显升高。但当低温为–2℃时，持续1 d的情况与0℃和–1℃的情形没有明显差异，而直至胁迫时间为2 d，R迅速增大。可见茶树在低温逆境胁迫下，对不同的低温耐受特征是不均匀的。

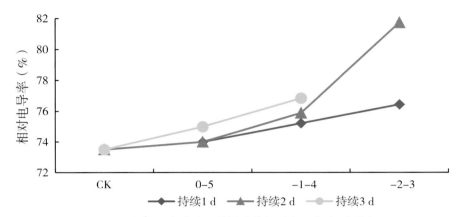

图 5–7　低温冻害胁迫下茶树叶片相对电导率（R）特征

5.3.2.3　可溶性蛋白含量（SP）

植物受到低温胁迫时，通过可溶性蛋白的积累提高细胞液浓度，降低其渗透势，维持细胞膨压，对细胞膜起到保护作用。从图5–8可以看出，日最低气温在–1℃和0℃时，随着持续天数的增加，可溶性蛋白含量逐渐增加，而日最低气温在–2℃时，随着持续天数的增加，可溶性蛋白含量不升反降，有可能在此温度强度下，茶树受到严重伤害，自身保护系统受到破坏，合成的可溶性蛋白含量下降。

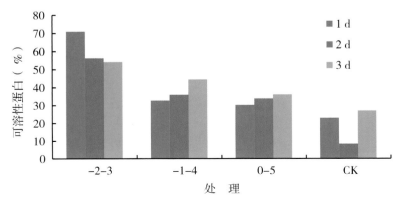

图 5–8　低温冻害胁迫下茶树叶片可溶性蛋白含量变化

5.3.2.4 叶绿素含量

叶绿素是植物光合作用的主要色素，其含量影响作物的光合作用程度，与植物的抗寒性关系密切。

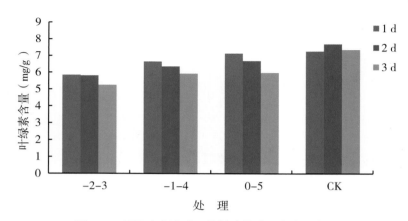

图 5-9　低温冻害胁迫下茶树叶片叶绿素含量变化

从图 5-9 可以看出，与对照相比，3 组低温处理下茶树叶片的叶绿素含量都有不同程度的下降，同一处理下，随着持续天数的增加，叶绿素含量都是逐渐降低，表明低温胁迫下，温度越低，持续时间越长，叶绿素含量越低。

5.3.2.5 过氧化物酶（POD）

从图 5-10 可以看出，与对照相比，相同持续时间下，3 组处理 POD 活性都高于对照，

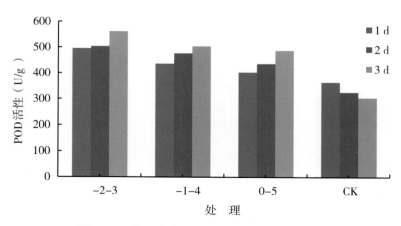

图 5-10　低温冻害胁迫下茶树叶片 POD 活性变化

且温度越低，活性越高。同一低温处理下，持续时间越长，POD 活性越高。表明低温胁迫下，温度越低，持续时间越长，POD 活性越强。

研究发现，丙二醛（MDA）含量随着处理温度的下降呈现单峰型现象，即先升高后下降。低温胁迫下，植物膜脂过氧化产物 MDA 的积累对植物细胞会造成伤害，随着温度的下降，植物本身清除能力下降，因此 MDA 含量上升，达到一定损伤程度后 MDA 含量达到极大值，本试验对福鼎大白茶的研究表明 MDA 极值点为 0℃。本研究中的 MDA 含量变化趋势与其他植物低温胁迫下 MDA 含量变化的研究结果相吻合。王瑞等（2008）研究低温胁迫对玉米幼苗 MDA 含量的影响表明，随着低温胁迫时间的延长，玉米品种四密 21 和东农 250 表现出先升高后减少的趋势，屯玉 88 则表现为持续升高的趋势，说明不同品种的 MDA 对低温胁迫的响应特征存在差异。尹航等（2018）和肖彩玲（2008）对低温胁迫下烟草和花椒 MDA 含量特征也同样出现单峰型趋势。福鼎大白茶 MDA 含量随着胁迫时间的延长出现升高的趋势，并未出现单峰型现象。李仁忠等（2016）对浙江春茶不同品种霜冻指标确定研究结果显示，随着温度的下降 MDA 均呈现升高的趋势。因李仁忠茶叶低温胁迫试验处理均为 0 ~ 10℃的低温且低温胁迫时间仅 1 d，本试验胁迫时间为 1 ~ 3 d，因此，MDA 含量未出现单峰型特征极有可能是由于试验设置未达到 MDA 峰值出现的低温胁迫程度。

另外，相对电导率是衡量茶叶植株细胞组织的幼嫩程度和细胞质膜是否受到伤害的指标。通常情况下，细胞内的电解质受细胞膜的阻隔保留在细胞内，当细胞膜遭受某种伤害时，电解质则大量涌向细胞外，导致电解质激增，大量的植物低温胁迫响应研究中相对电导率变化均反映了这一现象。本试验结果与其他相关研究结论一致（李叶云等，2012；李仁忠等，2016；肖彩玲，2008）：福鼎大白茶相对电导率（R）呈现随着低温胁迫程度的加深（不论是温度降低还是胁迫时间延长）而出现上升趋势的特征，但上升的趋势是不均匀的，其中 0 和 -1℃对 R 的影响小，而 -2℃的影响大。胁迫时间为 1 d 和 2 d 对 R 的影响较小，胁迫时间为 3 d 的影响较大。综合结果为 -2℃持续 2 d 的 R 值最大。本试验研究结论与众多茶叶相对电导率（R）对低温胁迫响应的研究结果一致。李仁忠等（2016）对浙江春茶相对电导率对低温胁迫的响应特征呈现升高现象，并在 -1℃变化尤为剧烈；李叶云等（2012）的研究同样也表明了茶叶相对电导率随着温度下降出现的此种不均匀上升的现象。由此表明，春茶生长过程中倒春寒低温逆境环境，若温度未达到一定的低温，相对电导率的响应不明显。福鼎大白茶在低温胁迫下，叶片可溶性蛋白含量先升后降，MDA 含量不断升高，SOD 和 POD 活性不断增强，叶绿素含量不断下降。

5.4 福鼎大白茶低温灾害指标研究

5.4.1 冷害半致死温度

低温半致死温度是指在该温度时，植物达到半致死状态，当温度继续低于该温度时，植物所受的伤害将不可恢复甚至死亡。一般细胞伤害率与温度呈"S"形曲线关系，即 Logistic 函数模型，将细胞伤害率与最低温度进行 Logistic 函数拟合，伤害率为 50% 时的温度即为低温半致死温度。

根据式（5-4）计算得到不同低温冷害处理下的细胞伤害率，根据式（5-9）和式（5-10）对细胞伤害率（M）和最低温度进行 Logistic 函数拟合，计算各参数值。因 K 为饱和参数，伤害率最大值为 100%，因此 K 值取 1，其余参数值见表 5-6。从表 5-6 可以看出，低温冷害过程持续时间不同其低温半致死温度是不同的，持续时间越长低温半致死温度越高。结果表明，低温持续时间为 3 d 时，当低温达到 1.4℃即达到低温半致死温度，低温持续时间为 5 d 时，当低温达到 1.8℃可达到低温半致死温度，低温持续时间为 7 d 时，当低温达到 2.6℃才达到低温半致死温度。因此，贵州倒春寒导致的低温冷害持续时间不同其低温冷害指标理应有所差异。

表 5-6 不同低温冷害持续时间下的茶叶 Logistic 函数参数及低温半致死温度

低温冷害持续时间（d）	a	b	相关系数 R^2	低温半致死温度（℃）
3	0.26	0.92	0.93*	1.5
5	0.12	1.18	0.99**	1.8
7	0.21	0.61	0.95**	2.6

注：** 拟合度达 < 0.05 的显著性水平；* 拟合度达 < 0.1 的显著性水平。

5.4.2 冻害半致死温度

根据式（5-4）计算得到不同低温冻害处理下的细胞伤害率 M，根据式（5-9）对细胞伤害率（M）和低温处理进行 Logistic 函数拟合，计算各参数值。因 K 为饱和参数，伤害率最大值为 100%，因此，K 值取 100%，参数 a、b 通过 Excel 2010 的线性回归分析获得（表 5-7）。通过参数计算可知冻害胁迫情况下，胁迫时间持续 1 d 和 2 d 的低温半致死温度差异不大，分别为 -3.1℃和 -3.0℃。

表 5–7 低温冻害的茶叶 Logistic 函数参数值及低温半致死温度

胁迫时间（d）	a	b	K	相关系数 R	低温半致死温度（℃）
1	35.54**	1.17**	100%	0.945 7	−3.1
2	30.1**	1.09*	100%	0.985 8	−3.0

注：** 拟合度达 < 0.05 的显著性水平；* 拟合度达 < 0.1 的显著性水平。

当低温达到一定程度时，伤害率达到 50%，植物达到半致死状态，若温度低于该温度，植物所受的低温损伤则不可恢复甚至死亡，该界限温度称为低温半致死温度。通过将细胞伤害率与低温强度进行 Logistic 函数拟合，计算结果表明，不同低温持续时间低温半致死温度不同，持续天数越长低温半致死温度越高。低温冷害天气持续 3 d 时，低温半致死温度为 1.5℃，低温冷害天气持续 5 d 时，低温半致死温度为 1.8℃，低温冷害天气持续 7 d 时，低温半致死温度为 2.6℃。依据低温半致死温度衡量植物抗寒性的研究很多，低温半致死温度越高表明植物耐寒性越差。茶叶低温半致死温度的研究显示由于低温环境设置不同，低温半致死温度差异极大。浙江 4 种典型茶叶品种乌牛早、龙井 43、鸠坑和福鼎大白茶的低温半致死温度在 −1.5 ～ −0.7℃（李仁忠等，2016），其低温设置为最低温度持续 4 h，而最高温度持续 12 h，或许正是由于高温持续时间较长，导致茶叶损伤小，低温半致死温度计算结果下降。

5.5 小 结

茶叶低温胁迫试验表明，低温强度和低温持续时间均能影响茶叶正常生长，低温程度不同，茶叶生理响应不同。茶树叶片的净光合速率与气孔导度、蒸腾速率呈显著正相关，与胞间 CO_2 浓度呈负相关，胞间 CO_2 浓度是制约福鼎大白茶叶片净光合速率的主要原因之一。随着低温程度加强，茶树的单芽重、百芽重均有不同程度的降低，温度降到 −1℃后，持续 3 d，茶叶产量的减产率就达到 19.02%。通过 SOD 活性、MDA 和相对电导率（R）的响应特征可以发现，不同低温对茶叶的影响程度不同，最低温度 3℃以下的低温危害较严重，而最低温度 3℃以上的低温影响较小；低温过程持续 3 d 和 5 d 时影响较小，而低温过程持续 7 d 则非常显著。

春季倒春寒导致的低温冷害过程非常复杂，加之低温对茶叶生长影响的不均一性，导致制定茶叶低温冷害指标十分困难。本研究以贵州主栽茶叶品种福鼎大白茶为研究对象，利用人工气候室模拟低温冷害天气过程，通过研究冷害过程与茶叶生长间的关系，展开茶叶低温冷害指标的探索。由于盆栽环境与大田环境存在不可避免的差异，树龄及冷害天气特征等因素均导致冷害指标的复杂性，因此针对贵州全省范围的冷害指标须在进一步调研的基础上进行调整，使冷害指标更准确。这对茶叶气象指数保险和茶叶农业气象服务的完善来说是最关键的环节。

5.6　附录：低温处理下茶树生长状况图片

5.6.1　第一批茶叶处理情况

图 5–11 为 1 ～ 6℃处理前后对比。图 5–12 为 0 ～ 5℃处理前后对比。从图中可以看出，仅从外形看，1℃和 0℃的低温处理前后未发生肉眼可见的差异。

图 5–11　茶树 1 ～ 6℃处理前（左）后（右）（上：持续 3 d，中：持续 5 d，下：持续 7 d）

图 5-11　茶树 1 ～ 6℃处理前（左）后（右）（上：持续 3 d，中：持续 5 d，下：持续 7 d）（续）

图 5-12　茶树 0 ～ 5℃处理前（左）后（右）（上：持续 1 d，中：持续 2 d，下：持续 3 d）

图 5-12　茶树 0 ～ 5℃处理前（左）后（右）（上：持续 1 d，中：持续 2 d，下：持续 3 d）（续）

5.6.2　第二批茶叶处理情况

图 5-13 为 3 ～ 8℃处理前后对比。图 5-14 为 -2 ～ 3℃处理前后对比。从图中可以看出，仅从外形看，3℃的低温处理前后未发生肉眼可见的差异，而 -2℃的低温处理仅 1 d 便发生焦黑现象，2 d 焦黑面积 2/3 以上，低温处理停止。

图 5-13　茶树 3 ～ 8℃处理前（左）后（右）（上：持续 3 d，中：持续 5 d，下：持续 7 d）

图 5-13 茶树 3 ~ 8℃处理前（左）后（右）（上：持续 3 d，中：持续 5 d，下：持续 7 d）（续）

图 5-14 茶树 -2 ~ 3℃处理前（左）后（右）（上：持续 1 d，下持续 2 d）

图 5-14　茶树 -2～3℃处理前（左）后（右）（上：持续 1 d，下持续 2 d）（续）

5.6.3　第三批茶叶处理情况

图 5-15 为 5～10℃处理前后对比。图 5-16 为 -1～4℃处理前后对比。从图中可以看出，仅从外形看，5℃的低温处理前后未发生肉眼可见的差异，而 -1℃的低温处理达 2 d 发生焦黑现象。

图 5-15　茶树 5～10℃处理前（左）后（右）（上：持续 3 d，中：持续 5 d，下：持续 7 d）

图 5–15 茶树 5 ～ 10℃处理前（左）后（右）（上：持续 3 d，中：持续 5 d，下：持续 7 d）（续）

图 5–16 茶树 –1 ～ 4℃处理前（左）后（右）（上：持续 1 d，下：持续 2 d）

图 5–16　茶树 –1 ～ 4℃处理前（左）后（右）（上：持续 1 d，下：持续 2 d）（续）

气象条件对茶叶的影响

贵州是国内兼具低纬度、高海拔、寡日照、多云雾的省份,适宜种茶土地多、气候条件好、雨量充沛、病虫害少。近年来,贵州的茶叶产业发展十分迅猛,贵州茶叶正以高速度走向国际化市场。茶叶的生长发育、品质形成与气象条件密切相关,本章以贵州省湄潭县为研究区域,综合分析茶叶品质数据、物候期数据和气象数据,研究茶叶生长发育和气象条件的关系,以及气象因子对茶叶品质的影响,获得茶叶的气候适宜性评价指标,为贵州省茶树合理布局和高产稳产提供科学支撑。

6.1　资料来源及试验设计

6.1.1　研究区域气候概况

湄潭县位于贵州省北部,地理位置为 107° 15′ 36″ E ～ 107° 41′ 08″ E, 27° 20′ 18″ N ～ 28° 12′ 30″ N。地形呈条形薯状,地域南北狭长,东西最大距离 25.5 km,南北最大距离 96.5 km,地形北部、西南部较高,中部、东部和南部边境较低,海拔 460.8 ～ 1 556 m,全县平均海拔 927.7 m。

湄潭县属中亚热带季风湿润气候,四季分明、常年雨量充沛、气候温和、植物繁茂,森林覆盖率达 60%。年平均气温 15℃,最冷的 1 月平均气温为 3.8℃,最热的 7 月平均气温为 25.1℃,极端最低气温为 –7.8℃,极端最高气温为 37.4℃。无霜期为 284 d,年日照时数 1 163 h,日照百分率为 26%,年总辐射量 3 488 MJ/m²,为全国太阳辐射最低的地区之一。年平均降水量为 1 137 mm,降水量季节分布不均,主要集中在夏季(41.2%),冬季降水量最少(6.1%)。水热同期,有利于农作物生长。≥ 10℃ 的开始期在 3 月下旬—4 月上旬,雨季开始期也在 4 月中下旬,5—9 月降水量为年降水量的 66.5%。主要灾害有干旱、洪涝、冰雹和秋季连阴雨。

立体气候和区域小气候明显。湄潭县内海拔高差约 770 m，年平均气温相差约 4.8℃，年总积温相差 1 530℃·d。海拔在 500 m 以下为高温区，年平均气温 16.5 ～ 16.7℃，年总积温 6 000 ～ 6 090℃·d，无霜期 300 d 左右。湄江河流域中部及其他海拔 500 ～ 900 m 地区，为低山坝次高温区。年平均气温温度为 14.8 ～ 15.3℃，年总积温 5 300 ～ 5 580℃·d，无霜期 280 ～ 290 d。南部和北部海拔 900 ～ 1 000 m 的中低山丘陵地区，年平均气温 14.0 ～ 14.8℃，年总积温 4 900 ～ 5 320℃·d，无霜期 270 ～ 280 d。海拔在 1 000 m 以上地区，年平均气温在 14.0℃以下，年总积温在 4 900℃·d 以下，无霜期 260 ～ 270 d。

6.1.2　资料来源

本研究采用的资料有气象资料、调查资料、试验观测资料和茶叶品质资料。

气象资料。气象要素主要包括以下几个要素：日最低气温、日最高气温、日平均气温、日照时数、日平均相对湿度，辐射量、降雨量、积温、地温，观测点土壤水分资料。气象资料通过湄潭气象观测站获得。

调查资料。实地调查湄潭县茶叶生长状况和分布特征。

试验观测资料。湄潭县接官坪观测点的物候期数据。

茶叶品质资料。试验点的茶叶样品品质指标由贵州省茶叶科学研究所分析测试提供。

6.1.3　试验设计

6.1.3.1　品种选择

福鼎大白茶凭借其品质好、病虫害少、经济效益好的优势得到了广泛的栽培。目前，贵州省 80% 以上栽培的茶树品种为福鼎茶。

6.1.3.2　生长观测

在湄潭县选取相同海拔高度的实验样地进行茶叶物候期观测，要求样地内所种植的茶树品种相同，树龄相同，且均为盛产期茶树。经考察实验点选取，在该县兴隆镇接官坪茶山，该茶山茶园面积 4 000 亩。

在观测区域，随机选取样 3 个样地，在样地内选取树龄相同，品种相同的福鼎茶树进行物候期、发芽率观测，实验采用挂牌法，在样地内按"X"字样分别取 4 点，每点各挂牌 5 个，进行逐日观测，记录休眠期、芽萌动期、芽萌发初期、萌发盛期、芽生长期、开采期。按照茶叶物候期观测标准（表 6-1），记录各个时期开始时间和终止时间。在遭遇灾害时，记录茶树受灾的情况。

表 6-1　茶树物候期观测标准

发育期	观测标准
休眠期	茶树新梢停止生长
萌动期	茶芽鳞片开裂，露出绿色牙尖
萌发初期	鳞片开展 10%～15%
萌发盛期	鳞片开展 50% 以上
芽生长期	鱼叶开展 10%～15%
开采期	一芽二叶

6.1.3.3　样品采摘

在观测的三个实验样地内，每 5～7 d 分别采摘样地内的全部一芽二叶的鲜芽，测定每次采摘的产量并记录数据。采摘后，用保鲜袋装，在袋上贴上标签，标明样地编号，带至贵州省茶叶科学研究所实验室进行品质指标测定。

6.1.3.4　品质测定

所采摘的新鲜茶叶样品，送贵州省茶叶研究所进行化验分析。茶叶品质测定包括感官审评和主要品质指标测试两部分内容。

感官审评是通过人的视觉、嗅觉、味觉、触觉对茶叶的形状、色泽、香气和滋味进行鉴定，是确定茶叶品质优次和级别高低的主要方法。感官评茶不仅能快速地鉴定茶叶色、香、味、形的主要感觉特征，敏捷地辨别茶叶品质的异常现象，而且能评出其他检测手段难以判别的茶叶品质上某些特殊状况。

茶叶生产的特点在于鲜叶不是最终产品，需经过初制精制加工才能成为我们熟悉的茶叶产品。一种茶叶品质的好坏一般通过茶叶审评来判断，因此茶叶审评对茶叶生产起着重要的指导和促进作用，对科学研究起到客观评价的作用，一直以来被看作是茶叶生产的一个重要环节。在茶叶科学研究及其成果鉴定中往往要经过审评检验来确定成果的可靠性和评定其等级高低。茶叶的感官品质是茶叶色香味形等品质因子的综合反映，包括茶的等级高低、价格的多少、是否为原产地域、产品品种特征是否明显等多方面的内容。茶叶审评参照国家《茶叶感官审评方法》（GB/T 23776—2009）对茶样进行外观及内质审评。国家炒青毛茶各级感官品质标准，见表 6-2。

表 6-2　炒青毛茶各级感官国家标准

级　别	条　索	整碎	净　度	色　泽	香　气	滋　味	汤　色	叶　底
特级	紧结重实、显锋苗	匀整	稍有嫩茎	灰绿鲜润	清高持久	浓鲜爽	黄绿明亮	肥嫩柔软、黄绿明亮
一级	紧结、有锋苗	匀整	有嫩茎	灰绿润	清高	浓爽	黄绿明亮	嫩匀、黄绿明亮
二级	尚紧结	尚匀整	稍有梗片	黄绿	纯正	浓尚醇	黄绿尚亮	尚嫩匀、黄绿
三级	粗松	欠匀整	有梗、朴片	绿黄稍枯	平正	浓尚粗	黄稍暗	稍粗、黄稍暗

茶叶主要品质检测指标包括 12 项：茶多酚、咖啡碱、水浸出物、游离氨基酸总量、水分、没食子酸（GA）、表没食子儿茶素（EGC）、儿茶素（+C）、表没食子儿茶素没食子酸酯（EGCG）、表儿茶素（EC）、表儿茶素没食子酸酯（ECG）、儿茶素类总量。

水分测定采用 GB/T 8304—2002，水浸出物测定采用 GB/T 8305—2002，游离氨基酸总量测定采用 GB/T 8314—2002，咖啡碱测定采用 GB/T 8312—2008，茶多酚测定采用 GB/T 8313—2008，GA、EGC、DL-C、EGCG、EC、ECG 采用 GB/T 8313—2008。

6.1.3.5　气象要素观测

观测区域内安装自动气象站，收集观测时期内连续气象数据（图 6-1），观测的内容有：日平均温度、最高温度、最低温度、光合有效辐射、地面温度以及 5 ～ 20 cm 地温、空气相对湿度，土壤含水量、降水、日照时数、降雨量、光合有效曝辐量、昼夜温差值。

图 6-1　茶叶样地及观测情况

6.2　茶叶物候期规律研究及其对温度的响应

6.2.1　茶树物候期规律

生物在进化过程中，由于长期适应周期性变化的环境，形成了与之相适应的生态和生理机能有规律性变化的习性。人们可以通过其生命活动的动态变化来认识气候特征，称为"生物气候学时期"，简称为"物候期"（石雅琴，2009）。

茶树物候期因品种和气候条件不同而存在着一定的差异。茶树物候期的变化是茶树的遗传性与外界环境条件共同作用的结果，尤其以气象条件影响较大。依据浙江省茶叶农业气象观测技术规定，可将茶树的物候期分为以下几个阶段：休眠期、萌动期、萌发初期、萌发盛期、芽生长期和开采期，为便于研究，统一采摘鲜芽为一芽二叶，具体物候期的观测标准参照表 6-1。茶叶物候期十几节观测情况见图 6-2。

（a）芽萌发初期　　　　　　　　　　　　　（b）芽萌发盛期

　　　　　（c）芽生长期　　　　　　　　　　　　　　（d）开采期

图 6-2　茶叶物候期情况

　　表 6-3 为茶树样地物候观测数据，通过观测和资料分析得出，2013 年贵州福鼎茶树在 2 月底至 3 月初萌发，3 月上旬萌发达到盛期，萌发周期为 20 d。由于 2012 年冬季温度偏高，所以茶树萌发较往年提前 10 ～ 20 d，3 月 18 日便进入采摘期。

表 6-3　茶树物候期观测

生育期	萌动期	芽萌发初期	芽萌发盛期	芽生长期	开采期
开始日期	2 月 27 日	3 月 1 日	3 月 5 日	3 月 8 日	3 月 18 日
间隔日数（d）	4	4	3	10	

6.2.2　气温对物候期影响分析

　　通过分析湄潭 2—3 月逐日平均气温（图 6-3）和茶叶各物候期 5 日滑动平均气温（图 6-4）可知，2 月 27 日 5 日滑动气温稳定通过 10℃，此时茶芽开始萌动，与茶叶萌动的下

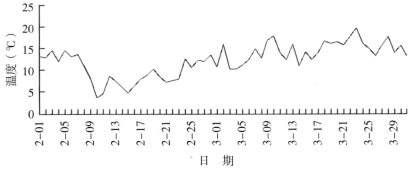

图 6-3　2—3 月逐日平均气温

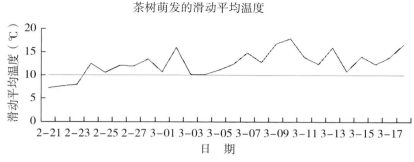

图 6-4 茶叶物候期 5 日滑动平均温度

限温度 10℃相符合。通过对茶树物候观测数据和气象资料分析得出，由萌动期进入萌发初期、萌发初期进入萌发盛期、萌发盛期进入芽生长期和芽生长期进入采摘期的 5 日滑动平均温度分别为 10.1℃、11.5℃、12.2℃ 和 13.7℃。

6.2.3　茶树物候期对积温的需求分析

作物的生长发育需要一定的温度（热量）条件。1735 年，法国人戴劳姆尔首次发现植物完成其一定的发育要求特定的积温。在作物生活所需的其他条件得到满足时，作物生长发育的速度与气温有着密切的关系。应用积温计算植物发育期出现日期的方法起源最早。19 世纪下半叶，科学家们首次提出根据温度等气象因子计算植物发育期的公式。因此，积温的计算在农业生产物候期的判断起到了十分重要的作用。

在农业气象中，活动温度是指高于植物生物学下限温度的温度，常用日平均气温进行计算。每种作物都有一个生长发育的下限温度（或称生物学起点温度），这个下限温度一般用日平均气温表示。低于下限温度时，作物便停止生长发育，但不一定死亡。高于下限温度时，作物才能生长发育。活动积温即指大于生长下限温度的日平均温度的累积和（武晓梅，1985）。茶树打破休眠，开始生长发育要求 10℃以上的温度，因此以 10℃为活动积温的分界点，统计分析茶树进入各个生育期所需要的活动积温，并结合观测点的气象资料，便可评价茶叶的适宜生长区。

表 6-4　茶叶各生育阶段 ≥ 10℃活动积温　　　　　　　　　　（单位：℃·d）

生育阶段	萌动—芽萌发初期	芽萌发初期—芽萌发盛期	芽萌发盛期—芽生长期	芽生长期—采摘期
活动积温	161.7	58	39.9	144.6

由表 6-4 可知，野外观测点茶叶各生育期所需要的 ≥ 10℃活动积温分为：萌动—芽萌发初期间为 161.7℃·d；芽萌发初期—芽萌发盛期间为 58℃·d；芽萌发盛期—芽生

长期间为 39.9℃·d；芽生长期—采摘期间为 144.6℃·d。从以上数据中可以看出，萌动—芽发初期与芽生长期—采摘期所需活动积温较多，芽生长期—采摘期与芽萌发盛期—芽生长期间温差值较大。

6.3　气象因子对茶叶产量及品质的影响

6.3.1　气象因子对茶叶产量影响

茶叶产量是指本年度内生产的全部茶叶产量。湄潭县气温符合茶树生长的要求，在土壤条件适当的基础上，降雨量和空气中湿度条件能决定茶叶生产的增减。

气象因子对茶叶产量的影响，主要表现在活动积温、有效积温、日平均温度、地面温度、5～20 cm 地温、降水量、日照时数、土壤含水率、日平均相对湿度、光合有效曝辐量、光合有效辐照度方面。

由表 6-5 可知，空气相对湿度与萌芽数及产量均呈正相关，其中茶叶产量与空气相对湿度通过置信度为 0.01 的双侧检验。土壤有效含水率与萌发数呈正相关，而与其气温和地温相关性不明显，由此判断，茶叶产量与相对湿度的关系更为密切，即随着相对湿度的增加，茶叶产量和茶叶萌发数也逐渐增加。

表 6-5　气象因子对茶叶产量相关性系数

项　目	指　标	
	产量（斤[①]）	萌芽数
相对湿度（%）	0.62**	0.70*
降水量（m）	0.06	0.35
土壤有效水分含量（%）	0.23	0.78*
活动积温（℃）	−0.15	−0.34
有效积温（℃）	−0.25	−0.20
平均气温（℃）	−0.42	−0.22
日照时数（h）	−0.22	−0.40
光合有效曝辐量（MJ/m²）	−0.23	−0.52
光合有效辐照度（μmol/m²s）	−0.23	−0.52
地面温度（℃）	−0.20	−0.41
5cm 地温（℃）	−0.20	−0.42
10cm 地温（℃）	−0.19	−0.46
15cm 地温（℃）	−0.19	−0.48
20cm 地温（℃）	−0.18	−0.52
累积日较差（℃）	0.32	0.20

① 1 斤 =500 g，全书同。

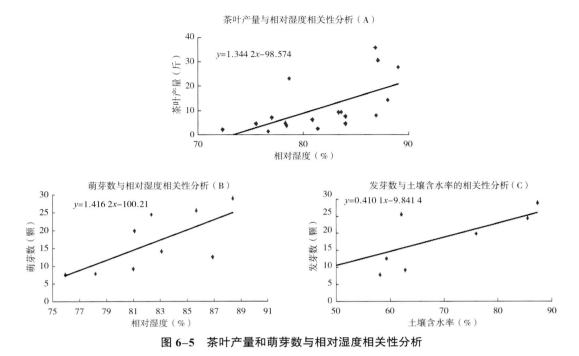

图 6-5 茶叶产量和萌芽数与相对湿度相关性分析

由图 6-5 可知, 茶叶产量和萌芽数与相对湿度均呈正相关, 茶叶产量与萌芽数均随着空气相对湿度的增加而增加［图 6-5（A）、图 6-5（B）］。图 6-5（C）为发芽数与土壤含水率的变化趋势。从图中可以看出, 发芽数与土壤含水率呈正相关, 即随着土壤含水率的升高发芽率也不断增加。

6.3.2 气象因子对茶叶品质影响

品质是评价一个物种是否引种成功的重要指标。茶叶品质一般指茶叶的色、香、味、形与叶底, 是茶叶产品所具备的满足人们需要的属性, 即茶叶的使用价值。茶叶品质评价是对茶叶品质的属性方面进行客观、定量和标准的分析过程, 从而对茶叶质量作综合评价。

茶叶品质一般包括外部形态和内在品质两个方面。外形由嫩度、颜色、条状、净杂、整碎等方面组成。虽然外形不是最重要的, 但是在审评时, 仍然期望外形的 5 个方面能给人带来美的享受。茶叶的内在品质起决定作用, 一般包括汤色、香气、滋味、叶底 4 个方面。分析审评的茶叶的内在品质, 必须是从以上几个方面去进行比较（鄢东海等, 2010）。品质极佳的茶, 香气浓郁, 滋味清醇爽口, 而且非常耐泡。

6.3.2.1 茶叶感官审评分析

表 6-6 为样地内采摘的成品茶, 包括春茶、夏茶、秋茶在内的当年产出绿茶的感官

审评结果。由表可知，3 月采摘的春茶外形较紧、绿较润、有毫，汤色为浅黄绿、较亮、香气纯正、有栗香，滋味醇较爽，叶底较细嫩，有芽，黄绿较明亮，综合打分达 90 分。4 月的春茶外形尚紧或粗松、绿较润、较匀整，汤色浅黄绿或黄绿、较明亮，香气纯正或较纯正，滋味醇爽或纯正，叶底较细嫩或细嫩、黄绿较亮，综合打分近 90 分。5 月的春茶外形紧结、绿较润、有折片、显梗，汤色黄绿或浅黄绿、较亮，香气纯正，滋味醇较爽或鲜醇，叶底较嫩、黄绿较亮，综合打分约 85 分。由此可知，春茶的品质，如外形、汤色、香气、滋味、叶底都随时间发生着变化，并有逐渐下降的趋势。夏茶和秋茶就品质打分而言，秋茶优于夏茶，并且随着采摘时间推迟，感官审评打分变化不显著。春茶、夏茶和秋茶相比较而言，外形春茶最紧，夏茶其次，再次是秋茶；汤色由黄绿到绿的变化过程；春茶香气馥郁、滋味浓厚回甘、叶底柔软厚，夏茶香气纯正、滋味醇正叶底较嫩黄绿较明亮，秋茶的汤色、滋味于春茶和夏茶之间，香气平和，叶底柔软较细嫩绿或黄绿色泽亮。

表 6-6   绿茶感官审评

种类/项目		外 形	汤 色	香 气	滋 味	叶 底	品质打分
春茶	3 月 18 日	较紧，较绿尚润，较显毫	较黄绿，尚亮	较纯正，有栗香	醇较爽	较细嫩，有芽，黄绿尚亮	92
	3 月 30 日	较紧，绿较润，稍有毫	浅黄绿，较亮	较纯正，有栗香	醇较厚	较细嫩，有芽，黄绿较明亮	89
	4 月 13 日	尚紧，绿较润，有褐梗，有碎茶	浅黄绿，较亮	纯正，有栗香	醇爽	较细嫩，黄绿较亮，尚匀整	91
	4 月 24 日	粗松，较绿，较匀	黄绿，较亮	较纯正	纯正	较嫩，较柔软，较黄绿，尚亮	88
	5 月 4 日	较紧结，有锋苗，较绿，稍有毫	黄绿，尚亮	纯正	尚醇厚	较嫩，较柔软，较黄绿，尚亮	86
	5 月 11 日	紧结，较绿，显梗，有折片	绿，较亮	纯正	醇较爽	较嫩，黄绿较亮，较匀	88
	5 月 16 日	紧结，绿带灰，有折片，显梗	黄绿，较亮	较纯正	醇较爽	较嫩，黄绿，较均匀	82
	5 月 20 日	较紧结，绿较润，显折片，显梗	浅绿较亮	纯正	醇较爽	较嫩，黄绿较亮，较匀	84
	5 月 24 日	较紧结，绿较润，显折片，较显梗	绿，明亮	纯正，清香	鲜醇	较嫩，黄绿明亮	84

（续表）

种类/项目		外　形	汤　色	香　气	滋　味	叶　底	品质打分
夏茶	6月3日	较紧结，较绿，显折片，显梗	绿，较亮	纯正	醇正	较嫩，黄绿明亮，较匀	81
	6月7日	紧结，绿较润，显梗	绿，明亮	纯正	醇较厚	较嫩，黄绿较明亮	83
	6月14日	紧结，较绿（略灰），显梗	绿，较亮	纯正，有栗香	较醇正	较嫩，尚黄绿	83
	6月17日	较紧，绿，有片，显梗	翠绿，较明亮	纯正，有栗香	醇正	较嫩，黄绿较明亮	82
	7月5日	较紧，绿，片较多，显梗	黄绿较亮	纯正，有栗香	醇正	较嫩，黄绿较亮	81
	7月26日	较紧，黄绿尚润，有片，显梗	黄绿，较亮	纯正，有栗香	醇正较爽	较嫩，黄绿较明亮	83
	8月6日	自然形，黄绿，较显梗	翠绿，亮	纯正较高爽，有花香	醇爽	尚嫩，尚软，黄绿亮	85
秋茶	9月21日	尚紧，黄绿，较显毫，较显梗，有片	浅黄绿明亮	热闻栗香，温闻冷闻花香显，持久	醇爽	较细嫩，较柔软，绿亮	85
	10月2日	尚紧，黄绿，片较多	尚绿，较亮	纯正，有栗香	醇爽	较细嫩，柔软，黄绿亮	84

6.3.2.2　茶叶品质分析

　　茶叶主要品质检测指标包括12项：茶多酚、咖啡碱、水浸出物、游离氨基酸总量、水分、没食子酸（GA）、表没食子儿茶素（EGC）、儿茶素（+C）、表没食子儿茶素没食子酸酯（EGCG）、表儿茶素（EC）、表儿茶素没食子酸酯（ECG）、儿茶素总量。12项品质检测指标可分为两类：营养成分和儿茶素类。

　　绿茶营养成分包括茶多酚、咖啡碱、水浸出物、游离氨基酸总量和酚氨比。表6-7为2013年湄潭样地采摘春茶、夏茶和秋茶制作的绿茶营养成分、全国绿茶平均营养水平和鄢东海等研究的福鼎大白茶所制作的绿茶营养成分对比。表6-8为2013年湄潭样地采摘春茶、夏茶和秋茶制作的绿茶儿茶素类、全国绿茶平均儿茶素类和鄢东海等研究的福鼎大白茶所制作的绿茶儿茶素类对比。

表 6-7　一芽二叶蒸青样营养成分　　　　　　　　（单位：%）

采摘日期	水浸出物	茶多酚	茶多酚阈值	游离氨基酸总量	酚氨比	咖啡碱
3 月 18 日	44.28	19.98	17.71～26.67	3.55	5.6	3.68
3 月 30 日	46.80	22.68	18.72～28.8	3.13	7.3	3.48
4 月 02 日	45.88	21.13	18.35～27.53	2.78	7.6	3.50
4 月 13 日	48.23	22.20	19.29～28.94	2.78	8.0	3.50
4 月 24 日	47.33	22.78	18.93～28.40	2.85	8.0	3.18
5 月 04 日	47.90	22.95	19.16～28.74	3.30	7.0	3.80
5 月 11 日	45.88	19.93	18.35～27.53	3.85	5.2	4.15
5 月 16 日	46.00	21.60	18.4～27.60	2.93	7.4	4.30
5 月 20 日	46.70	21.33	18.68～28.02	3.03	7.0	4.38
5 月 24 日	48.45	23.90	19.38～29.07	2.88	8.3	4.60
6 月 03 日	47.53	22.50	19.01～28.52	2.68	8.4	3.75
6 月 07 日	48.23	24.05	19.29～28.94	2.58	9.3	3.80
6 月 14 日	49.38	23.55	19.75～29.63	2.90	8.1	3.70
6 月 17 日	47.48	21.85	18.99～28.49	2.50	8.7	3.90
6 月 29 日	47.35	21.63	18.94～28.41	2.35	9.2	3.93
7 月 05 日	48.18	21.48	19.27～28.91	2.05	10.5	4.25
7 月 12 日	48.03	23.50	19.21～28.82	1.70	13.8	4.33
7 月 20 日	50.53	22.80	20.21～30.32	1.58	14.5	4.13
7 月 26 日	49.18	19.65	19.67～29.51	0.90	21.8	4.48
9 月 09 日	45.23	19.63	18.09～27.14	1.13	17.4	4.45
9 月 21 日	49.58	20.50	19.83～29.75	1.90	10.8	3.93
10 月 02 日	46.80	17.88	18.72～28.8	1.78	10.1	3.55
10 月 17 日	46.25	17.18	18.5～27.75	1.28	13.5	3.63
平均	47.44	21.51	18.98～28.46	2.45	8.8	3.93
福鼎	43.50	30.00	17.4～26.8	4.30	7.0	2.6
国内平均 *	44.70	28.40	17.9～26.8	3.30	8.6	—

表 6-8　一芽二叶蒸青茶样品儿茶素组分检测结果

采摘日期	儿茶素类总量	EGC	+C	EGCG	EC	ECG	儿茶素品质指数
3 月 18 日	15.73	1.41	0.95	9.35	1.14	2.90	8.71
3 月 30 日	18.20	2.70	1.26	10.31	1.49	2.45	4.72
4 月 02 日	16.96	2.72	1.05	9.47	1.34	2.39	4.36
4 月 13 日	19.25	3.61	1.03	10.74	1.37	2.51	3.67
4 月 24 日	16.77	1.26	1.07	10.27	1.49	2.69	10.33
5 月 04 日	18.61	1.99	1.15	11.14	1.35	2.99	7.12
5 月 11 日	16.25	2.84	0.41	9.51	1.13	2.37	4.19
5 月 16 日	18.46	3.03	0.45	10.81	1.24	2.92	4.53
5 月 20 日	18.29	2.96	0.39	11.17	1.06	2.71	4.69
5 月 24 日	19.73	3.13	0.44	11.79	1.26	3.12	4.77
6 月 03 日	19.85	3.27	0.48	11.84	1.34	2.91	4.51
6 月 07 日	20.60	3.37	0.56	12.08	1.61	2.98	4.47
6 月 14 日	20.16	3.19	0.51	11.80	1.60	3.06	4.66
6 月 17 日	20.39	4.02	0.51	11.41	1.58	2.88	3.56
6 月 29 日	20.29	4.21	0.51	11.32	1.53	2.72	3.34
7 月 05 日	20.43	4.02	0.54	11.53	1.54	2.81	3.56
7 月 12 日	18.63	2.28	0.23	11.77	0.93	3.41	6.67
7 月 20 日	20.64	3.88	0.20	12.31	1.33	2.91	3.92
7 月 26 日	17.89	3.99	0.13	10.06	1.33	2.38	3.12
9 月 09 日	17.73	2.95	0.30	10.12	1.29	3.08	4.47
9 月 21 日	19.14	2.76	0.23	11.74	1.30	3.11	5.38
10 月 02 日	15.71	2.10	0.13	9.56	1.33	2.58	5.79
10 月 17 日	15.04	2.42	0.12	8.52	1.41	2.57	4.59
平均	18.47	2.96	0.55	10.81	1.35	2.80	4.60
福鼎	14.72	3.58	0.09	6.86	1.20	2.85	2.71
国内平均	14.46	—	—	—	—	—	—

注：* 儿茶素品质指数 =（EGCG+ECG）/EGC。

通过表 6–7 和表 6–8 可知，2013 年样地内茶叶各个成分的含量变化情况为：水浸出物 44.28%～50.53%、茶多酚 17.18%～24.05%、咖啡碱为 3.18%～4.60%、游离氨基酸总量为 0.9%～3.85%、没食子酸（GA）为 0.010%～0.058%、表没食子儿茶素（EGC）为 1.26%～4.21%、儿茶素（+C）为 0.12%～1.26%、表没食子儿茶素没食子酸酯为（EGCG）为 8.52%～12.31%、表儿茶素（EC）为 1.06%～1.61%、表儿茶素没食子酸酯（ECG）为 2.37%～3.41%、儿茶素总量为 15.04%～20.64%、水分为 4.65%～9.10%。从以上的分析表明，湄潭县福鼎大白茶所制作的绿茶，各项品质指标高于国内平均值，达到优质绿茶的标准，并比国内平均值高。

1）水浸出物。水浸出物是茶叶中水溶性生化成分混合物的总和，水浸出物含量在一定程度上反映了茶汤内含成分的多寡（鄢东海，2010）。根据杨亚军（1991）研究表明（图6–6），水浸出物与绿茶品质之间不是简单的直线关系，而是二次曲线关系，但是决定系数较低，只有 0.216 9。感官评分随着水浸出物量先升高后下降，最佳水浸出物含量为 35% 左右。

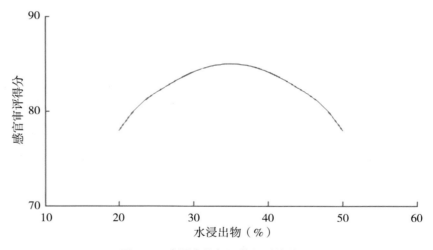

图 6–6　水浸出物与绿茶品质的关系

由表 6–7 可以看出，湄潭绿茶一芽二叶蒸青样的水浸出物含量为 44.28%～50.53%，平均值为 47.44%，比国内平均水平水浸出物平均值 44.7% 高 2.74 个百分点。比鄢海东测定的贵州生境下福鼎大白茶水浸出物含量还要高出 3.94 个百分点。贵州茶叶水浸出物含量高，说明茶汤中内含物质丰富。绿茶色香味优良品质的形成，是靠茶叶中众多生化成分综合协同作用及比例协调的结果，水浸出物含量高，并不意味着绿茶品质一定优良。

图 6–7 和表 6–9 为不同季节茶叶水浸出物含量特征。春季茶叶的水浸出物成峰值变化，夏季水浸出物呈逐步上升趋势，秋季水浸出物呈逐步下降趋势（图6–7）。各个

季节茶叶水浸出物的情况，春茶水浸出物平均值为 46.74%，夏茶为 48.43%，秋茶为 46.96%；即水浸出物：夏茶＞秋茶＞春茶（表 6-9）。

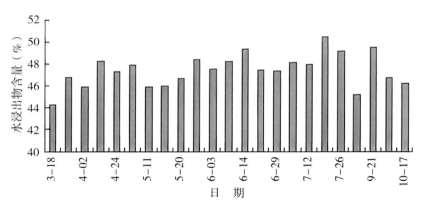

图 6-7 水浸出物不同采摘期变化比较

表 6-9 不同季节水浸出物平均值 （单位：%）

季节分类	水浸出物
春茶	46.74
夏茶	48.43
秋茶	46.96

2）茶多酚。茶多酚是茶叶中一类多元酚的混合物，是绿茶滋味浓度和苦涩味的代表物质。茶多酚类物质对绿茶品质的形成具有正反两方面的双重效应，即茶多酚含量高，绿茶滋味浓，含量低滋味淡薄。茶多酚含量占水浸出物总量的 40%～60% 是品质逆转阈值，超过这个范围品质便明显下降（杨亚军，1989）。从表 6-10 中可以看出，湄潭县绿茶茶多酚全年含量变化为 17.18%～24.05%，平均值为 21.51%，茶多酚阈值范围为 18.98%～28.46%，故湄潭绿茶属于优质绿茶。一般认为，茶多酚与氨基酸的比值（酚氨比）也是用来衡量绿茶滋味的醇度，酚氨比较小者，茶汤醇度较好，滋味鲜醇（杨亚军 1991；程启坤 1983，1985；张泽岑，1991）。湄潭绿茶酚氨比的变化范围为 5.2%～21.8%。平均值为 8.8%，其中春茶酚氨比平均值为 7.14%，比全国平均水平低 17 个百分点。

图 6-8 和表 6-10 是不同季节茶叶茶多酚含量特征。茶多酚含量从季节上来看，夏茶比春秋茶含量高（图 6-8）。夏茶茶多酚含量最高，为 22.33%，春茶次之为 21.85%，秋茶最少为 18.79%（表 6-10）。

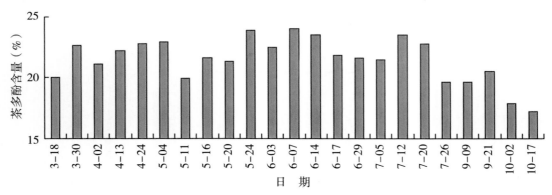

图 6-8　茶多酚年变化情况

表 6-10　不同季节茶叶茶多酚平均值　　　　　　　　　　　　　　（单位：%）

季节分类	茶多酚
春茶	21.85
夏茶	22.33
秋茶	18.79

　　3）氨基酸。氨基酸是茶叶品质成分中与绿茶品质关系最为密切的成分，该物质具有一定的鲜甜味，是绿茶滋味鲜度的代表物质。氨基酸及其降解产物和转化产物是形成绿茶鲜浓滋味、鲜爽香气的重要成分（鄂东海，2010），因此氨基酸对绿茶的滋味、香气与色泽的形成发挥重要的作用。以往研究都一直认为氨基酸与绿茶品质呈显著正相关，相关系数达 0.987，而且它们之间存在直线关系，氨基酸含量越高，绿茶滋味的鲜度越好（程启坤 1985，1983；杨亚军，1991；宛晓春，2003），其数学模型为：GQ=79.94+2.3652A（GQ 为绿茶鲜度，A 为氨基酸），即氨基酸含量越高，绿茶滋味的鲜度越好（杨亚军，1991）。

　　游离氨基酸总量是指茶叶中杂环类香气成分的重要前提物质，茶叶中有 20 多种游离氨基酸，游离氨基酸总量是茶叶中所有游离氨基酸含量之和，是评价茶叶鲜爽度的一个重要指标，其含量与茶叶品质呈显著正相关。

　　图 6-9 和表 6-11 是不同季节茶叶游离氨基酸总量含量特征。游离氨基酸总量变化为 0.9%～3.85%，茶叶游离氨基酸总量总体随着采摘的推后呈下降趋势（图 6-9）。不同季节游离氨基酸总量的变化规律，春茶含量最多为 3.11%，其次为夏茶 2.14%，秋茶为 1.52%（表 6-11）。

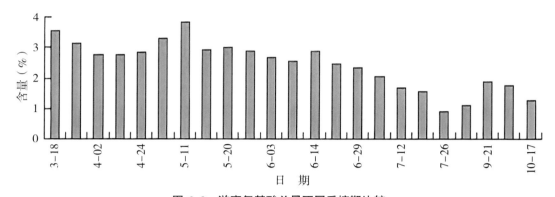

图 6-9 游离氨基酸总量不同采摘期比较

表 6-11 不同季节茶叶游离氨基酸总量平均值 （单位：%）

季节分类	游离氨基酸总量
春茶	3.11
夏茶	2.14
秋茶	1.52

4）咖啡碱。咖啡碱在茶叶中含量较稳定，成品茶咖啡碱含量主要取决于品种（周正科，1998）。咖啡碱是一种苦味物质，但是据 Lai 等（1987）研究，茶汤苦味程度与咖啡碱含量之间无显著相关性，原因可能是存在其他物质之间的影响。咖啡碱的络合物是一种鲜爽物质（程启坤，1982），它可与茶多酚、氨基酸形成络合物，具有改善茶汤滋味的作用（杨亚军，1991），咖啡碱低于 4.5% 时，与绿茶品质呈显著正相关（王晓萍，1991）。杨亚军（1991）研究发现，咖啡碱与茶多酚一样，对绿茶品质的形成有积极的作用也有消极的作用。他指出，品质逆转阈值为 3.8% ～ 4.5%，咖啡碱与茶多酚、氨基酸等的络合物起主导作用，因而随着其含量的增加，绿茶品质提高，但超过一定限度后，随着其含量的增加，茶叶品质也随之下降（杨亚军，1991）。

图 6-10 和表 6-12 为不同季节茶叶咖啡碱含量特征。咖啡碱变化率为 3.18% ～ 4.60%。咖啡碱变化趋势是夏茶最高，春茶和秋茶次之（图 6-10）。不同季节茶叶咖啡碱含量变化，夏茶含量最多为 4.02%，春茶和秋茶含量较为接近，分别为 3.85% 和 3.88%（表 6-12）。

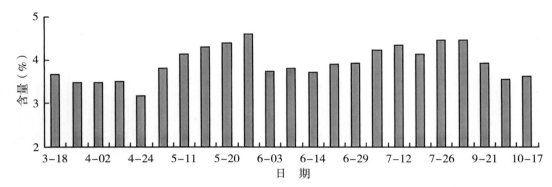

图 6-10　咖啡碱不同采摘期变化比较

表 6-12　不同季节茶叶咖啡碱平均　　　　　　　　　　　　（单位：%）

季节分类	咖啡碱
春茶	3.85
夏茶	4.02
秋茶	3.88

　　5）儿茶素。儿茶素是茶多酚类物质的首要组分，其含量占茶多酚类物质总量的74%～95%。茶叶中已经发现 12 种儿茶素类物质，其中大量存在的有表没食子儿茶素（EGC）、表儿茶素（EC）、儿茶素（+C）、表没食子儿茶素没食子酸酯（EGCG）、表儿茶素没食子酸酯（ECG）、没食子儿茶素没食子酸酯（GCG）。其中前 3 种为简单儿茶素（游离儿茶素），后 3 种为复杂儿茶素（酯型儿茶素）。各种儿茶素的滋味有所不同，简单儿茶素收敛性较弱，味先苦后甘爽口。复杂儿茶素收敛性较强，在高含量县呈现苦涩味，是决定茶汤滋味浓度和涩味的主要物质（鄢海东，2010）。阮宇成等（1964）研究认为，"儿茶素品质指数"能够较为确切地反映出绿茶品质的差异情况，酯型儿茶素比例较大，儿茶素品质指数高，绿茶滋味浓厚（张泽岑，1991；俞永明，2002）。张泽岑（1991）研究认为，儿茶素总量和儿茶素品质指数都高时，品质越好，相反则品质越差。鄢东海等对贵州 7 份地方茶树资源的品质成分研究结果表明，儿茶素品质指数与感官审评的结果相符合，即儿茶素品质指数越高，绿茶品质越好。故可用儿茶素品质指数来衡量绿茶品质的高低。由表6-8 检测结果表明，湄潭县绿茶儿茶素总量为 18.47%。比福鼎茶的平均值 14.72%，还要高出 3.75%，比国内平均值 14.46%，高出 4.01%。儿茶素品质指数平均为 4.60，比鄢海东测定贵州生境下的福鼎大白茶绿茶品质指数 2.71 高 1.89%。

　　图 6-11 为不同季节茶叶儿茶素总量特征。儿茶素总量为 15.04%～20.64%，呈现

出季节性的变化规律，夏季含量高，春秋季含量较低（图6-11）。春季绿茶的品质指数最高，其次是秋茶，最后是夏茶。即春茶品质＞秋茶品质＞夏茶品质，研究结果与实际绿茶感官审评结果相符（表6-13）。

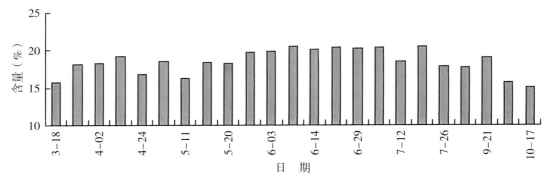

图6-11 儿茶素总量不同采摘期变化比较

表6-13 不同季节茶的儿茶素品质指数

季节分类	儿茶素品质指数
春茶	5.71
夏茶	4.20
秋茶	5.06

图6-12和表6-14是不同季节茶叶儿茶素含量特征。儿茶素含量变化范围为0.12%～1.26%。儿茶素随着季节的变化而逐渐呈现降低的趋势，其中春茶含量最高，夏茶含量其次，秋茶含量最低。不同季节儿茶素含量平均值，春茶最高0.82%，其次为夏茶0.42%，最后为秋茶0.20%（表6-14）。

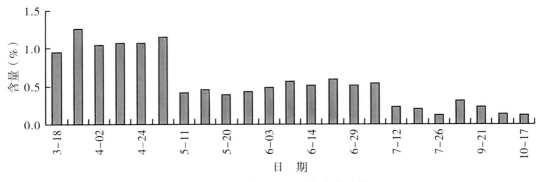

图6-12 儿茶素不同采摘期变化比较

表 6-14　不同季节儿茶素平均值　（单位：%）

季节分类	儿茶素
春茶	0.82
夏茶	0.42
秋茶	0.20

6）没食子酸。图 6-13 和表 6-15 是不同季节茶叶没食子酸含量特征。没食子酸含量变化为 0.010%～0.058%，没食子酸（GA）随着季节的变化呈现逐渐增加的趋势（图6-13）。不同季节没食子酸含量的平均值，夏茶最高为 0.039%，其次为秋茶 0.030%，最少为春茶 0.027%（表 6-15）。

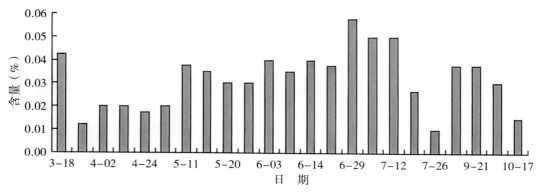

图 6-13　没食子酸不同采摘期变化比较

表 6-15　不同季节没食子酸平均值　（单位：%）

季节分类	没食子酸
春茶	0.027
夏茶	0.039
秋茶	0.030

7）表没食子儿茶素。图 6-14 和表 6-16 为不同季节茶叶表没食子儿茶素含量特征。表没食子儿茶素年含量变化为 1.26%～4.21%，该成分随着季节的变化，呈现出春茶到夏茶逐渐递增，夏茶到秋茶逐渐递减的变化趋势（图 6-14）。不同季节表没食子儿茶素平均值，夏茶最高为 3.58%，春茶和秋茶含量相同为 2.56%（表 6-16）。

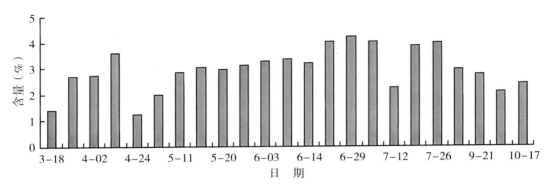

图6-14 表没食子儿茶素变化情况

表6-16 不同季节表没食子儿茶素平均值　　　　　　　　　　　　（单位：%）

季节分类	表没食子儿茶素
春茶	2.56
夏茶	3.58
秋茶	2.56

8）表没食子儿茶素没食子酸酯。图6-15和表6-17为不同季节茶叶表没食子儿茶素没食子酸酯含量特征。表没食子儿茶素没食子酸酯含量变化为8.52%～12.31%。夏茶含量最高，春茶和秋茶含量其次，呈现出一定的峰值变化（图6-15）。不同季节表没食子儿茶素没食子酸酯平均值，夏茶表没食子儿茶素没食子酸酯含量最高为11.57%。其次为春茶10.59%，最后为秋茶10.03%（表6-17）。

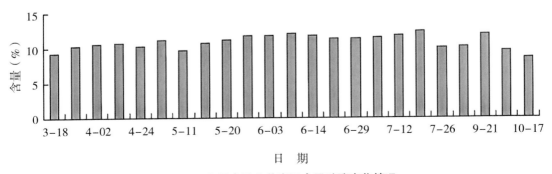

图6-15 表没食子儿茶素没食子酸酯变化情况

表6-17 不同季节表没食子儿茶素没食子酸酯平均值 （单位：%）

季节分类	表没食子儿茶素没食子酸酯
春茶	10.59
夏茶	11.57
秋茶	10.03

9）表儿茶素。图6-16和表6-18为不同季节茶叶表儿茶素含量特征。表儿茶素含量季节变化为1.06%～1.61%。表儿茶素含量的变化随着季节的变化而变化，其中夏茶含量最高，春茶和秋茶其次（图6-16）。不同季节表儿茶素平均值，夏茶最高为1.42%，其次为秋茶1.33%，最后为春茶1.29%（表6-18）。

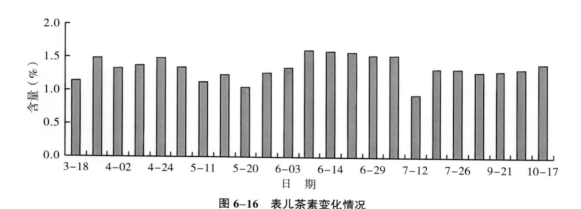

图6-16 表儿茶素变化情况

表6-18 不同季节表儿茶素平均值 （单位：%）

季节分类	表儿茶素
春茶	1.29
夏茶	1.42
秋茶	1.33

6.3.2.3 气象因子对茶叶品质的影响分析

通过对茶树物候期的观测，茶树一般2月底开始芽萌动，3月中下旬进入采摘期。由于该年冬季温度较高，2月下旬茶树开始萌发，茶叶采摘期一直到10中下旬结束，因此，在 2—10 月这个时间段的不同气象条件对其茶叶品质的影响尤为重要。本文主要选择 2—10 月的气象资料分析其对茶叶品质的影响。

温度与作物的关系非常密切，直接影响作物的生长，且影响作物的发育速度，从而影响作物全生育期的长短及各发育期出现的早晚。温度对茶叶品质的影响主要体现在两个方面：一是气温对不同采摘期的影响，表 6-19 为不同采摘期内前 20 d 的 ≥ 10℃活动积温和有效积温以及昼夜最高气温与最低气温差值总和和日平均气温；二是不同采摘周期内的地层温度，即地面温度以及 5 ～ 20 cm 地温（表 6-19）。

表 6-19 不同采摘期内前 20 d 的温度条件

日 期	活动积温（℃·d）	有效积温（℃·d）	累积日较差（℃·d）	日平均温度（℃）	地面温度（℃）	5cm 地温（℃）	10cm 地温（℃）	15cm 地温（℃）	20cm 地温（℃）
3-18	267.95	67.95	261.51	13.40	11.77	11.89	11.62	11.45	11.31
3-30	302.63	102.63	284.30	15.13	13.50	13.51	13.36	13.30	13.19
4-02	304.85	104.85	278.30	15.74	14.04	14.07	13.91	13.83	13.72
4-13	289.88	89.88	275.50	14.49	13.03	13.46	13.47	13.53	13.54
4-24	316.48	116.48	296.80	15.82	13.71	13.97	13.91	13.92	13.88
5-04	406.00	196.00	313.40	19.54	15.75	15.69	15.47	15.35	15.21
5-11	405.88	195.88	283.50	19.71	16.56	16.45	16.21	16.08	15.92
5-16	404.50	204.50	245.20	20.23	17.67	17.48	17.18	17.00	16.78
5-20	386.98	186.98	207.20	19.35	17.87	17.78	17.51	17.36	17.16
5-24	412.55	212.55	247.50	20.63	18.61	18.45	18.11	17.90	17.66
6-03	450.98	240.98	224.60	21.43	19.59	19.56	19.24	19.05	18.82
6-07	465.85	255.85	245.30	22.35	20.23	20.10	19.71	19.46	19.20
6-14	509.55	235.40	226.90	21.77	20.29	20.37	20.06	19.88	19.67
6-17	434.78	234.78	227.00	21.74	20.44	20.49	20.17	19.98	19.76
6-29	496.38	296.38	244.20	24.82	23.20	22.87	22.36	22.01	21.64
7-05	527.98	327.98	215.70	26.40	24.54	24.00	23.46	23.08	22.66
7-12	521.90	321.90	204.60	26.10	24.82	24.25	23.85	23.59	23.26
7-20	534.25	334.25	225.90	26.71	25.51	24.70	24.27	23.99	23.66
7-26	536.68	336.68	245.50	26.83	26.21	25.11	24.64	24.36	24.03
9-09	452.03	252.03	176.00	22.60	24.53	23.50	23.33	23.36	23.29
9-21	686.48	234.65	219.10	21.73	22.23	21.94	21.93	22.02	22.02
10-02	292.00	142.00	264.00	20.60	20.84	20.92	21.08	21.29	21.37
10-17	341.15	141.15	284.10	16.94	16.91	17.61	18.03	18.40	18.63

从表 6-20 中数据可知，通过温度与茶叶品质进行相关性分析，得出以下结论：一个采摘周期内活动积温与水分浸出物、咖啡碱、儿茶素总量、GA、EGC、EGCG、ECG 均呈

正相关，即在一个采摘期之内，随着活动积温的增加，水分浸出物、咖啡碱、儿茶素总量、GA、EGC、EGCG、ECG 含量增加，其中水浸出物、儿茶素总量、EGCG 与一个采摘期内的活动积温通过置信度为 0.01 的双侧检验；+C、游离氨基酸总量与采摘期内的积温呈负相关，并且 +C 通过了置信度为 0.01 的双侧检验，即随着采摘期活动积温的增加而含量减少。有效积温与水浸出物、咖啡碱、儿茶素总量、GA、EGC、EGCG、ECG 呈正相关，其中水浸出物、咖啡碱、儿茶素总量、EGC、EGCG 与有效积温通过了置信度为 0.01 的双侧检验，而 +C、游离氨基酸总量与有效积温呈负相关，均通过置信度为 0.01 的双侧检验。一个采摘周期中的累积日较差和与游离氨基酸总量、+C 呈正相关，其中 +C 通过置信度为 0.01 的双侧检验，咖啡碱、儿茶素总量、GA、EGC、EGCG、ECG 均与累积日较差和呈负相关，其中咖啡碱、GA、ECG 与昼夜温差总和通过了置信度为 0.01 的双侧检验。日平均温度与水浸出物、咖啡碱、儿茶素总量、GA、EGC、EGCG 呈正相关，且水浸出物、咖啡碱、儿茶素总量、EGC、EGCG 与日平均温度通过置信度为 0.01 的双侧检验，游离氨基酸总量、+C 与日平均温度呈负相关，且通过置信度为 0.01 的双侧检验。地面温度与水浸出物、咖啡碱、儿茶素总量、EGC、EGCG 呈正相关，其中咖啡碱、EGC 与地面温度通过置信度为 0.01 的双侧检验，而游离氨基酸总量、+C 与地面温度呈负相关，且均通过了置信度为 0.01 的双侧检验。水浸出物与 5 ～ 20 cm 地温呈正相关，其中与 50 cm 的土层温度通过置信度为 0.01 的双侧检验，游离氨基酸总量与 5 ～ 20 cm 的地温均呈负相关，且通过置信度为 0.01 的双侧检验。咖啡碱与 5 ～ 20 cm 的地温呈正相关，均通过置信度为 0.01 的双侧检验，儿茶素总量与 5 cm、10cm 的地温呈正相关；EGC 与 5 ～ 20 cm 呈正相关，其中与 5 cm、10 cm、15 cm 的地温通过置信度为 0.01 的双侧检验；EGCG 与 5 cm 的地温呈正相关，+C 与 5 ～ 20 cm 的地温呈负相关，均通过置信度为 0.01 的双侧检验。由于茶叶中所含水分与加工工艺有关，所以与温度相关性不明显。茶多酚也与温度相关性不明显。

表 6-20　温度与茶叶品质相关性分析

指　标	活动积温（℃·d）	有效积温（℃·d）	累积温差和（℃）	日平均温度（℃）	地面温度（℃）	5 cm 地温（℃）	10 cm 地温（℃）	15 cm 地温（℃）	20 cm 地温（℃）
水分	-0.28	-0.34	0.24	-0.35	-0.38	-0.37	-0.38	-0.38	-0.39
水浸出物	0.66**	0.58**	-0.19	0.57**	0.52*	0.53**	0.52*	0.52*	0.51*
游离氨基酸总量	-0.44*	-0.53**	0.46*	-0.58**	-0.74**	-0.75**	-0.77**	-0.79**	-0.80**
茶多酚	0.21	0.23	-0.08	0.14	-0.02	-0.03	-0.06	-0.09	-0.11
咖啡碱	0.53*	0.67**	-0.63**	0.65**	0.62**	0.60**	0.58**	0.57**	0.56**

（续表）

指　标	活动积温 （℃·d）	有效积温 （℃·d）	累积温差 和（℃）	日平均 温度（℃）	地面 温度（℃）	5 cm 地温（℃）	10 cm 地温（℃）	15 cm 地温（℃）	20 cm 地温（℃）
儿茶素类 总量	0.60**	0.62**	−0.46*	0.56**	0.46*	0.46*	0.43*	0.41	0.39
GA	0.42*	0.44*	−0.58**	0.44*	0.41	0.41	0.39	0.38	0.36
EGC	0.50*	0.63**	−0.44*	0.60**	0.57**	0.57**	0.55**	0.54**	0.52*
EGCG	0.63**	0.57**	−0.47*	0.53**	0.43*	0.43*	0.40	0.38	0.36
EC	0.21	0.26	0.01	0.25	0.21	0.25	0.25	0.25	0.24
ECG	0.51*	0.42*	−0.56**	0.39	0.38	0.39	0.38	0.37	0.36
+C	−0.56**	−0.62**	0.60**	−0.67**	−0.76**	−0.78**	−0.79**	−0.81**	−0.81**

注：** 在 0.01 水平上（双侧）上显著相关；* 在 0.05 水平上（双侧）上显著相关。

　　温度对茶叶品质的影响，主要从活动积温、有效积温、累积温差、平均温度以及地面温度 5 个指标来衡量。活动积温对水浸出物、咖啡碱、儿茶素总量、GA、EGC、GCGE、CG 均呈显著正相关，即活动积温的增加，水浸出物、咖啡碱、儿茶素总量、GA、EGC、GCGE、CG 含量也逐渐升高，见图 6-17 中（A）、（B）、（C）；活动积温与游离氨基酸总量、+C 呈负相关，即随着活动积温的增加，游离氨基酸总量、+C 含量逐渐减少，见图 6-17（D）。

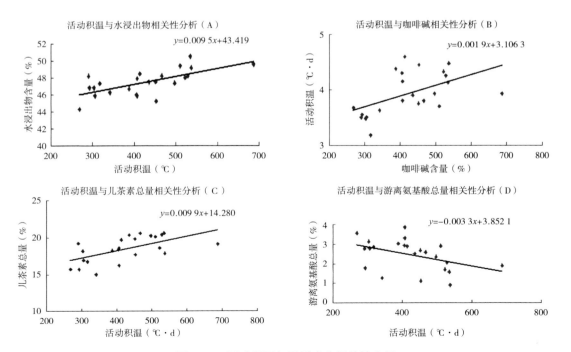

图 6-17　活动积温与品质成分相关性分析

有效积温、平均温度、地面温度均与活动积温有着相同的变化趋势，但是累积温差总和刚好与活动积温、有效积温等变化趋势相反，即累积温差总和与游离氨基酸总量和 +C 呈正相关，与水浸出物、咖啡碱、儿茶素总量等呈负相关。由此推断出，随着累积温度差值总和的增加，游离氨基酸总量和 +C 含量均增加，而水浸出物、咖啡碱、儿茶素总量等含量减少。

降水是作物水分供应与土壤水分的主要来源，是水分平衡的主要收入部分，降雨量相同而强度不同，对作物会产生不同的影响。作物在不同的生长阶段，对水分的需求程度也不相同。茶树对水分的要求较高，水分对茶叶产量和品质都有影响，水分对茶叶品质的影响，主要体现在 3 个方面：降雨量、土壤有效含水率和空气相对湿度。

表 6-21　水分与茶叶品质相关性分析

指　标	土壤有效含水率	降雨量	相对湿度
水分	0.19	0.1	0.27
水浸出物	0.02	0.04	−0.43*
游离氨基酸总量	0.71**	0.33	0.79**
茶多酚	0.54**	0.46*	0.27
咖啡碱	−0.19	−0.06	−0.25
GA	0.15	0.29	−0.11
EGC	−0.09	0.14	−0.23
+C	0.36	0.17	0.69**
EGCG	0.31	0.39	−0.08
EC	0.088	0.19	−0.3
ECG	0.135	0.17	−0.23
儿茶素类总量	0.27	0.35	−0.1

注 **. 在 0.01 水平（双侧）上显著相关；*. 在 0.05 水平（双侧）上显著相关。

从表 6-21 可知，土壤有效含水率与茶多酚呈正相关，且通过置信度为 0.01 双侧检验，相关系数分别为 0.71** 和 0.54**。降水量与茶多酚呈正相关，相关系数为 0.46*；相对湿度与游离氨基酸总量和 +C 呈正相关，相关系数分别为 0.79** 和 0.70**，相关性通过置信度为 0.01 的双侧检验，而与水浸出物呈负相关，相关系数为 −0.43*。

从图 6-18 可知，土壤有效含水率与游离氨基酸和茶多酚呈显著正相关，即随着土壤有效含水率的升高，茶叶中游离氨基酸总量和茶多酚含量逐渐增加 [图 6-18（A）、图 6-18（B）]。降雨量与茶多酚变化趋势，土壤有效含水率相同 [图 6-18（C）]。相对湿度与茶叶中水浸出物呈负相关，即随着相对湿度的升高，茶叶中水浸出物含量逐渐减低 [图 6-18（D）]。

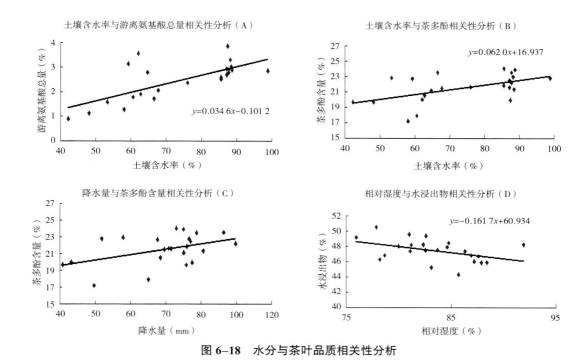

图 6-18 水分与茶叶品质相关性分析

光照对作物影响主要体现在日照时间的长短和光照的强度，而光照强度主要表现在光合有效曝辐量和光合有效辐照度。因此，光照对茶叶品质的影响，主要从日照时数、光合有效曝辐量和光合有效辐照度 3 个方面来对茶叶品质做相关性分析。

表 6-22 光照对茶叶品质相关性分析

因子	水浸出物	游离氨基酸总量	茶多酚	咖啡碱	GA	EGC	+C	EGCG	EC	ECG	儿茶素类总量
日照时数	0.35	−0.60**	−0.24	0.10	0.35	0.37	−0.57**	0.13	0.46*	0.13	0.22
光合有效曝辐量（MJ/m²）	0.56**	−0.77**	−0.13	0.42*	0.25	0.53**	−0.75**	0.28	0.34	0.20	0.34
光合有效辐照度（μmol/m²s）	0.57**	−0.76**	−0.13	0.41	0.26	0.51*	−0.75**	0.28	0.35	0.21	0.34

注：** 在 0.01 水平（双侧）上显著相关；* 在 0.05 水平（双侧）上显著相关。

表 6-22 反映的是各个采摘周期日照时数、光合有效曝辐量和光合有效辐照度与茶叶品质的相关性。从表中可以总结出：

（1）日照时数与 EC 呈正相关，即 EC 随着日照时数的增加，其含量不断增加，而日照时数与游离氨基酸总量、+C 呈负相关，并通过置信度为 0.01 的双侧检验。

（2）有效曝辐量与水浸出物、EGC 呈正相关，均通过置信度为 0.01 的双侧检验，即有效曝辐量越大，水浸出物和 EGC 含量越多。而有效曝辐量与游离氨基酸总量、+C 呈负相关，均通过置信度为 0.01 的双侧检验。有效辐照度和有效曝辐量对品质有着相同的变化趋势。

图 6-19 反映的有效曝辐量与茶叶品质的关系。有效曝辐量与水浸出物、EGC、咖啡碱呈正相关，即随着有效曝辐量的增加，水浸出物和 EGC、咖啡碱含量也增加［图 6-19（A）、图 6-19（C）］，夏天光照充足，咖啡碱合成增加，夏茶较苦涩；其次与游离氨基酸总类与、+C 呈负相关，即随着有效曝辐量的增加而减少［图 6-19（B）］。

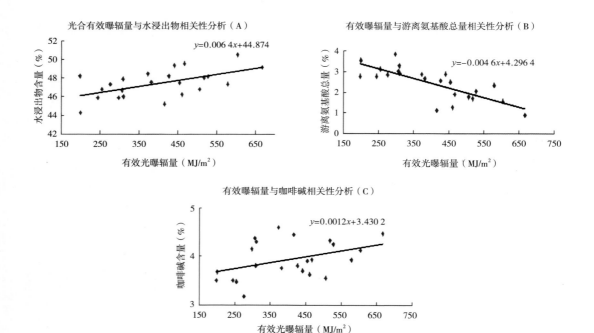

图 6-19　光照与茶叶品质相关性分析

总结以上规律，我们可以十分清楚地得出，茶叶随着光照的逐渐增加，游离氨基酸总量不断下降，茶多酚含量也有所降低，但咖啡碱含量随着日照时数的增加而逐渐增多，随着日照时数的增加，有效光曝辐量也在不断增加，夏季阳光有效曝辐量最多。

温度、水分、光照 3 方面 15 个气象指标对茶叶品质的影响：首先，温度对茶叶品质的影响，活动积温对水浸出物、咖啡碱、儿茶素总量、GA、EGC、GCGE、CG 均呈显著正相关，即活动积温的增加，水浸出物、咖啡碱、儿茶素总量、GA、EGC、GCGE、CG 含量也逐渐升高；但活动积温与游离氨基酸总量、+C 呈负相关，即随着活动积温的增加，游离氨基酸总量、+C 含量逐渐减少。有效积温、平均温度、地面温度均与活动积温有着相同的变化趋势，但是累积温差总和与活动积温、有效积温等变化趋势相反。其次，土壤有效含水率与游离氨基酸和茶多酚呈显著正相关，即随着土壤有效含水率的升高，茶叶中游离氨基酸总量和茶多酚含量逐渐增加。降雨量与茶多酚变化趋势，土壤有效含水率相同。相对湿度与茶叶中水浸出物呈负相关，即随着相对湿度的升高，茶叶中水浸出物含量逐渐降低。最后是光照，游离氨基酸总量、+C 与日照时数呈负相关，两个均随着日照时数的增多而减少，但 EC 与日照时数呈正相关，随着日照时数的增加而增加。有效曝辐量与水浸出物、EGC、咖啡碱呈正相关，即随着有效曝辐量的增加，水浸出物和 EGC、咖啡碱含量也增加，夏季光照充足，咖啡碱合成增加，夏茶较苦涩；与游离氨基酸总类与、+C 呈负相关，即随着有效曝辐量的增加而减少。

6.4　气象条件对茶叶主要病虫害影响

6.4.1　材料与方法

2018 年 4—9 月，在湄潭北部西河乡、中部湄江镇、南部石莲乡 3 个固定点，观测记录茶叶主要虫害的百叶虫量，并结合 7 个站点进行随机调查方式补充。观测茶叶品种为贵州茶叶主要种植品种黔湄 601、福鼎大白茶。选择树龄一样，长势均匀的茶园，试验区不采取任何病虫害防治措施，在整个生长阶段禁止使用任何农药。采用 5 点取样，每点定株调查 100 个叶片（1 叶 1 芽），记载茶叶主要虫害的发生情况。

6.4.2　结果与分析

6.4.2.1　病虫害发生发展特征

据调查（刘霞，2011；李向阳，2016），贵州省茶树害虫 82 种，为害面最广、对茶叶品质和产量影响较大的害虫有小绿叶蝉、茶黄蓟马、黑刺粉虱。2018 年试验观测表明，茶叶发生虫害较重的依次为茶黄蓟马、黑刺粉虱、白刺粉虱、小绿叶蝉，百叶虫量最高峰值分别为 1 600 只、500 只、500 只、85 只。其中为害最严重的是茶黄蓟马，危害面积最广、百叶虫量最多。各地均有茶黄蓟马发生、西河主要虫害为茶黄蓟马、黑刺粉虱、小绿叶蝉；新站主要虫害为茶黄蓟马、白刺粉虱、小绿叶蝉；石莲主要虫害为茶黄蓟马、小绿叶蝉（表 6—23）。

1）茶黄蓟马。茶黄蓟马 1 年发生 10 ～ 11 代，一般以成虫在茶花中越冬。在茶树生长季节，茶黄蓟马 10 d 左右就可完成 1 代。每年雨季开始后，虫口量逐渐增加，6—8 月为危害盛期。2018年试验观测显示：1—3月为低峰期，4月上旬开始有少量虫量出现，4月中旬—5月中旬虫口数量逐渐上升，5月下旬—6月中旬普遍茶园虫口数达到高峰期，7月虫量零星分散少量出现，8月中旬—9月中旬部分茶园出现小高峰（表6–23）。

2）黑刺粉虱、白刺粉虱。黑刺粉虱、白刺粉虱属同翅目、粉虱科，在遵义1年发生4～5代，以2～3龄幼虫在叶背越冬。据试验观测，黑刺粉虱分布在西河，白刺粉虱分布在湄江，石莲未发现以上2种虫害，说明黑刺粉虱、白刺粉虱除了受气象因子影响外，受地理环境影响较大。

根据试验观测显示：2018年4月中旬黑刺粉虱、白刺粉虱达全年最高峰，西河白刺粉虱百叶虫量近500头，石莲镇黑刺粉虱百叶虫量504头，其余时段黑刺粉虱、白刺粉虱具有零星少量出现（表6–23）。

3）小绿叶蝉。在遵义小绿叶蝉每年发生大约10代，世代重叠严重，小绿叶蝉的盛行期在5月中下旬—8月下旬。据试验观测，2018年5月下旬—6月上旬、8月为盛行期，百叶虫害最多为84头，发生在石莲雷打坡（8月7日）。

表6–23　2018年4—9月主要虫害调查情况

日期	茶黄蓟马/头 百叶虫/头			黑刺粉虱/头 百叶虫/头			白刺粉虱/头 百叶虫/头			小绿叶蝉/头 百叶虫/头		
	湄江镇新街村	石莲镇雷打坡	西河镇西坪村	湄江镇新街村	石莲镇雷打坡	西河镇西坪村	湄江镇新街村	石莲镇雷打坡	西河镇西坪村	湄江镇新街村	石莲镇雷打坡	西河镇西坪村
4月12日	126	580	260	0	474	186	0	0	504	3	3	6
4月27日	140	473	380	0	24	39	0	39	60	0	0	6
5月10日	706	214	96	6	177	33	0	33	33	21	0	3
5月15日					51			36		0	0	9
5月21日	446	505	605									
5月25日	1 592	980	1 593	0	0	0	0	0	0	42	0	42
6月5日			1 024			45		69			21	
6月28日	98					81		36				6
7月9日	0					0			0			0
7月12日			432	0	24		0	108			6	0
7月31日			87		123			75			27	
8月7日	0			0	0	60	0	45	75	84	12	18
8月19日	625					30			15			15
8月31日	0	867	0	0	21	0	0	0	0	9	30	0
9月5日	0	46		27		0	96		0	57		0
9月20日	0	810	189	0	0	0	0	0	24	9	6	30

6.4.2.2　气象因子对茶叶主要虫害发生的影响

1）茶黄蓟马。统计2018年1—9月湄潭县站、西河、石莲区域自动站逐日平均气温、最高气温、最低气温、降水量、相对湿度、日照，并结合茶黄蓟马虫害的调查情况，结果表明：春季旬平均气温达到15℃时，相对湿度为75%，茶黄蓟马开始发展；当旬平均气温达到17℃时，日最高气温达到25℃，相对湿度为75%，茶黄蓟马虫害开始发生发展，4月4日、4月12日调查，茶黄蓟马百叶虫口数由122头上升至400头（图6-20、图6-21）。

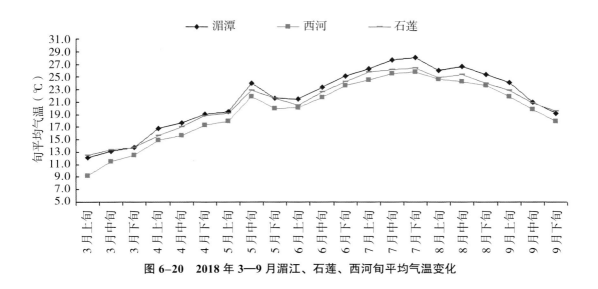

图6-20　2018年3—9月湄江、石莲、西河旬平均气温变化

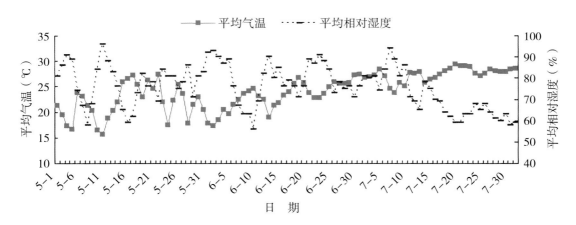

图6-21　2018年5—7月湄潭湄江逐日平均气温、相对湿度变化

2018 年 5 月上旬平均气温 18.0 ～ 19.5℃，晴雨相间，中旬平均气温升至 24℃，异常偏高 4℃，尤其是 5 月 12 日—21 日，出现连续 10 d 的晴好天气，平均气温升至 22 ～ 28℃，最高气温升至 30 ～ 33℃；5 月 21—25 日的 5 日平均气温降至 20 ～ 23℃，相对湿度 80%；这种连晴高温少雨之后，再降温增湿的气象条件利于茶黄蓟马的繁殖和爆发。试验观测显示，5 月 21 日观测，3 个试验点茶黄蓟马百叶虫量为 500 只到 600 只，5 月 25 日迅速增加到 1 000 只到 1 600 只，为全年最高峰值。说明春季出现连续 10 d 左右的高温晴热天气后，再降温增湿，十分利于茶黄蓟马在短时间内繁殖及爆发。

当旬平均气温超过 25℃时，虫口量下降，据 6 月 28 日观测显示，湄江新街茶黄蓟马百叶虫口数为零，湄江镇为 98 只，6 月下旬旬平均气温 25.1℃，相对湿度 80%。夏季高温干旱不利于茶黄蓟马生存。据观测统计，7 月中下旬出现持续的高温干旱天气，平均气温超过 26℃、日最高气温超过 34℃，相对湿度在 70% 以下，这种夏季高温干旱对茶黄蓟马生存繁殖不利，7 月观测显示，湄江新街无任何虫害，西河茶黄蓟马百叶虫口数 98 头。

2）小绿叶蝉。4 月中旬平均气温达到 15℃，有少量小绿叶蝉，百叶虫口数为 3 ～ 6 头，虫口数量在较低水平。随着气温逐渐回升，茶园中小绿叶蝉的种群数量开始增长，5 月下旬—6 月上旬平均气温回升至 20℃以上，小绿叶蝉虫口量为第一个小高峰期。7 月平均气温在 26℃以上，相对湿度低于 70%，出现晴热少雨天气，对小绿叶蝉的生长繁殖不利，8 月上旬—9 月下旬，旬平均气温为 20 ～ 26℃，相对湿度为 70% ～ 85%，小绿叶蝉的虫口数量也逐渐回升，形成全年的第 2 个虫口高峰。

3）黑刺粉虱、白刺粉虱。4 月上中旬湄江平均气温在 17℃左右，连续出现 6 d 无雨日数，利于茶树白刺粉虱大爆发；西河平均气温在 15℃左右时，连续出现 6 d 无雨日数，利于茶树黑刺粉虱大爆发；据 4 月 12 日试验观测，西河白刺粉虱，石莲黑刺粉虱百叶虫量在 4 月 12 日达到全年最高峰，为 500 头左右。当气温适宜，春季干旱气候利于黑刺粉虱、白刺粉虱的发生发展。

6.5　小　结

6.5.1　茶叶物候期规律

2013 年贵州栽培的福鼎大白茶 2 月底至 3 月上旬开始萌发，3 月上旬至 3 月中旬达到采摘期开始采摘，茶树萌发初期到萌发盛期需要 4d，萌发盛期到芽生长期需要 3 d，芽生长期到一芽二叶采摘期需要 11 d，2013 年的统计的结果与历年相比，2013 年茶树茶树物候期提前 10 ～ 20 d，主要原因是 2012—2013 年冬季气温比往年要高，致使茶树物候期提前。

统计分析在不同生育期 5 d 的滑动平均气温，得出如下结论：当 5 d 平均气温稳定通过 10℃，茶树开始萌发；5 d 平均气温稳定通过 11.6℃，茶树进入萌发盛期；5 d 平均气温稳定通过 12.2℃，茶芽进入生长期；5 d 平均气温稳定通过 13.5℃，茶树达到一芽二叶采摘期。

茶叶各生育期所需要的 ≥ 10℃ 活动积温为：萌动到芽发初期间为 149.8℃·d；芽萌发初期到芽萌发盛期间为 44.9℃·d；芽萌发盛期到芽生长期为 47.5℃·d；芽生长期到采摘期间为 153.7℃·d。从以上数据中可以看出，休眠末期到芽发初期与芽生长期到采摘期所需活动积温较多。

6.5.2　茶叶品质评价

茶叶感官审评，3 月采摘的春茶外形较紧、绿较润、有毫，汤色为浅黄绿、较亮，香气纯正、有栗香，滋味醇较爽，叶底较细嫩，有芽，黄绿较明亮，4 月份的春茶外形尚紧或粗松、绿较润、较匀整，汤色浅黄绿或黄绿、较明亮，香气纯正或较纯正，滋味醇爽或纯正，叶底较细嫩或细嫩、黄绿较亮，5 月的春茶外形紧结、绿较润、有折片、显梗，汤色黄绿或浅黄绿、较亮，香气纯正，滋味醇较爽或鲜醇，叶底较嫩、黄绿较亮。由此可知，春茶的品质，如外形、汤色、香气、滋味、叶底都在发生着变化，并有逐渐下降的趋势。春茶、夏茶和秋茶相比较而言，外形是春茶最紧，夏茶其次，再次是秋茶，汤色由黄绿到绿的变化过程，春茶香气馥郁、滋味浓厚回甘、叶底柔软厚，夏茶香气纯正、滋味醇正叶底较嫩黄绿较明亮，秋茶茶汤的汤色、滋味间于春茶和夏茶之间，香气平和，叶底柔软较细嫩绿或黄绿色泽亮。

茶叶品质成分，湄潭茶叶品质成分的年含量变化范围：水浸出物为 44.28% ～ 50.53%、茶多酚为 17.18% ～ 24.05%、咖啡碱为 3.18% ～ 4.60%、游离氨基酸总量为 0.9% ～ 3.85%、没食子酸（GA）为 0.010% ～ 0.058%、表没食子儿茶素（EGC）为 1.26% ～ 4.21%、儿茶素（+C）为 0.12% ～ 1.26%、表没食子儿茶素没食子酸酯为（EGCG）8.52% ～ 12.31%、表儿茶素（EC）为 1.06% ～ 1.61%、表儿茶素没食子酸酯（ECG）为 2.37% ～ 3.41%、儿茶素总量为 15.04% ～ 20.64%、水分为 4.65% ～ 9.10%。并分析了各品质成分的变化规律。优质绿茶湄潭县绿茶儿茶素总量为 18.47%。比福鼎茶的平均值 14.72%，还要高出 3.75%，比国内平均值 14.46%，高出 4.01%。儿茶素品质指数平均为 4.60，湄潭福鼎大白茶所制作的绿茶，茶品质优良，各项品质指标达到优质绿茶的标准，并高于国家绿茶品质标准，得到了业内人士的一致认可，并比国内平均值要高，湄潭是绿茶优质产地。

6.5.3 气象因子对茶叶品质的影响

气象因子对茶叶产量的分析，在该地茶叶产量与水分和累积日较差呈正相关，而与温度、光照均呈现负相关，由此表明该地温度和光照资源丰厚。

通过分析温度对茶叶品质的影响，水浸出物、茶多酚、咖啡碱、儿茶素总量均与温度呈正相关，即随着温度的升高茶叶品质越好；而与儿茶素和游离氨基酸总量呈负相关，随着温度的升高游离氨基酸含量减少；累积日较差与儿茶素和游离氨基酸总量呈正相关，与其他品质成分均呈负相关。

水分对茶叶品质的影响，水分对茶叶品质的影响，主要体现在土壤有效含水率、降雨量和相对湿度3个方面，通过对这3个方面的研究，得出土壤有效含水率与咖啡碱和EGC呈负相关外，均与其他品质成分呈正相关；降雨量与咖啡碱呈负相关外，与其他品质成分均呈正相关；相对湿度与游离氨基酸总量、茶多酚和儿茶素呈正相关外，与其他品质成分均呈负相关。

光照对茶叶品质的影响，光照对茶叶品质的影响主要研究日照时数、光合有效曝辐量和光合有效辐照度3个方面，得出日照时数与EC呈正相关，即EC随着日照时数的增加，其含量不断增加，而日照时数与游离氨基酸总量、+C呈负相关。有效曝辐量与水浸出物、EGC呈正相关；而有效曝辐量与游离氨基酸总量、+C呈负相关。有效辐照度和有效曝辐量对品质有着相同的变化趋势。

6.5.4 气象因子对虫害的影响

2018年在湄潭县西河乡、湄江镇、石莲乡系统观测茶树主要虫害田间试验，统计同期气象要素，对比分析虫害气象诱因指标。研究表明：当旬平均气温达到17℃时，相对湿度为75%，茶黄蓟马虫害开始发生发展，当春季出现高温连晴少雨10 d左右，再降温到适宜气温20℃～24℃时，这种天气条件利于茶黄蓟马在短时间内繁殖和爆发。当平均气温为20～26℃，相对湿度在70%～85%，适宜小绿叶蝉生长；夏季高温干旱对茶树虫害的生存繁殖不利，虫口量减少甚至无虫害发生。平均气温在17℃左右，连续出现6 d无雨日数，利于茶树白刺粉虱大爆发。平均气温在15℃左右时，连续出现6 d无雨日数，利于茶树黑刺粉虱大爆发。当气温适宜，春季干旱气候利于黑刺粉虱、白刺粉虱的发生发展。

茶园遥感识别与面积提取技术研究

近年来，贵州省委、省政府高度重视并大力推动茶产业发展，坚持把茶产业作为绿色产业、富民产业、朝阳产业来重点打造，走出了一条后发赶超、跨越发展的新路子（宋宝安，2018）。茶产业的快速发展为保住绿水青山和创造"金山银山"贡献力量（陈宗懋等，2011），其社会效益和生态效益尤为显著，据统计，贵州茶园面积连续6年居全国第一，已成为贵州省的支柱产业和脱贫攻坚重要的富民产业之一。

长期以来，茶叶种植面积信息获取主要靠村级起报，然后逐级上报汇总，耗时耗力，精确性较难保证（刘佳，2017），且无法知晓茶叶具体的空间分布特征及种植情况，已难以满足新形势下茶叶产业发展的需求。随着中高分辨率遥感大数据在农业方面的广泛应用，遥感为作物种植结构和面积信息提取提供了方法和手段。前人利用遥感技术已开展过多方面的研究，如农情长势监测（吴素霞，2005）、灾情和旱情监测（陈思宁等，2010；朱勇等，2017）、气候适宜性及区划分析（金志凤等，2014；吴克华等，2013；任明强等，2011；周旭等，2005）、作物光谱及分类研究（黄传印，2014；金玉香，2015）等。本章以喀斯特高原山区贵阳市为试点，利用中高分辨率 Landsat 8 OLI 数据、高分二号（GF-2）数据、Google 影像数据、无人机数据等多源多尺度遥感数据为基础，利用遥感影像固有的光谱特征、纹理特征和空间特征等，通过外业解译样本采集，确定分类指标体系，利用遥感分类解译技术对研究区进行影像分类，定量提取研究区成熟茶园的种植面积和茶叶具体的空间分布特征。同时结合数字高程模型，通过空间叠置分析，分析得出茶园种植的高程分布特征以及坡度、坡向等信息。一方面可以对茶园的种植规模进行定量评估，精确获取茶叶主产区的分布结构；另一方面可促进中高分辨率遥感影像在喀斯特山区的广泛使用，充分发挥遥感优势，为贵州省茶产业发展提供最关键的技术支持和科学依据。

7.1 多源卫星遥感数据源简介

7.1.1 Landsat 8 卫星数据

Landsat 8 卫星是美国航空航天局（NASA）于 2013 年 2 月 11 日发射的用于探测地球资源与环境的系列卫星之一，该卫星上搭载有 2 个主要载荷，分别是陆地成像仪（Operational Land Imager，OLI）和热红外传感器（Thermal Infrared Sensor，TIRS）（NASA，2013）。

Landsat 8 OLI 有 9 个波段，空间分辨率为 30m，其中包括一个 15m 的全色波段，成像宽幅为 185 km × 185 km，成像周期 16 d。较 Landsat 7 的 ETM+ 传感器相比，OLI 陆地成像仪 Band 5 的波段范围调整为 $0.845 \sim 0.885$ μm，排除了 0.825 μm 处水汽吸收的影响；Band 8 全色波段范围较窄，从而可以更好地区分植被和非植被区域；新增 2 个波段，即 Band 1 蓝色波段（$0.433 \sim 0.453$ μm）主要应用于海岸带观测，Band 9 短波红外波段（$1.360 \sim 1.390$ μm）应用于云检测，两者间的参数对比如表 7-1 所示。

表 7-1 OLI 与 ETM+ 参数对比

OLI 陆地成像仪			ETM+		
波段名称	波谱范围（μm）	空间分辨率（m）	波段名称	波谱范围（μm）	空间分辨率（m）
海岸波段	$0.433 \sim 0.453$	30			
蓝	$0.450 \sim 0.515$	30	蓝	$0.450 \sim 0.515$	30
绿	$0.525 \sim 0.600$	30	绿	$0.525 \sim 0.605$	30
红	$0.630 \sim 0.680$	30	红	$0.630 \sim 0.690$	30
近红外	$0.845 \sim 0.885$	30	近红外	$0.775 \sim 0.900$	30
短波红外 1	$1.560 \sim 1.660$	30	短波红外 1	$1.550 \sim 1.750$	30
短波红外 2	$2.100 \sim 2.300$	30	短波红外 2	$2.090 \sim 2.350$	30
卷云波段	$1.360 \sim 1.390$	30			
全色波段	$0.500 \sim 0.680$	15	全色波段	$0.520 \sim 0.900$	15

标准的数字相机拍摄得到的图像是真彩色的，就是自然界原有的色彩，效果和人眼看到的一样，红、绿、蓝 3 个波段分别用红、绿、蓝 3 个通道显示。但在实际工作中，由于传感器有更多的波段，就可以通过不同的波段合成，来增强地物的提取效果。以 Landsat 8 为例，某些特殊的光谱波段组合更有助于分析一些特殊的地物特征，或者可以透过"现象看到本质"。如近红外波段（NIR）是多光谱传感器常用的一个通道，植被信息在该通道的反射率非常高，对于监测植被很有效，而短波红外波段（SWIR）可以反映出裸土表面的湿

度情况，对监测裸土非常有效，Landsat 8 不同的波段组合类型及主要用途如表 7-2 所示。

表 7-2 Landsat-8 OLI 波段合成及应用

R、G、B	类　型	主要用途
4、3、2	自然真彩色	可以得到真彩色合成的图像，缺点是易受到大气的影响，有时图像不够清晰
5、4、3	标准假彩色	用于植被、农作物和湿地的相关监测，植被显示为红色，植被越健康红色越亮，还可以区分出植被的种类
7、6、4	假彩色合成	用于城市监测，这种波段组合用到了短波红外波段，相较于波长较短的波段来说，效果比较明亮
6、5、2	假彩色合成	主要用于农作物监测，对监测农作物很有效，农作物显示为高亮的绿色，裸地显示为品红色，休耕地显示为很弱的墨绿色
5、6、4	假彩色合成	能有效区分陆地和水体，这种波段组合，深浅的橙色和绿色是陆地，冰显示为很亮的玫红色，深浅蓝色是水
7、5、3	假彩色合成	具有良好的大气透射，移除大气对自然表面的影响，和前面提到的 5、6、4 比较类似，植被显示为不同深度的绿色，用于 NASA 生产的镶嵌的 Landsat 数据
7、5、2	假彩色合成	这种波段组合类似上面提到的 "6、5、2"，除用了更长波段的短波红外，对火点燃烧引起的烟雾的敏感度降低
6、3、2	假彩色合成	突出裸露地表上的一些景观，对于没有或少量植被情况下，突出地表的景观，对地质监测有效
5、7、1	假彩色合成	有效监测植被和水体，该组合使用了近红外波段、短波红外 2 波段和海岸波段，海岸波段是 Landsat8 独有的，可以穿透一些很小的微粒如灰尘、烟雾等，还能穿透浅的水域

7.1.2 高分系列卫星数据

高分系列卫星数据是"高分辨率对地观测系统专项（以下简称高分专项）"所发射的一系列卫星数据。高分专项是《国家中长期科学与技术发展规划纲要（2006—2020）》确定的 16 个重大科技专项之一，于 2010 年批准启动实施。在国家科技重大专项"高分辨率对地观测系统专项"的支持下，我国发射了一系列的卫星升空，比如高分一号、二号、三号、四号、五号、六号、七号等，实现了亚米级高空间分辨率与高时间分辨率的有机结合，推动我国卫星的发展，提高了我国高分辨率数据自给率。下面将重点介绍本章利用到的高分一、二号数据源等。

高分一号（GF-1）卫星是国家高分辨率对地观测系统重大专项天基系统中的首发星，肩负着我国民用高分辨率遥感数据实现国产化的使命，于 2013 年 4 月 26 日在酒泉卫星发射中心成功发射，卫星采用太阳同步轨道，轨道高度 645 km，轨道倾角 98.050 6°，降交点地方时 10：30 am，轨道回归周期 41 d，搭载有两台 2 m 分辨率全色 /8 m 分辨率多光谱相机，四台 16 m 分辨率多光谱相机，成像幅宽分别为 60 km 和 800 km（白照广，2013），其参数详见表 7-3。GF-1 号主要目的是突破高空间分辨率、多光谱与高时间分辨率结合的光学遥感技术，多载荷图像拼接融合技术，高精度高稳定度姿态控制技术，5 ~ 8 年寿命高可靠低轨卫星技术，高分辨率数据处理与应用等关键技术。GF-1 在分辨率和幅宽的综合指标上达到了目前国内外民用光学遥感卫星的领先水平，其主要用户为自然资源部、农业农村部和生态环境部等。

表 7-3　GF-1 卫星有效载荷技术指标

载荷	波段号	波段名称	波谱范围（um）	空间分辨率（m）	幅宽（km）	侧摆能力	重访时间（d）
全色多光谱相机（PMS）	PAN	全色	0.45 ~ 0.90	2	60（2 台相机组合）	± 35°	4 或 41
	1	蓝	0.45 ~ 0.52	8			
	2	绿	0.52 ~ 0.59				
	3	红	0.63 ~ 0.69				
	4	近红外	0.77 ~ 0.89				
多光谱相机（WFV）	1	蓝	0.45 ~ 0.52	16	800（4 台相机组合）	± 35°	4
	2	绿	0.52 ~ 0.59				
	3	红	0.63 ~ 0.69				
	4	近红外	0.77 ~ 0.89				

高分二号（GF-2）卫星是国家高分辨率对地观测系统重大专项首批启动研制的卫星，于 2014 年 8 月 19 日由长征四号乙运载火箭在太原卫星发射中心成功发射入轨，它是我国自主研制的首颗空间分辨率优于 1 m 的民用光学遥感卫星。卫星采用太阳同步轨道，轨道高度 631 km，轨道倾角 97.908 0°，降交点地方时 10：30 am，轨道回归周期 41 d，搭载有两台 1 m 全色、4 m 多光谱相机，星下点空间分辨率可达 0.8 m，多光谱为 3.24 m，成像幅宽 45 km，重访周期 5 d，覆盖周期 69 d，具有亚米级空间分辨率、高辐射精度、高定位精度和快速姿态机动能力等特点（潘腾，2015），其参数详见表 7-4。

表 7-4　GF-2 卫星有效载荷技术指标

载荷	波段号	波段名称	波谱范围（μm）	空间分辨率（m）	宽幅（km）	侧摆能力	重访周期（d）
全色多光谱相机（PMS）	PAN	全色	0.45 ~ 0.90	1	45（2 台相机组合）	± 35°	5
	1	蓝	0.45 ~ 0.52	4			
	2	绿	0.52 ~ 0.59				
	3	红	0.63 ~ 0.69				
	4	近红外	0.77 ~ 0.89				

7.1.3　Google Earth 影像

谷歌地球（Google Earth，GE）是一款谷歌公司开发的虚拟地球软件，它是把卫星照片、航空照相和 GIS 布置在一个地球的三维模型上，用户可以随时免费游览全球各地的高清晰卫星影像（刘佳等，2017）。其影像数据来源丰富，并非单一数据来源，而是卫星影像与航拍数据的整合，主要包括 Landsat 系列影像、QuickBird 影像、SPOT 影像、IKONOS 影像及 GeoEye 影像等，数据分辨率可以达到亚米级，用户通过游览与截图的方式进行保存、地理坐标校正、拼接、裁剪等，从而得到研究区的高分辨率影像数据。Google Earth 影像具有高分辨率、高现势性、免费、获取简单等优势，在遥感解译分类辅助判别中具有重要的作用。

7.1.4　无人机遥感数据

无人机遥感系统（Unmanned Aerial Vehicle Remote Sensing System，UAVRSS）是一种以无人机为平台，以各种成像或非成像传感器为主要载荷，飞行高度在几千米以下，能够获取感兴趣区遥感数据的系统，无人机遥感是遥感科技的重要组成部分，在小范围作物面积识别提取、作物长势监测、病虫害监测及产量预估等专题信息提取方面作用重大，同时在遥感解译样本采集和结果验证等方面优势突出，潜力巨大，应用前景广阔。

7.2　研究区概况及数据预处理

7.2.1 研究区概况

贵州是我国极少有平原支撑的省份。研究区贵阳市是贵州省省会，位于贵州省中部，地处东经 106° 27′ ～ 107° 03′，北纬 26° 11′ ～ 26° 55′，是贵州省的政治、经济、文化、科教、交通中心，同时也是西南地区重要的交通、通信枢纽、工业基地及商贸旅游服务中心，下辖 6 区 3 县 1 市（云岩、南明、花溪、乌当、白云、观山湖区，修文、开阳、息烽县，清镇市），总面积 8 034 km²，占全省面积的 4.56%（图 7-1）。贵阳因位于贵山之南而得名，境内地势西南高、东北低，地貌以山地、丘陵为主，平均海拔 1 100 m 左右，属于亚热带湿润温和型气候，年平均气温 15.3℃，年平均相对湿度 77%，2019 年森林覆盖率为 53.81%，有"林城"之美誉，是一座典型的喀斯特发育完全、城市生态脆弱的山区城市。

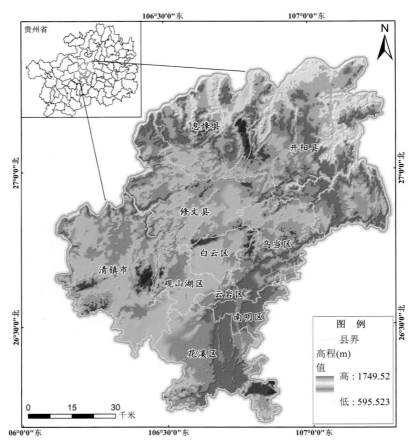

图 7-1　研究区地理位置及地形特征

7.2.2　数据源及时相选取

　　研究选取 GF-2、Landsat 8 多光谱影像作为主要的遥感数据源，GF-2 数据来源于高分辨率对地观测系统贵州数据与应用中心（高分贵州中心），Landsat 8 数据来源于地理空间数据云网站平台。GF-2 由于数据源受限，不能全覆盖研究区，因此选取花溪和开阳两景影像进行试验研究，数据获取日期为 2016 年 12 月 5 日，此时茶叶处于冬眠期，由于茶叶是常绿灌丛植被，植被指数信噪比较高，加之此时土壤光谱噪声较弱，易于特征提取和识别；Landsat 8 数据获取时间为 2017 年 4 月 1 日，此时正值春茶采摘期，茶叶生长较旺盛，植被指数较高，更能突出其的特征，适合茶叶信息提取。

7.2.3　多源遥感数据预处理

　　遥感图像预处理是指利用专业的遥感数据软件处理平台对遥感影像使用之前所进行的

一系列处理过程，其中包括辐射校正、正射纠正、投影与坐标转换、图像色彩变换与纹理增强、影像融合、镶嵌、裁剪等一系列操作。

1）增强处理。通常获取的卫星遥感影像可以满足普通的应用需要，但卫星遥感影像存在色彩的层次感差，显得暗淡、不鲜艳，不便于土地利用的监督分类。对于卫星遥感影像存在的此类问题，可以通过影像软件处理平台对其进行直方图均衡化处理等，使图像具有更鲜艳的色彩和层次感，如图7-2所示。

图7-2 贵阳市主城区影像色彩增强处理前（左）、处理后（右）

2）遥感影像融合。遥感影像融合是指采用某种算法模型将覆盖同一地区的两幅或多幅空间配准的影像进行信息组合匹配的技术，其着重把在空间或时间上冗余或互补的多源数据，按一定的算法规则进行运算处理，获得比任何单一数据更精确丰富的信息，生成一幅具有新的空间、波谱时间特征的图像。其不仅是数据间的简单复合，而且强调信息的优化，突出了有用的专题信息，消除或抑制无关信息，改善了目标识别图像环境，从而增加图像的可解译性，减少模糊性，扩大应用范围和效果，如图7-3所示。

3）几何精校正。遥感影像的几何校正是从具有几何畸变的图像中消除畸变的过程。即遥感图像的像元坐标（图像坐标）与目标物的地理坐标（地图坐标）间对应关系的建立。几何变形分为静态变形、动态变形。静态变形是指所引起的各种变形误差是在图像的形成过程中传感器相对于地球表面呈静止状态时所具有的；动态变形是指在图像的形成过程中传感器的运动造成。

4）坐标系统的确定。由于各种遥感数据的来源不同，它们的坐标体系不相同，导

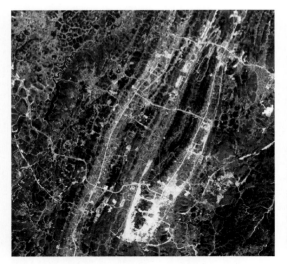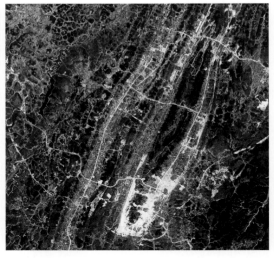

图 7–3　影像融合前（左）、融合后（右）

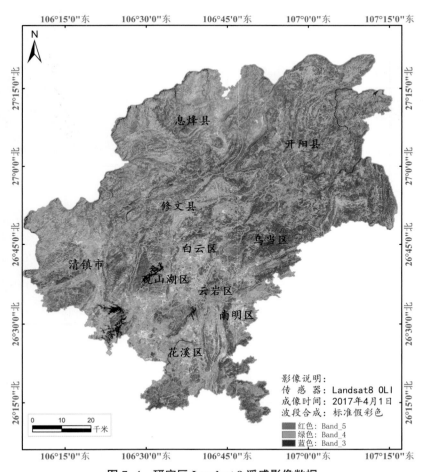

图 7–4　研究区 Landsat 8 遥感影像数据

致图层不能够在同一个坐标平面内显示，必须统一坐标体系。因此本研究相关数据的坐标系统一采用 WGS-84 坐标系，高程系统采用 1985 国家高程基准，投影坐标信息为 WGS84_3_degree_Gauss_Kruger_CM_105E。

5）影像的镶嵌和裁剪。当研究区超出单幅遥感图像所覆盖的范围时，通常需将两幅或多幅图像拼接起来形成一幅或一系列覆盖全区的图像，即镶嵌；反之，将研究区或行政区之外的影像去除，只保留感兴趣区的影像，即裁剪。图 7-4 为研究区域的 Landsat 8 遥感图像。

7.3 遥感图像分类方法体系构建

7.3.1 遥感分类理论基础

遥感（Remote Sensing）即遥远的感知，它是以航空摄影技术为根基的一种探测技术，依据电磁波的原理，运用传感仪器远距离获取目标物的反射、辐射或散射的电磁波信息，经过处理、提取与分析，从而识别物体的性质或运动状态的一门科学与技术（张安定等，2016；秦其明等，2018）。近年来，遥感技术在农业遥感领域的应用范围越来越广泛，层次越来越深，为现代精准农业提供了快速、便捷、高效的服务手段。

遥感图像解译分类是卫星遥感进行作物识别的重要方法之一，它是根据地物在遥感影像上具有的光谱特征、空间特征、纹理特征及时间特征等，通过结合实地调查和经验进行识别判断，初步判别目标地物在图像上的表现形式，用一定的分类原则将特征空间分为互不重叠的子空间。然后将各个像元划归到各个子空间去，将相似的种类合并，将不相似的种类分开，进而得到分类的初步结果。主要的实验步骤包含原始图像的预处理、训练样本和验证样本的采集、阈值的设定及特征选择与提取、图像分类、精度验证和结果产品的输出。总体来说，农作物遥感识别包括目视解译和自动分类法，自动分类主要有非监督分类、监督分类、决策树分类法、面向对象分类法、混合像元分解法和空间抽样法等（朱秀芳等，2018）。

1）非监督分类法是利用多光谱图像目标地物在特征空间中类别特征的差别为依据的一种无先验类别标准的图像分类，它是以光谱集群为理论基础，通过计算机采用聚类分析方法对图像进行集聚统计的一种分类方法。

2）监督分类法是以建立统计识别函数为理论基础，依据典型样本训练方法进行分类的技术，属于计算机解译的范畴，常用的算法有最大似然法、最小距离法、支持向量机法及神经网络等方法。

3）决策树分类法是通过构建一系列的分类决策方式，针对遥感影像数据及其他辅助数据进行层层分类，具有直观、清晰及运算效率高等优点，通常有专家知识决策树、CART决策树、随机森林树等方法（陈丽萍等，2018）。

4）面向对象分类法是基于像元或者影像对象的分类方法，其原理是根据相邻像元之间的光谱异质及设定的光谱异质阈值对图像的像元进行合并与分割，形成由多个同质像元组成的目标对象，它不仅依靠地物的光谱特征，更多的是根据影像的空间、纹理等几何特征和结构特征信息进行分类。面向对象分类方法突破了传统遥感影像分类方法的局限性，综合利用了影像光谱特征、空间、纹理等信息（汪权方等，2017）。

7.3.2　土地利用分类标准

土地利用分类标准主要依据国家质量监督检验检疫总局和国家标准化管理委员会共同发布的由中国土地勘测规划院和国土资源部地籍管理司起草的国家标准《土地利用现状分类》（GB/T 21010—2007），土地利用现状分类采用一级、二级2个层次的分类体系，共分12个一级类、73个二级类。然后再结合研究区的实际情况和研究需要，将土地利用类型划分为水田、旱地、茶园、有林地、灌木林地、疏林地、草地、水域、建设用地及未利用地。

7.3.3　野外训练样本采集

训练样本采集是进行遥感土地利用分类的基础，由于地物间存在"同物异普"和"异物同谱"现象，遥感分类必须进行训练场地的选择。利用GPS结合无人机和Google高清影像进行外业样本采集调查，根据对典型地物图像的分析、判读，再结合地形地貌等特征，确定分类样本的训练场位置和数量，并进行训练场坐标位置编码和登记，建立训练样本数据库。

训练场的选择样最好选在公路沿线为主，空间定位要精确，地类要齐全，代表性要强，数量要达到一定的比例。本文共选择训练样本206个，包括野外采样点86个，Google Earth选点120个；验证样本271个，包括野外采样点127个，Google Earth选点144个，信息采集个例如图7-5、图7-6所示。

7.3.4　影像解译标志建立

解译标志是指在遥感图像上能反映和判别地物或现象的影像特征，是解译者在对目标地物各种解译要素综合分析的基础上，结合成像时间、季节、图像的种类、比例尺等多种因素整理出来的目标地物在图像上的综合特征。解译标志包括直接和间接解译标志，直接判读标志有形状、大小、颜色和色调、阴影、位置、结构、纹理、分辨率、立体外貌；间接判读标志有水系、地貌、土质、植被、气候、人文活动等。表7-5为影像在标准假彩色（RGB：543）合成下各土地利用类型的地理解译标志及影像特征信息。

附表 1 贵阳市茶园遥感解译训练样本数据采集信息表

茶场位置:	花溪 区/县/市、久安镇/乡、 新寨 村		点号:	1号点
茶场名称:	久安新寨	经度: 106.33.8	高程:	1278m
所属公司:	贵茶	纬度: 26,28,17	坡度:	8~12°
茶场面积:		主栽品种: 石阡苔茶		
园区地形地貌:	小山丘、山地			
茶场所照照片编号:	10、101、102、103、104			
园区周围土地覆盖类型:	草地、灌木、草地			
备注:	茶园 灌木			

附表 1 贵阳市茶园遥感解译训练样本数据采集信息表

茶场地点:	花溪 区/县/市、久安镇/乡、九龙山 村		点号:	2号点
茶场名称:	九龙山茶园	经度: 106.35.11	高程:	1332
所属公司:	贵茶公司	纬度: 26,30,12	坡度:	3~5°
茶场面积:		主栽品种: 石阡苔茶		
园区地形地貌:	丘陵.			
茶场采集照片编号:	20、21、22、23、24			
园区周围土地覆盖类型:	道路左右两侧均为茶园 2013年20000亩 2011年10000亩			
备注:	北 茶园 九龙茶 茶园 石林地			

图 7-5 分类训练样本实地信息采集

图 7-6 遥感分类训练样本实景照片

表 7–5　土地利用类型影像特征及解译标志

土地利用类型	影像解译特征（RGB：543）	影像示例
水　田	呈浅红、淡红，规则块状、条带状或零星分布，多位于坝地	
旱　地	呈浅红、淡红、红褐色，不规则状、块状、零星分布，位于坝地、河沟谷地、山坡	
有林地	深红、鲜红、暗红、暗黑，均质、连片分布，多位于深山区	
灌木林	浅红、红褐，不规则状，位于山区	
疏林地	浅红、鲜红，不规则块状，位于山区	
草　地	青色、茶绿，均质、不规则状、块状，位于坝地及山区	
建设用地	白亮色、浅蓝色、青色，点状、块状、线形、方形及不规则形，位于谷地、坝地	
水　域	蓝黑色、深蓝，线状、条带状、树枝状，位于山洼处	
茶　园	茶红色，块状、零星分布，位于山区、库湖旁	
未利用地	浅绿、浅青绿色，条带状、不规则形，位于山区	

7.3.5 分类方法与精度评价

7.3.5.1 分类方法与技术路线

监督分类是用被确认类别的样本像元去识别其他未知类别像元的过程。它就是在分类之前通过目视判读和野外调查，对遥感图像上某些样区中影像地物的类别属性有了先验知识，对每一种类别选取一定数量的训练样本，计算机计算每种训练样区的统计或其他信息，同时用这些种子类别对判决函数进行训练，使其符合于对各种子类别分类的要求，随后用训练好的判决函数去对其他待分数据进行分类。使每个像元和训练样本作比较，按不同的规则将其划分到和其最相似的样本类，以此完成对整个图像的分类。支持向量机（Support Vector Machine，SVM）是一种建立在统计学习理论基础上的机器学习方法，它可以自动寻找那些对分类有较大区分能力的支持向量，由此构造出分类器，可将类与类之间的间隔最大化，因而有较好的推广性和较高的分类准确率。

面向对象分类技术集合临近像元为对象用来识别感兴趣的光谱要素，充分利用高分辨率的全色和多光谱数据的空间、纹理及光谱信息来分割和分类的特点，以高精度的分类结果或者矢量输出。

本章基于支持向量机算法的分类方法，结合面向对象分类技术，以多源遥感数据集为基础，开展茶园遥感识别与面积提取研究，具体技术路线如图 7-7 所示。

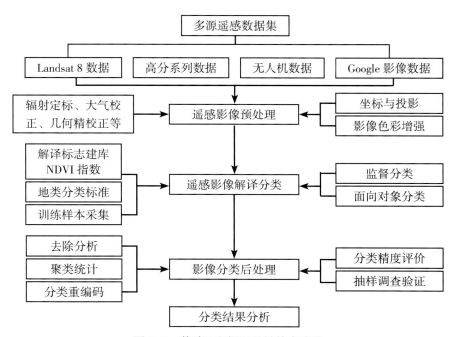

图 7-7 茶叶面积提取关键技术路线

7.3.5.2　分类后处理

分类后处理是将监督分类、决策树分类或者面向对象分类等方法得到的结果进行一系列的处理后，才能满足研究的要求和最终的应用目的。分类后处理主要包括更改分类颜色、分类统计分析、小斑块去除、栅矢转换等操作。

小斑块去除主要是指分类结果中不可避免地会产生一些破碎、面积很小的图斑，无论从专题制图的角度，还是从实际应用的角度，都有必要对这些细小图斑进行剔除或重新分类，常用的方法有 Majority/Minority 分析、聚类处理（clump）和过滤处理（Sieve），如图 7-8 所示。

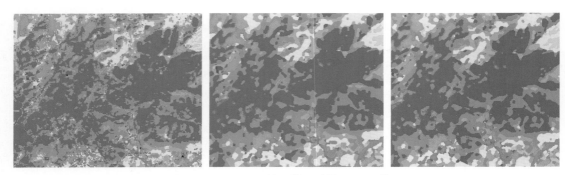

图 7-8　Majority 处理前、后及 Clump 处理

7.3.5.3　精度评价

精度评价是将遥感分类的结果和分类图像中的对应像元位置的实际地物类型相比较计算得到的精度。常用的精度评价指标有总体分类精度和 Kappa 系数，总体分类精度等于被正确分类的像元总和除以总像元数；而 Kappa 系数是把所有真实参考的像元总数乘以混淆矩阵对角线的和，再减去某一类中真实参考像元数与该类中被分类像元总数之积之后，再除以像元总数的平方减去某一类中真实参考像元总数与该类中被分类像元总数之积对所有类别求和的结果。本研究主要通过利用 Google Earth 高分辨率同时相影像、外业无人机影像和人工采集的验证样本信息（图 7-9），通过建立精度评价数据库，采用混淆矩阵的相关方法和指标，计算得到分类结果的总体分类精度、Kappa 系数等指标，以获得分类精度。

图 7-9　分类结果验证样本信息（开阳县）

7.4　结果与分析

7.4.1　不同遥感数据的分类结果对比

通过 Landsat 8 OLI 和 GF-2 两种不同分辨率、不同数据源的遥感数据分别对研究区贵阳市和试验区（开阳、花溪）进行了基于支持向量机的面向对象分类茶园遥感识别与面积提取技术研究，并利用外业采集的部分验证样本数据、无人机遥感数据和 Google Earth 高清影像数据为目视解译做真值检验，与分类结果进行精度对比分析。结果表明，基于 Landsat 8 OLI 遥感数据源的分类结果总体精度达到 84.5%，Kappa 系数为 0.82，数据精度能够满足研究要求。而利用高分二号（GF-2）遥感数据源基于同一分类方法对花溪试验区、开阳试验区的茶园面积进行识别提取，其分类结果总体精度达 91.6%，Kappa 系数为 0.89，影像面积识别精度明显高于 Landsat 8 数据分类结果。因此，作物面积的识别精度与影像的尺度之间存在密切的联系。

7.4.2　茶园种植面积及空间分布特征

在 GIS 平台下，通过对遥感分类解译结果进行空间叠置统计，研究区贵阳市的成熟茶园种植面积约为 42.23 km²，主要分布在开阳县、花溪区、乌当区、清镇市、修文县（图 7-10）。其中以开阳县的种植规模最大，种植面积较多，种植面积为 20.19 km²，茶园种植面积占全市面积的 47.80%；其次，种植面积相对较多的是花溪、乌当、清镇及修文等地，种植面积分别为 10.57 km²、3.51 km²、3.03 km²、2.53 km²，花溪的面积占比达 25.03%（表 7-6）。此外，南明区、息烽县、观山湖区及白云区有零星分布，种植面积较少。云岩区基本无茶叶种植区分布。

表 7-6　研究区各区县成熟茶园遥感面积估算及百分比

区、县	开阳	花溪	乌当	清镇	修文	白云	南明	息烽	观山湖	云岩	合计
面积（km²）	20.19	10.57	3.51	3.03	2.53	0.75	0.73	0.48	0.44	0.00	42.23
百分比（%）	47.80	25.03	8.31	7.18	5.99	1.77	1.72	1.14	1.04	0.00	100.00

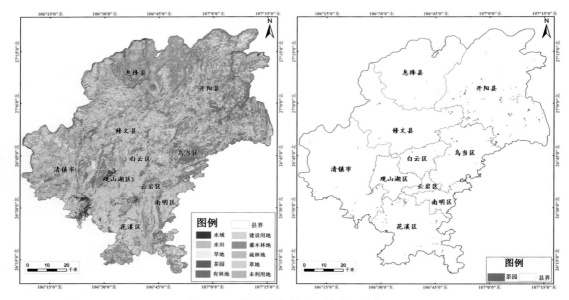

图 7-10　茶园分类结果及其空间分布

7.4.3　高分遥感示范区茶园提取优势性分析

利用 GF-2 数据对开阳试验区和花溪试验区的分类结果表明（图 7-11），GF-2 号数据除了精细化程度更高、边界信息更为准确外，其纹理特征比 Landsat 8 OLI 数据更明显，信息量更加丰富，可解译度高。由于 GF-2 影像数据具有高空间分辨率、高时间分辨率等优势，加之在作物类型识别和面积提取，以及其他专题信息提取上更具潜力，未来将在农业遥感监测中的作用越来越凸显，是作物识别和面积提取理想的数据源之一。

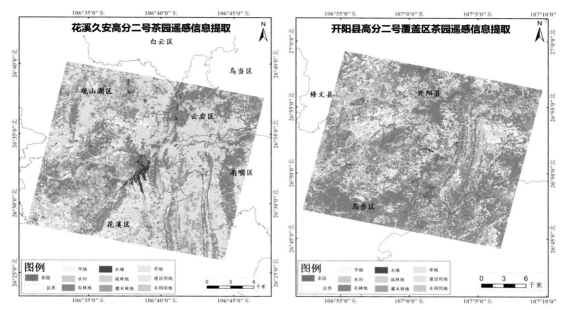

图7-11　试验区高分二号影像分类结果

7.4.4　茶园种植区地势特征分析

利用遥感分类的结果数据，结合研究区的数字高程模型信息进行空间叠置分析表明，喀斯特山区贵阳市的茶园种植海拔高度主要分布在1 100～1 400 m，茶园种植面积为33.41 km²，所占比例达到茶园主产区总面积的79.14%；其次主要分布在800～1 100 m，种植面积所占比例达到11.79%（表7-7）。由此可见，茶园种植区海拔相对较高，一方面主要是由于茶园本身生长的特性所致；另一方面也是喀斯特山地地形的原因决定了其种植的海拔高度特征，茶园种植区高程、坡度分布特征如图7-12所示。

表7-7　茶园种植区海拔高度等级面积分布

高程分级	图斑数	茶园面积（km²）	百分比（%）
<800	2	0.29	0.68
800～1 100	5	4.98	11.79
1 100～1 400	19	33.41	79.14
>1 400	16	3.54	8.39
合计	42	42.22	100.00

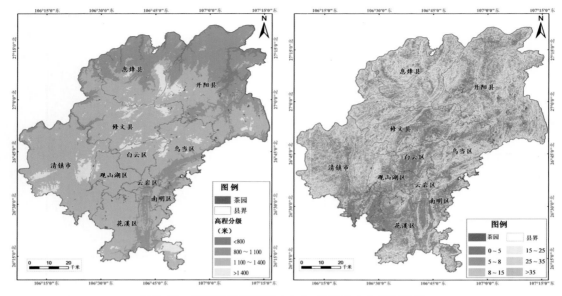

图 7-12　茶园种植区高程（左）、坡度（右）特征信息

　　从坡度的视角看，茶园种植区的坡度主要分布在 0°～25°，其中面积分布最多的是 8°～15°，面积为 14.31 km²，面积所占比例达到 33.90%；其次是 0°～5° 和 5°～8°，面积分别为 11.10 km²、8.63 km²，面积所占比例分别为 26.30%、20.44%；坡度在 15°～25° 的丘陵坡地，也有茶园种植分布，面积为 6.39 km²，所占比例较小，仅为 15.12%。坡度大于 25° 以上的陡坡耕地，茶园种植分布非常少，所占比例仅为 1.22%（表 7-8）。

表 7-8　研究区茶园种植坡度等级面积分布

坡度（°）	斑块数	面积（km²）	所占比例（%）
0～5	731	11.10	26.30
5～8	2 021	8.63	20.44
8～15	684	14.31	33.90
15～25	441	6.39	15.12
25～35	160	1.28	3.02
>35	38	0.51	1.22
合计	4 075	42.22	100.00

坡向有阳坡和阴坡之分，通常东南、西南被称为阳坡，东北、西北被称为阴坡，东南、西南等阳坡所受到的日照时长，昼夜温差大，辐射强度大于东北、西北等阴坡地区，对茶叶品质的形成具有不同的影响。研究区茶园的坡向分布相对较为均匀，东、南、西、北，以及东北、东南、西南、西北8个坡向均有茶园种植的分布，这与种植区的地形条件有关，贵阳茶园种植区地形坡度相对较小，阳坡、阴坡的作用效果不是太明显，空间分布和面积占比特征如图7–13、表7–9所示。

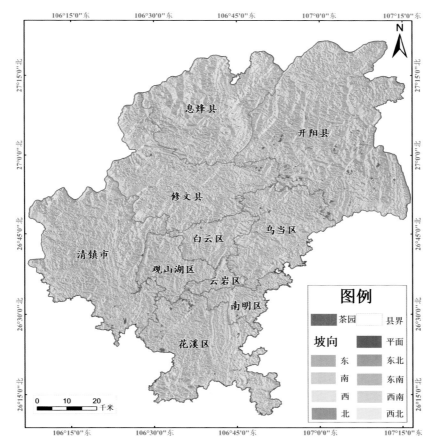

图7–13 茶园种植区坡向特征信息

表7–9 研究区茶园种植坡向等级面积分布

坡向（°）	斑块数	面积（km²）	所占比例（%）
平面	43	0.04	0.08
北	1 685	5.56	13.17
东北	738	5.67	13.44

（续表）

坡向（°）	斑块数	面积（km²）	所占比例（%）
东	681	6.32	14.97
东南	749	5.86	13.88
南	632	5.01	11.86
西南	664	4.13	9.79
西	640	4.26	10.08
西北	687	5.37	12.72
合计	6 519	42.22	100.00

7.5 小 结

本章利用 GF-2 影像、Landsat8 影像、Google 影像、无人机影像等多源多尺度的遥感影像对喀斯特山区的茶园种植区进行了遥感识别研究，得出以下几点结论。

1）利用国产 GF-2 卫星影像进行喀斯特山区茶园种植面积遥感监测具有明显的优势。GF-2 卫星影像相比传统常用的 Landsat8 卫星影像具有高空间分辨率、高时间分辨率等特点，其纹理特征比 Landsat 8 数据明显，信息量丰富，作物分类可解译度较高，基于 GF-2 数据分类结果总体精度高达 91.6%，在作物面积识别提取和其他专题信息提取上更具潜力，是作物识别和面积提取较理想的数据源。

2）通过对遥感分类结果进行统计表明，研究区贵阳市的成熟茶园种植面积约为 42.23 km²。主要分布在开阳县、花溪区、乌当区、清镇市、修文县，其中以开阳县的种植规模最大，种植面积较多，其次是花溪、乌当、清镇及修文等地；南明区、息烽县、观山湖区及白云区仅零星分布，种植面积较少；云岩区基本无茶叶种植分布。

3）茶园种植海拔高度主要分布在 8 00～1 400 m，种植坡度主要分布在 0～15°，15°～25° 也有茶园种植分布，主要为丘陵坡地，面积相对较少，坡度大于 25° 以上的茶园种植分布非常少。从坡向分布的角度分析看，茶园的坡向分布相对较为均匀，这与种植区的地形条件有关，地形坡度相对较小，阳坡、阴坡的作用效果不太明显。

4）随着国产高分卫星遥感数据保障率的日益提高，卫星遥感技术在农业方面的应用不断深入。本章节针对多源遥感数据采取人机交互的解译手段，对喀斯特山区的茶叶种植信息开展了一系列的研究工作，构建了茶叶遥感识别与面积提取的整体框架，为茶叶种植区空间分布和面积宏观监测提供可行性，为农业产业结构调整和合理规划布局提供科学依据，同时也为广大农业遥感监测工作者提供技术参考。在研究中仍然存在一些问题及难题，如林下茶叶种植区、无人看管的茶叶种植区及茶叶幼苗种植区等，这些很难在影像上辨别，需要大量的野外调查来验证。

茶叶气象指数保险

　　茶叶是一种重要的经济作物，也是我国传统的特色农产品和优势产业。然而，茶树在种植过程中常遭受严重的气象灾害，如冻害、干旱和连阴雨等，其中低温霜冻灾害对茶农收入造成了严重的危害。本章节在低温胁迫对茶叶生长影响的试验研究基础上，研究和确定了春茶低温气象保险指数及其分布概率，研究了贵州山地环境下最低气温空间精细化方法，分析了空间精细化误差，建立贵州茶叶气象指数支撑平台。

　　受大气环流及地形等因素影响，贵州气候呈多样性，"一山分四季，十里不同天"；气候不稳定，灾害性天气种类较多，倒春寒、干旱、秋风、凝冻、冰雹、霜冻等频度大，对茶叶生产危害尤为严重。2010年遵义市春茶生长期，受秋冬春干旱严重影响，湄潭、凤冈两县部分茶区，清明茶产量减产3～5成以上；2011年湄潭县3月冷害、冻害严重，春夏期间干旱严重，茶叶总产比上年减产30.1%；2016年3月上旬寒潮、下旬冰雹导致铜仁印江白茶春茶减产50%。气象条件对茶叶的品质和产量影响十分明显，因此立足气象部门技术优势和观测网络、信息资源优势，找准气象服务切入点，建立产前气候资源详查和评估、产中智慧农业气象服务、产后农产品气候品质评价和产销对接的全流程为农服务体系，为贵州省深入推进农村产业革命，坚决夺取脱贫攻坚战全面胜利做好气象保障服务就显得尤为重要。

8.1　农业气象指数保险比较优势

　　传统农业保险为分散农业风险和保障农民的收入做出了重要贡献，但由于其难以有效分散巨灾风险，防范道德风险和逆向选择，并存在保险费率粗糙、理赔成本高、效率低等问题，导致农户投保率较低，保险公司经营成本高，从而不利于农业保险的健康发展。农业气象指数保险能较好地解决制约传统农业保险发展的这些问题。农业气象灾害是农业生产中最主要的自然灾害，如旱涝、霜冻、高温和冰雹等，严重危害作物产量和农业经济效益。农业气象指数是将气象灾害因子对农产品损害程度定量化和指数化，当气象灾害因子指数达到某一临界值，对作物的危害达到一定程度时，保险公司对农业气象保险的投保人做出相应标准的赔偿。农业气象保险起源于 1997 年的美国，随后在一些发展中国家得到了迅速发展，如墨西哥、印度、马拉维、埃塞俄比亚、摩洛哥、尼加拉瓜、坦桑尼亚、泰国和越南等。我国正处于传统农业向现代农业转型的关键期，需要保险分散和化解风险，规模化经营要求农业保险提供更高的保障。

2004 年中央一号文件明确提出"要加快建立政策性农业保险制度"，当年我国启动了多种模式的政策性农业保险试点；2007 年，中央财政将农业保险保费补贴作为一项支农惠农措施，在部分省开展了试点；自 2007 年起，我国开始理论关注和实践探索农业气象指数保险，自此之后历年中央一号文件均提及农业保险产品的创新发展问题，其中，2016年中央一号文件提出"探索开展重要农产品目标价格保险，以及收入保险、气象指数保险试点"。2014 年 8 月，保险业"新国十条"《国务院关于加快发展现代保险服务业的若干意见》（国发〔2014〕29 号）明确提出了"探索气象指数保险等新兴产品和服务，丰富农业保险风险管理工具，是农业保险创新的方向"，提出到 2020 年基本建成保障全面、功能完善、安全稳健、诚信规范，具有较强服务能力、创新能力和国际竞争力，与我国经济社会发展需求相适应的现代保险服务业，努力由保险大国向保险强国转变。明确提出了探索天气指数保险等新兴产品和服务；丰富农业保险风险管理工具，是农业保险创新的方向。农业保险近年来的发展为我国农业的发展和农村社会的稳定起到了重要的保障作用，农业气象指数保险的政策空间十分广阔。农业气象指数保险相对传统农业灾损保险具有以下比较优势。

1）节约理赔成本，加快赔款进度。传统农业保险出险后勘查定损成本高、理赔周期长，已经成为农业保险发展中一大顽疾。农作物生长周期较长，生理特性复杂，如果农作物在生长前期遇到部分损失，需要在收获前进行二次定损，勘查定损成本高、理赔周期长。而农业气象指数保险依据气象部门实际测得的气象数据，具有很好的客观性，不需要复杂的核赔技术和程序，减少了实地勘查、二次定损等环节，从而节约理赔费用，加快赔款速度，提升理赔及时性，便于赔付，提高保险资金惠农效益。

2）控制道德风险，减少保险纠纷。传统农业保险承保和理赔环节中，人为干预环节较多，主观判断因素影响较大，而且容易因赔付时主观性因素而引起农合、政府与保险公司产生纠纷。农作物气象指数保险赔付取决于客观的气象指数，从而降低了人为因素影响，可有效控制道德风险，杜绝虚假赔案发生，减少因保险赔付发生纠纷。

3）科学厘定费率，提高保险科技含量。传统农业保险费率参照政府文件制定，全省统一费率，对各地实际情况缺乏有效区分，不能充分调动农户和保险公司积极性。农作物气象指数保险费率厘定利用历史气象数据和农业历史数据进行测算，最大限度地避免主观臆断，使农业保险费率的科学厘定变得方便可行，为农业保险可持续发展提供技术保障，更好地保护投保承保双方权益。

4）适用对象广泛，易与其他金融产品组合。传统农业保险缺乏标准化操作模式，较难与其他金融产品组合使用。而农作物气象指数保险既适用于向农户出售，也适用于银行、专业合作社、行业协会等其他利益相关方。因为指数保险产品是标准化合约，可有效地与农作物种植贷款产品、农作物期货合约等金融产品配合使用，化解农业风险。

因此，气象指数保险具有指数的客观性、赔付的及时性、信息的透明性、适用对象的广泛性等优势，可明显降低保险经营成本、减少道德风险、降低理赔纠纷、提高资金惠农效益。政府通过购买农业巨灾气象指数保险服务，不仅可以发挥保险杠杆作用，有效放大财政救灾资金规模，降低救灾资金成本，还可以从制度上有效破解财政预算"无灾不能用，有灾不够用"的难题，确保气象灾害发生后，政府能迅速获得资金，及时开展灾后施救工作。

8.2　春茶低温气象指数

在气象指数保险引入之前，我国早在 20 世纪 80 年代末就开始基于相关性分析或回归分析探讨了多种气象因子对茶叶产量的影响，如刘富知研究发现茶叶产量不仅受气象因子的作用，而且二者之间的作用关系还受地域和局部种植管理差异的影响（刘富知，1986）；钱书云分析了上一年秋冬气温、降雨量和日照时数对春茶产量的影响（钱书云，1988）；朱秀红等（2008）研究发现，茶叶产量受温度、降水和日照等 12 个气象因子的影响；罗晓丹等（2010）分析了气象和生态因素与茶产量和品质的关系。但有关茶叶气象指数保险的研究却较晚，迄今为止，我国只有少数学者对茶叶气象指数进行了研究，主要为低温冻害，其次为干旱和连阴雨。娄伟平等（2011；2013）利用多种风险分析模型拟合最低气温分布，从中选择最优的理论概率分布函数进行序列的风险概率估算，得到较为稳定并符合实际的风险评估结果，在风险定量分析以及茶叶经济损失率与最低气温一一对应的基础上设计了茶叶霜冻气象指数。金殷玉（2014）以减产率为指标，在构建了影响苏州市茶叶产量的 3 种气象指数模型的基础上，用直线滑动平均法拟合趋势产量，并计算相对气象产量和减产率，然后将 3 种气象指数（冬季冻害、干旱和连阴雨）作为自变量，构建茶叶减产率与气象指数的回归模型。但是茶叶低温气象指数研究区范围较小，主要为浙江和江苏，2011 年开始在浙江研究茶叶低温气象保险的产品设计，并于 2015 年在绍兴和湖州市率先试点，2016 年开始向浙江其他市推广。其他省份还包括甘肃、河南等。

春季低温严重影响茶叶的生长发育、品质及其产量形成，根据天气指数应满足的标准，筛选出与作物产量损失高度相关的气象要素来构造对应的灾害指数，选取 2 月 11日—5 月 20 日日最低气温来表征贵州省春茶低温气象指数。

8.2.1 低温理赔指标

8.2.1.1 指标确定

根据 2018 年在人工气候室开展的人工控制试验结果显示（表 8-1，表 8-2），0℃持续 2 d 处理才达到理赔的减产阈值（减产率大于 10%），1℃处理要持续 7 d 才能达到理赔的阈值，3℃处理 7 d 减产率为 4%，达不到理赔阈值。0℃处理持续 2 d 减产率为 12%。因此根据试验结果，因此取日最低气温 ≤ 0℃启动理赔。

表 8-1　茶树低温控制试验不同低温处理结果

低温处理	持续天数（d）	百芽重（g）	减产率（%）
对照	—	12.57	—
0℃	1	12.17	−3
0℃	2	11.05	−12
0℃	3	10.51	−16
对照	—	12.19	—
−1℃	1	11.39	−7
−1℃	2	10.78	−12
−1℃	3	9.88	−19

表 8-2　茶树低温控制试验不同低温处理结果

低温处理	持续天数（d）	百芽重（g）	减产率（%）
对照	—	21.31	—
1℃	3	20.05	−6
1℃	5	19.71	−7
1℃	7	19.21	−10
对照	—	19.80	—
3℃	5	19.47	−2
3℃	7	18.98	−4
对照	—	20.75	—
5℃	3	20.55	−1
5℃	5	20.63	−1
5℃	7	20.39	−2

8.2.1.2　最低气温≤0℃概率风险特征

春茶期日最低气温≤0℃的发生概率，如图8-1所示。从图中可以看出，近10年，全省日最低气温≤0℃发生概率为0～20%，空间上与日最低气温≤2℃的概率空间分布基本一致，黔西南州、黔南州、黔东南州及中部以北等地的低温发生概率相对较低，发生概率为0～2%；概率发生较高的区域主要分布省之中部一线，主要分布市州为毕节市、六盘水市、贵阳市、安顺市北部和黔南州北部、遵义市和铜仁市大部分区域等地，发生概率在为8%～20%。

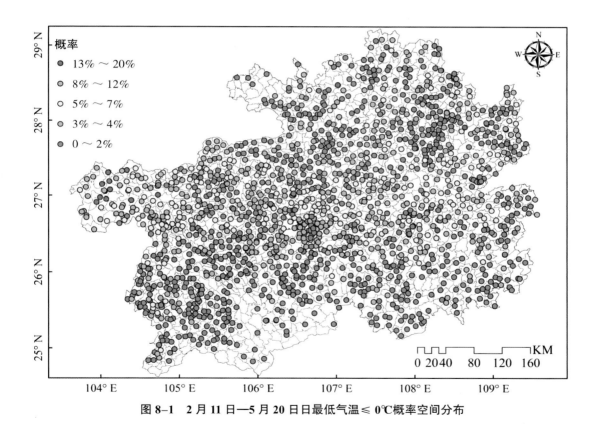

图8-1　2月11日—5月20日日最低气温≤0℃概率空间分布

日最低气温≤0℃概率各县分布如表8-3所示。从表中可以看出，除南部、西南部、东南部和北部局地的县市日最低气温≤0℃概率相对较低外，其余大部区域县市日最低气温≤0℃概率相对较高。

表 8–3　2 月 11 日—5 月 20 日日最低气温 ≤0℃概率分布

县　名	平均概率（%）	最大概率（%）	县　名	平均概率（%）	最大概率（%）
威宁	8.8	20.1	天柱	2.0	4.9
赫章	6.0	14.1	印江	2.0	3.8
雷山	4.3	10.6	德江	2.0	10.4
福泉	4.1	7.6	桐梓	2.0	14.1
乌当	4.1	8.7	剑河	2.0	4.5
白云	4.0	6.0	盘县	1.9	6.2
台江	3.9	15.9	沿河	1.9	6.9
大方	3.8	10.6	锦屏	1.8	6.6
三穗	3.8	6.2	贵阳	1.8	3.4
施秉	3.7	8.1	播州	1.8	3.2
瓮安	3.6	7.4	玉屏	1.8	3.1
镇远	3.5	7.5	独山	1.7	4.4
七星关	3.5	9.3	正安	1.6	6.2
开阳	3.3	8.1	习水	1.5	5.5
修文	3.2	6.7	六枝	1.5	4.8
纳雍	3.2	10.0	道真	1.5	4.7
水城	3.1	8.2	汇川	1.5	2.1
龙里	3.1	6.0	黎平	1.5	4.2
丹寨	3.0	4.5	普定	1.4	2.8
万山	3.0	7.7	仁怀	1.3	3.3
黄平	2.9	6.9	普安	1.3	3.3
湄潭	2.8	6.2	红花岗	1.2	2.7
清镇	2.8	5.5	思南	1.2	3.9
江口	2.8	12.3	长顺	1.2	3.0
平坝	2.6	3.3	平塘	1.1	7.0
黔西	2.6	4.9	兴仁	1.0	2.3
麻江	2.6	5.1	关岭	0.9	2.8
岑巩	2.5	6.3	兴义	0.9	4.4
务川	2.5	9.8	榕江	0.9	1.9
凯里	2.5	4.7	晴隆	0.9	3.4
松桃	2.5	6.6	从江	0.9	3.4
织金	2.5	7.0	紫云	0.8	2.1
凤冈	2.4	6.9	惠水	0.8	3.7
息烽	2.3	6.6	镇宁	0.7	1.9
余庆	2.3	3.9	荔波	0.7	2.0
西秀	2.3	3.4	三都	0.6	2.1
石阡	2.3	6.6	赤水	0.6	1.1

县　名	平均概率（％）	最大概率（％）	县　名	平均概率（％）	最大概率（％）
碧江	2.3	7.2	望谟	0.6	1.3
花溪	2.2	4.3	安龙	0.4	0.9
贵定	2.2	5.1	贞丰	0.3	1.2
都匀	2.2	5.8	罗甸	0.3	1.0
金沙	2.2	8.1	册亨	0.2	0.3
绥阳	2.1	7.3			

8.2.2　最低气温空间精细化方法

构建了以海拔高度、山区太阳总辐射、日照百分率为参数日最低气温在复杂地形下的气象要素的精细化推算模型，通过这些模型把各种地形因素考虑在内，包括海拔高度、坡向、坡度、地形遮蔽、坡地反射、散射辐射各向异性等及天气过程，实现了日最低气温（茶叶气象指数）的动态推算。通过精细化推算模型的建立，热力学物理意义清晰，有较好的模拟能力，推算空间精度达到 500 m × 500 m。

8.2.2.1　空间精细化方法介绍

目前，国内外众多学者和机构对降水的多年平均气候值、年、季、月、日等不同时间尺度，全球、区域、局地等不同空间尺度的空间化技术进行了研究。常用的空间插值方法有 IDW、克里格、薄盘样条插值、多元回归以及利用统计技术（多元回归技术）、地理信息系统技术（GIS）、空间插值技术三者的综合集成来完成气候数据的空间插值技术（莫申国，2007；关宏强，2007；高歌，2007 等）。

● 反距离加权法

反距离加权法（IDW）是空间插值几何方法的一种，基于地理学第一定律——相似相近原理，即两个物体离得越近，它们的值越相似，反之，离得越远则相似性越小。它以插值点与样本点间的距离为权重进行加权平均，离插值点越近的样本点赋予的权重越大。其计算公式如下：

$$\hat{Z}(s_0) = \sum_{i=1}^{N} \lambda_i Z(s_i) \qquad (8-1)$$

式中：$\hat{Z}(s_0)$ 为 s_0 处的预测值；N 为预测计算过程中要使用的预测点周围样点的数量；λ_i 为预测计算过程中使用的各样点的权重，该值随着样点与预测点之间距离的增加而减少；$Z(s_i)$ 是在 s_i 处获得的测量值。

确定权重的计算公式为：

$$\lambda_i = d_{i0}^{-p} / \sum_{i=1}^{N} d_{i0}^{-p} \qquad (8-2)$$

$$\sum_{i=1}^{N} \lambda_i = 1 \qquad (8-3)$$

式中：p 为指数值；d_{i0} 为预测点 s_0 与各样点 s_i 之间的距离。

样点在预测点值的计算过程中所占权重的大小受参数的影响，即随着采样点与预测值之间距离的增加，采样点对预测点影响的权重按指数规律减少。在预测过程中，各样点值对预测点值作用的权重大小是成比例的，这些权重值的总和为 1。这里 p 的最佳值是通过求均方根误差（RMSE）的最小值求得，一般情况下该值取 2，此方法简单易行，但易受极值的影响，往往产生明显的"牛眼"现象。

● 普通克里格法

普通克里格法是法国地理数学学家 Georges Matheron 和南非矿山工程师 Danie G.Krige 研究了一种优化插值方法，用于矿山勘探。该方法被广泛地应用于地下水模拟、土壤制图等领域，成为 GIS 软件地理统计插值的重要组成部分。这种方法充分吸收了地理统计的思想，认为任何在空间连续性变化的属性是非常不规则的，不能用简单的平滑数学函数进行模拟，可以用随机表面给予较恰当的描述。这种连续性变化的空间属性称为"区域性变量"，可以描述如气压、高程及其他连续性变化的描述指标变量。这种应用地理统计方法进行空间插值的方法，被称为克里格（Kriging）插值。克里格法是空间统计方法的一种，所谓空间统计方法，其基本假设是建立在空间相关的先验模型之上的。假定空间随机变量具有二阶平稳性，或者是服从空间统计的本征假设。它具有这样的性质：距离较近的采样点比距离远的采样点更相似，相似的程度或空间协方差的大小，是通过点对的平均方差度量的。点对差异的方差大小只与采样点间的距离有关，而与它们的绝对位置无关。

克里格法分为两步：第一步是对空间场进行结构分析，也就是说，在充分了解场的性质的前提下，提出变差函数模型；第二步是在该模型的基础上进行克里格计算。计算变差函数是克里格插值法的核心问题。由于变差函数既可以反映变量的空间结构特性，又可以反映变量的随机分布特性，所以利用克里格插值进行空间数据插值往往可以取得理想的效果。另外，通过设计变差函数，克里格插值很容易实现局部加权插值，这样就克服了一般距离加权插值方法插值结果的不稳定性。

空间统计内插的最大优点是以空间统计学作为其坚实的理论基础，可以克服内插中误差难以分析的问题，能够对误差做出逐点的理论估计；它也不会产生回归分析的边界效应。一个缺点是复杂；另一个缺点是变异函数。克里格法的优点是以空间统计学作为其坚实的理论基础，物理含义明确；不但能估计测定参数的空间变异分布，而且还可以估算估计参数的方差分布。克里格法的缺点是计算步骤较烦琐，计算量大，且变异函数有时需要根据经验人为选定。

● 薄盘光滑样条函数法

薄盘光滑样条函数拟合技术（TPS）之前称为拉普拉斯算子。薄盘光滑样条函数法是对样条函数法的曲面扩展，常用于不规则分布数据的多变量平滑内插（Hutchinson M F，et al., 1998）。利用光滑参数来达到数据逼真度和拟合曲面光滑度之间的优化平衡，保证了插值曲面光滑连续，且精度可靠。局部薄盘光滑样条法是对薄盘光滑样条原型的扩展（Bates D，et al., 1987），它除通常的样条自变量外，允许引入线性协变量子模型，如温度和海拔之间以及降水和海岸线的关系等。

局部薄盘光滑样条的理论统计模型表述如下：

$$Z_i = f(x_i) + b^T y_i + e_i \qquad (i=1, \cdots, N) \qquad (8-4)$$

式中：Z_i 为位于空间 i 点的因变量；x_i 为 d 维样条独立变量矢量；f 为要估算的关于 x_i 未知光滑函数；y_i 为 p 维独立协变量矢量；b 为 y_i 的 p 维系数；e_i 为具有期望值为 0 和方差为 $w\rho^2$ 的自变量随机误差；w_i 为作为权重的已知相对误差方差；σ^2 为所有数据点上为一常数误差方差，但通常未知（Hutchinson，1991）。

函数 f 和系数 b 通过最小二乘估计来确定：

$$\sum_{i=1}^{N} \left(\frac{z_i - f(x_i) - b^T y_i}{w_i} \right)^2 + \rho J_m(f) \qquad (8-5)$$

式中：$J_m(f)$ 为函数 $f(x_i)$ 的粗糙度测度函数，定义为函数 f 的 m 阶偏导（在 ANUSPLIN 中称为样条次数，也称糙度次数）；ρ 为正的光滑参数，在数据保真度与曲面的粗糙度之间起平衡作用，通常由广义交叉验证 GCV（Generalized Cross Validation）的最小化来计算，也可以用最大似然估计误差 GML（Generalized max likelood）或期望真实平方误差 MSE 最小确定。GCV 计算可采用"one point move"方法，依次移去一个样点，用剩余样点在一定的光滑参数下进行曲面拟合，得到该点的估测值，再计算观测值和估测值的方差。

薄盘光滑样条函数的实现主要是采用近年来中国引进的澳大利亚国立大学基于薄盘光滑样条函数开发的程序包 ANUSPLIN，程序包中同时提供 GCV 和 GML 2 种选择平滑参数的判断方法，经过对比研究，本研究选择广义交叉验证 GCV 的最小化来计算 ρ。

8.2.2.2 不同插值方法空间精细化精度比较

基于贵阳市及周边 156 个自动气象站资料，对贵阳市 2017 年 1 月 1 日到 12 月 31 日逐日最低气温进行推算，随机选取 15 个站点（茶园站）作为精度检验站点，通过计算和误差分析，365 d 的观测实际平均值为 11.4℃，将 15 个检验站点计算得到如表 8-4 所示的误差。

表 8-4　不同方法的误差分析

插值方法	15 个站点格点平均值（℃）	平均绝对误差（℃）	平均相对误差（%）	拟合曲线
薄盘光滑样条函数	11.3	0.6	16.8	$y = 1.003\,5x - 0.059$
克里金方法（点）	11.6	0.6	17.4	$y = 0.994x + 0.335\,4$
反距离加权方法	11.9	0.7	18.5	$y = 0.993\,2x + 0.621\,2$
三种方法平均加权	11.6	0.5	13.1	$y = 0.996\,6x + 0.303\,2$
两种方法加权平均（薄盘 + 克里金）	11.5	0.5	12.9	$y = 0.998\,4x + 0.142\,9$

　　薄盘光滑样条函数、克里金方法、反距离加权平均绝对误差分别为 0.60℃、0.63℃、0.69℃，平均相对误差分别为 16.8%、17.4%、18.5%。

　　为减少误差，分别将 3 种方法平均加权（薄盘样条插值 + 克里金插值 + 反距离加权插值法），2 种方法加权平均（薄盘样条插值 + 克里金插值），精度均得到了提升，其中，2 种方法加权平均法（薄盘样条插值 + 克里金插值）平均绝对误差为 0.48℃，平均相对误差为 12.9%。

　　不同方法的拟合图如图 8-2 至图 8-6 所示。

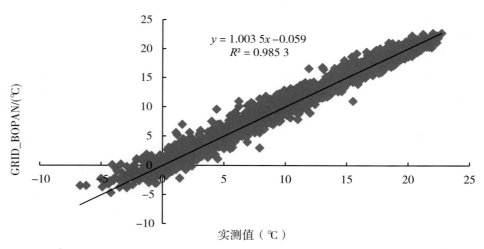

图 8-2　薄盘样条函数与实际观测值（散点图）

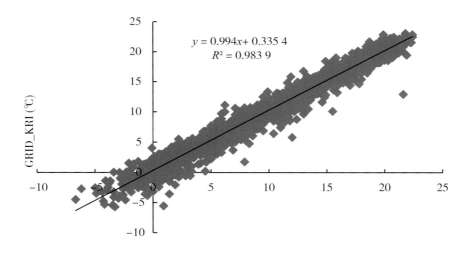

图 8–3 克里金插值法与实际观测值（散点图）

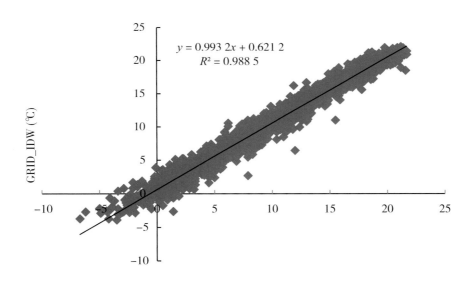

图 8–4 反距离插值法与实际观测值（散点图）

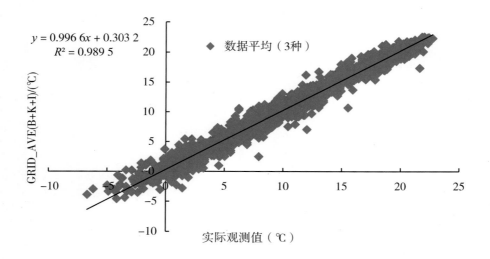

图 8-5　3 种方法加权平均值与实际观测值（散点图）

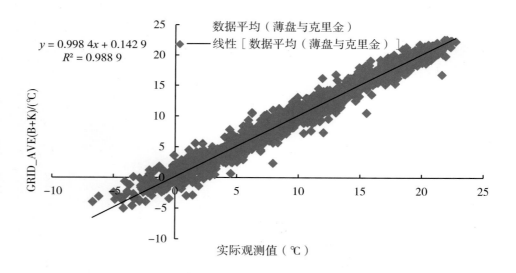

图 8-6　2 种方法加权平均值（薄盘样条函数与克里金插值法）与实际观测值（散点图）

　　利用表 8-5 的数据，对 15 个站点中平均相对误差值小于 10% 的站点进行统计，薄盘样条函数小于 10% 的站点有 3 个，克里金插值方法有 2 个，反距离加权方法为 3 个，3 种插值方法加权平均法有 5 个，薄盘样条函数和克里金插值法加权平均法相对误差小于 10% 的站点有 5 个。其中，薄盘样条函数和克里金插值法加权平均法得到的相对误差值最小，如图 8-7 所示。

表 8-5 15 个站点的平均相对误差值（%）

站点	薄盘样条函数	克里金插值法	反距离加权法	3 种插值方法加权平均	（薄盘＋克里金）加权平均
R1104	23.9	25.1	23.1	23.0	23.1
R1112	14.0	10.2	10.5	7.9	8.5
R1202	16.0	7.8	16.1	9.1	7.2
R1208	8.3	19.4	12.8	12.79	12.8
R1302	20.3	19.4	23.9	14.6	10.7
R1402	32.1	35.7	30.6	15.82	12.3
R1410	11.2	10.2	8.1	7.98	8.6
R1502	21.0	13.7	13.61	6.7	8.7
R1503	8.7	15.1	9.8	10.2	10.5
R1509	40.6	15.79	42.5	11.1	17.7
R1604	7.5	11.13	8.9	7.04	8.4
R1610	43.7	28.02	37.7	28.3	29.8
R1704	19.1	20.7	11.6	11.9	13.1
R1712	43.1	37.41	60.3	44.8	38.3
R1802	20.4	71.3	60.0	49.7	45.3

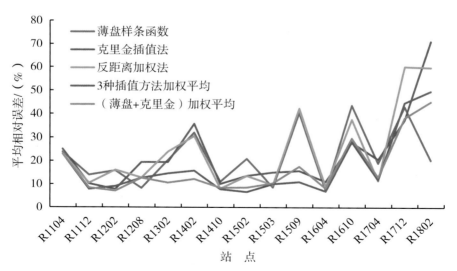

图 8-7 15 个检测站点的平均相对误差值

综上可得出，基于薄盘样条函数和克里金加权平均法得到的相对误差最小，3 种方法加权平均的误差值次之。

8.3　贵州茶叶气象指数支撑平台

　　基于以上研究成果，开发了贵州茶叶气象保险指数支撑平台，形成了投保茶园自动触发零申报的快捷理赔方式。不需要在每个投保茶园建立气象站，每年2月中旬至5月中旬，当平台发布的投保茶园内的日最低气温在0℃（含）以下时，茶树发芽率降低，视为保险事故发生，无须申报，自动启动理赔程序。贵州茶叶气象保险指数支撑平台可后台生成投保茶园过去1d的日最低气温，并发布到相关部门的官网上，投保农户可以同步在官网上用保单号查询到投保茶园的日最低气温情况，保证了数据的权威性和唯一性，让农户和保险公司对数据放心，使得灾害发生后的理赔变得更快速和透明。该平台是开放式设计，气象灾害统计和追踪模块、气象要素插值模块等是通用模块，只要将不同作物的气象灾害指数模型加载到平台中，该平台就可以推广应用到其他作物的气象指数保险工作中。

8.3.1　设计原理

　　本系统通过对气象历史数据进行处理、分析，得出每个格点区（例如，2 km×2 km范围）敏感性天气及其风险等级，再通过引入实时观测数据、主客观预报数据，实现气象要素精细化格点推算插值、气象要素背景场格点资料的同化，获得茶叶种植区域的气象要素场，生成天气风险评估报告和茶叶气象保险指数。

8.3.2　功能结构

　　本系统主要包括数据管理子系统、天气风险评估子系统、天气保险风险追踪预警模块、定制化茶叶天气保险指数模块。

8.3.2.1　数据管理子系统

　　数据管理子系统主要是实现数据的预处理、录入、存储等功能，根据数据的来源、类型和处理方式，分为自动处理和人工后台管理两个部分。

　　数据库设计　按照《全国智慧农业气象服务平台数据存储规范（试行）》要求，基于CIMISS 云平台框架，搭建完成精细化的贵州茶叶气象指数保险数据库框架。该框架包括按年份、地理区域信息划分库表结构、从各要素 NC 文件（温度、降水、风等）按年和经纬度读取对应数据、将从文件数据中取得数据合并成标准 SQL，插入数据库。

　　自动处理　主要是指对气象大数据及附属地图等信息的处理。本系统所提供的信息均与常规的在线地图进行叠加，地图的形式包括矢量图、卫星遥感图和经过二次处理的灰白底图，并叠加了网格线（默认 2 km×2 km）。

气象大数据包括历史数据（10 年、20 年、30 年等时限）、实时数据（含气象实时监测数据和气象预报模式结果），数据源包括区域自动气象站（含温度、风向、风速、降水量等气象要素及大雨、雷暴、闪电、冰雹等极端天气现象）、气象卫星、天气雷达的实测数据与反演产品及各类不同时效、不同尺度的气象预报模式。

由于历史或实时的气象数据存在尺度大、站点分布不均或是有野值等问题，使用卫星数据分析技术（将可获得的卫星观测数据整合成空间气象要素场分布）、地面观测数据处理技术（主要是进行数据质量控制，对误差进行矫正，气象要素精细化格点推算插值）以及空间场优化处理技术，结合卫星数据、地面观测数据、地形数据优化处理生成格点化场（例如，2 km×2 km 范围）分布数据集。

人工后台处理　支持对保险客户的相关信息，包括位置、敏感性天气等进行录入、管理。

8.3.2.2　天气风险分析评估子系统

通过对历史数据进行统计分析，生成查询点或是指定区域的各种图表数据及风险评估报告：实现贵州任意位置天气风险评估报告的自动制作，包括指定地点或区域的历史天气要素统计信息查询，个性化、交互式、可定制的天气风险评估报告的自动制作。

该子系统具体有以下功能。

支持对降水、雷暴、冰雹、高温（或低温）等极端天气风险等级的阈值进行设置，示例见图 8–8。

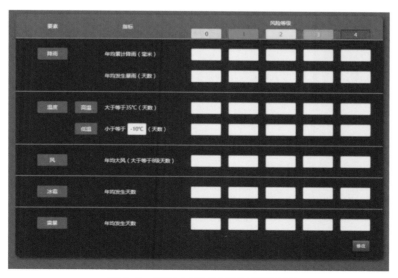

图 8–8　气象灾害风险等级设置界面

● 基于格点的历史气象要素查询服务

要素检索：提供气温、降水、风速等气象要素，发生暴雨、冰雹、闪电、雷暴等强对流天气的风险，支持用户自定义检索。

时间检索：支持用户自定义连续时间段检索，支持历年同期查询（例如，2000—2017年，7—9月）。

地址检索：支持根据用户输入的地址、经纬度进行检索，支持根据用户在地图上点选的格点进行检索。

结果弹窗：基于用户检索条件，弹窗显示对应气象要素的统计图表及对应数据，例如最高气温、最低气温、平均温度等见图8-9。

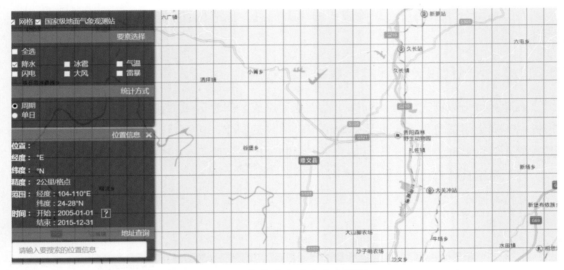

图8-9　气象灾害风险查询界面

● 定制化的气象灾害风险评估报告的制作功能

支持用户自定义要分析的气象要素，默认分析"3+4"共7类气象要素。

支持用户自定义要分析的连续时间段，默认分析从2000—2016年。

支持用户自定义要分析的地点，支持手动输入地址，经纬度，或在地图上直接点选见图8-10。

8.3.2.3　天气保险风险追踪预警模块

天气保险风险追踪预警模块用以及时告知保险公司指定区域的实况信息、未来一定时间内强天气影响范围，并且根据保险公司提供的强度、时效等阈值，自动生成天气预警文本；提供天气预警手动编辑功能，为保险公司提供最新天气资讯。

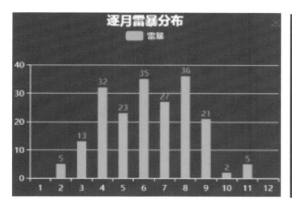
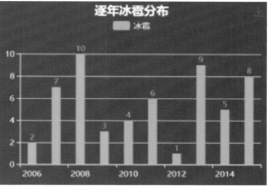

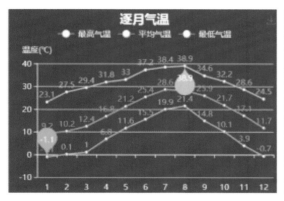
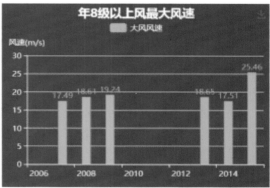

冰雹详细记录

注:"/",及"−1.0"表示无数据

Index	日　期	年　份	月　份
1	8−10	2006	8
2	8−11	2006	8
3	8−18	2007	8
4	8−19	2007	8

降水风险等级
该地区年平均每年发生5.1次暴雨 最多一年发生了11次暴雨 其中最大日降水为187.43mm
该地区处于暴雨的1级危险区.

大风风险等级
该地区年平均每年发生1.1次大风 最多一年发生了3次大风 其中最大风速为25.46m/s
该地区处于大风的0级危险区.

雷暴风险等级
该地区年平均每年发生19.9次雷暴 最多一年发生了37次雷暴
该地区处于雷暴的2级危险区.

冰雹风险等级
该地区年平均每年发生5.5次冰雹 最多一年发生了10次冰雹
该地区处于冰雹的0级危险区.

要素	风险等级
冰雹	0
大风	0
雷暴	2
暴雨	1
高温	0

图 8−10　气象灾害风险评估图及报告界面

图 8-11　降水预报结果展示界面

　　实况信息包括指定区域的自动气象站探测数据（温度、风向风速、降水等）、区域性的天气雷达拼图、卫星云图等实时展示及过去数据的回看功能。

　　预报数据包括雷达外推产品、QPF（0～120 min）、短临格点预报（0～360 min）、0～24 h／0～240 h 的降雨、大风等模式预报产品（图 8-11）。

8.3.2.4　茶叶天气保险指数模块

　　根据茶叶的生长特性，本系统将低温设置为主要的敏感性天气，并对指定客户所在区域的历史气象数据进行分析，得出茶叶保险指数模型，再叠加实时监测数据和多模式、多时效的预报数据，计算和输出任意指定区域的茶叶低温保险指数、本次天气过程可能受影响的区域、客户群等（图 8-12）。

8.4　茶叶气象指数保险服务试点

　　贵州茶叶气象指数保险起步较晚，2017 年，贵州省农业农村厅根据《农业部关于支付 2016 年度农业技术服务创新项目资金的通知》和国家农业农村部金融支农创新项目任务等要求，出台试点工作方案；贵阳市人民政府落实财政补助资金。近年来，通过在贵阳市花溪区、开阳县、清镇市开展山地茶叶气象指数保险试点工作，由"政府财政补贴，保险公司承保，气象技术支撑，农户自主投保"的茶叶气象指数保险工作机制初步建立。锦

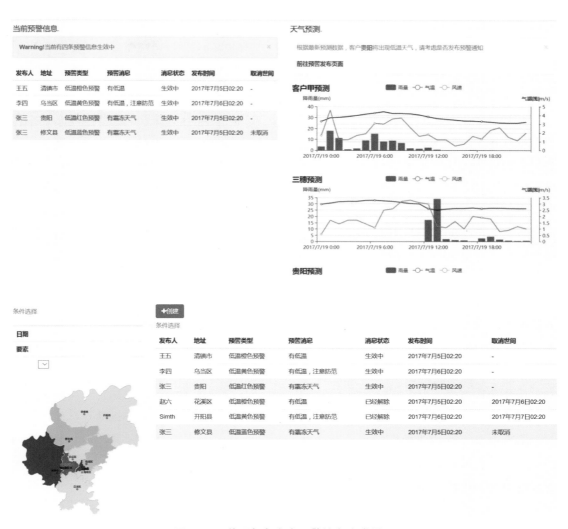

图 8-12　茶园气象灾害预警信息生成界面

泰财产保险保险公司作为茶叶气象指数保险试点承保公司，计划 3 年共承保茶园面积 10 万亩次，覆盖 4 052 户农户（其中贫困户 50 户）。2018 年 2 月 11 日，在贵州省农委、贵州省气象局、贵阳市农委、锦泰财产保险股份有限公司总公司及贵州分公司等单位的共同努力下，23 份贵州省山地茶叶气象指数保险保单正式出单。承保面积共计 25 100 亩（其中花溪区 7 000 亩，开阳县 18 100 亩），保费总计 301.2 万元，该保险的正式生效，意味着贵州茶叶产业进入保险保障时代，对促进茶叶产业健康可持续发展和农民增收，以及创新财政支农投入机制、推进其他农业产业的创新保险等具有重大意义。

　　2018 年 2 月下旬投保茶园发生了较为严重的低温冻害，投保企业根据平台提供的气象数据获得保险理赔 333.33 万元。2019 年，37 家茶企和合作社投保茶园面积 3.74 万亩，缴纳保费 449.16 万元，其中财政补贴 224.58 万元。2019 年茶叶萌芽和生长阶段出现了持续的"倒春寒"，根据平台发布的气象指数，投保客户（基本上为规模较大的茶企）可获得理赔 526.78 万元。2018 年，贵阳市 21 家茶企和合作社投保茶园面积 2.51 万亩，缴纳保费 301.2 万元，其中财政补贴 150.6 万元。

2019 年 5 月 13 日，由贵州省农业农村厅、贵阳市人民政府主办的贵州山地茶叶气象指数保险试点理赔现场会在开阳县禾丰乡马头村百花山云山茶海举行，贵州省山地环境气候研究所技术人员负责平台现场演示。按照"贵州山地茶叶气象指数保险支撑平台"自动计算的理赔结果对贵阳市开阳县 9 家企业进行了现场理赔，吴强副省长等领导为茶叶企业代表发放了理赔现金支票，并对气象指数保险给予了充分认可。贵州省山地环境气候研究所负责运行维护的"贵州山地茶叶保险气象指数平台"为理赔工作提供了依据，有效降低了理赔成本，并实现了零申报和快速理赔的效果，有效保障了茶农和贫困户的基本收入，有效兜住了茶企、茶农的基本再生产能力。

茶产业是正安县主导特色农业，更是正安县脱贫攻坚的长效产业之一。正安县有 40 万亩茶园，是全省五大茶叶生产县之一，2017 年正安县被遵义市政府指定为茶叶低温气象指数保险试点县，为全力护航茶叶生产，县气象局充分发挥气象资源优势综合分析正安气候特点，积极争取县政府出资近 40 多万元在成片茶园安装了 8 个茶园气象监测站，24 h 采集茶园气温实况数据，开发实时气温监控 B/S 版查询系统，让投保企业与贫困户能随时随地查看低温天气预报以及气温实况，企业、茶农通过计算机、手机随时掌握天气实况，为保险理赔提供了监测数据。2019 年正安县遭遇低温雨雪冰冻灾害袭击，茶叶受到严重损害，茶农损失惨重，2 月 15 日—4 月 20 日保险期内，凡纳入保险范围的茶叶损失均由保险公司埋了单，茶农获太平洋保险公司提供的茶叶保险理赔共计 470 余万元，受益贫困户 1 308 户，户均获得理赔 1 800 余元。这得益于 2017 年县政府未雨绸缪，及早组织开展了茶叶低温气象指数保险，也是气象服务地方特色农业、保险业的一项新举措。正安县有茶农 1 万余户，贫困户茶农有 4 000 余户，其中 1 308 户贫困户主动投保，将自己管理的茶园纳入保险范围，极大地减少了气象灾害造成的因灾返贫、因灾致贫。

茶叶低温气象指数保险取得了显著的社会效益。2019 年正安县市坪乡遭受低温雨雪冰冻灾害袭击使茶叶大面积减产，对此市坪乡乡长王政深有感触："今年茶叶大面积减产，这可是我们的主导产业，幸好有保险公司和县气象局开展的茶叶低温保险服务，为我乡茶农减少因自然灾害造成的损失，确保不因造成的损失使广大茶农致贫、返贫，助推了我乡的脱贫攻坚工作。"桴焉茶业负责人郭世文心存感激："非常感谢政府，感谢保险公司、特别是县气象局设备保障人员，在今年茶叶受灾严重的情况下，减少了损失，为我公司的正常运行起到了保护作用。"班竹镇茶农万大强对此也有话说："非常感谢县气象局，在天寒地冻的情况下，肩挑背扛维修设备，保证数据的收集。我家一年的经济来源就靠茶叶，因为投了保，心里有底气，减少损失使我避免成为贫困户。谢谢，非常感谢。"茶叶低温气象保险指数服务得到县委县政府领导和广大茶农的高度肯定和广泛认可。县脱贫攻坚指挥中心副指挥长、副县长陈孝利认为，"茶叶低温保险为我县脱贫攻坚起到保障作用，不会使广大茶农因为自然灾害返贫、致贫。我县将继续开展茶叶以外的其他农业保险工作"。

8.5 小 结

贵州茶叶气象指数保险的研究和应用还处于起步阶段，农业气象指数保险的研究和应用还不完善，未来研究需借鉴国内其他作物气象指数保险的优点和改进其不足，主要不足有以下几个方面：第一是趋势产量拟合模型要进行多种方法间的比较，力争找到最优模型，最大可能降低基差风险。第二是茶叶产量的损失往往不是一种气象灾害造成的结果，目前国内多为单因子保险产品，可能会出现实际发生了损失，但是不在保险范围内，茶农的损失没有得到有效保障，伤害了农户投保感情；因此未来需要积极探索和开发多因子气象指数保险产品。第三是针对类似贵州这种山地立体气候背景下存在的实际问题：气象站点的代表性明显不足，投保茶园往往离气象站点较远，因此为了获得较为准确的茶园的气象数据，在不增加气象站点的情况下，科技人员利用多种插值方法，将区域站气象数据插值到 500 m × 500 m 格点上。但是推算数据与实际监测数据存在一定的误差，未来需要强化方法的研究，或者利用气温具有随着海拔高度的增加而下降的特点，因此可以使用附近气象站的数据进行海拔拟合，拟合结果作为投保茶园的理赔依据，拟合结果容易被茶农所直观接受，建议可以考虑用茶园的海拔与气象站或者考核气象站最低气温进行拟合，拟合系数可以用现有茶园气象站的数据来率定。第四是目前全省保费是统一制定的，各县没有差异，而全省不同区域的气候风险存在明显差异，应考虑不同区域根据气象站多年观测资料统计风险概率，进而设计不同的保险费率，一方面实现茶农收益得到兜底；另一方面也符合保险学上的收支平衡原理，实现保险业务的可持续。

9

茶叶气候品质认证

农产品气候品质认证是通过有气候认证资质的第三方对影响农产品品质的气候条件优劣等级评定，利用认证结果对农产品和其产地气候条件进行标识，提高农产品的知名度和市场竞争力。在农产品领域，我国积极推进"三品一标"（无公害农产品、绿色食品、有机食品及地理标志农产品）认证，以有效传递农产品质量信息，树立农产品品牌。农产品气候品质认证顺应农产品信用体系和品牌战略建设的需求，提升农业企业品牌价值、获取市场认可，提高企业收入。

2015年中央一号文件中提出"创新气象为农服务机制，推动融入农业社会化服务体系"，《中国气象局关于贯彻落实中央农村工作会议和2015年中央一号文件精神的通知》"鼓励各地围绕当地农业产业化发展重点，开展农产品气候品质评估认证、调整农业产业种植结构气候可行性认证、特色农产品产量预报等服务"。贵州省委省政府也在实施农产品品牌战略计划，着力培育有地方特色的农产品品牌以此作为转方式、调结构、提升农业综合经济实力的重要抓手，而引入农产品气候品质认证正是实现这一目标的有力切入点。

农产品气候品质认证服务在全国尚属新兴业务，仅在少数省气象局探索性开展，认证产品最多的是浙江，已相继完成茶叶、杨梅、葡萄、柑橘、梨、水稻等8类农产品气候品质认证，发放气候品质认证标识，持续提升影响力和科技含量，完善农产品气候品质评价模型，优先筛选具有区域优势的优质农产品，大力宣传区域农产品，为名优特农产品效益的提高注入气象科技含量。四川省气象局与四川农经信息网已开启"农产品气候品质认证与溯源"模式，集"直通式"气象服务、气候品质认证和手机二维码溯源为一体。可以通过手机扫描二维码，获取农产品的"个人信息"，包括出产地、气候环境、生长情况等信息。

茶叶气候品质认证技术方法经历了2次发展过程，一是早期的大众化的技术方法，主要包括：认证区域和认证产品概况调查勘验、常年气候资源分析、年度关键生育期气候条件分析、认证结论，共4个方面技术构成。常年气候条件分析，主要包括气候资源精细化评估和气象灾害风险评估技术；本年度关键生育期气象条件分析，主要包括关键生育期气象条件定量评估和气象灾害监测技术；综合评价主要应用专家打分法和层次分析法建立综合认证模型进行评判。综合运用常年气候条件适宜性分析、本年度关键生育期气象条件分析，结合作物生长生态环境因素，充分运用客观评判和主观权重，建立认证综合评价模型，获得最终评价得分。二是 2017 年全国茶叶气象服务中心经过几年的研究与业务应用发展了茶叶气候品质认证的技术方法，构建了以平均气温、平均相对湿度以及日照时数等气象要素为主要因子的评价模型，这些因子容易实时获取，实现了快速评价当年一定时段出产的茶叶气候品质，为业务服务提供了更加快捷的技术支撑。

9.1　基于气候资源分析的气候品质认证技术

主要流程包括：认证区域和认证产品概况调查勘验、常年气候资源分析、年度关键生育期气候条件分析和认证评价模型共 4 个方面技术构成。

9.1.1　认证区域调查勘验

认证区域调查勘验主要采用农业气象调查分析技术，通过对农作物实地调查勘察，主要通过实地走访，调查当地种植经营情况、农作物生育期，分析农作物气候适宜和灾害指标、收集气象观测资料等情况。

9.1.1.1　认证农产品种植情况

调查申请开展气候品质认证的农产品种植和经营情况，通过种植园区实地调查走访和召开座谈会议等方式进行，确保农产品必须是来源于认证区域内的农业的初级产品。同时调查农产品是否符合具有独特的品质特性或者特定的生产方式；产品品质特色主要取决于独特的自然生态环境、气候条件；产品具有一定规模并在限定的生产区域范围；产地环境、产品质量符合国家强制性技术规范要求等相关情况。

茶叶种植情况勘验包括：调查茶叶种植地生产环境及生长生态环境因素，了解茶叶产地森林覆盖率、品质抽查、标准化生产技术、质量安全技术规范作为优质农产品生产环境认证因子。茶叶产地空气、水分、土壤是否符合 GB 3095—2012《环境空气质量标准》、GB 5084—2005《农田灌溉水质标准》、GB 15618—2008《土壤环境质量标准（修订）》、NY 5023—2002《无公害食品　热带水果产地环境条件》等相关强制国家标准要求。种植、采收、包装均是否严格按 NY/T 2798.6—2015《无公害农产品　生产质量安全控制技术规范第 6 部分：茶叶》相关规定操作。确保产品产地环境、产品质量符合国家相关强制性技术规范要求。

9.1.1.2 收集整理气象资料

开展农产品气候品质认证的历史气候资料使用近30年气候标准值包括平均气温、最低气温、最高气温、降水量、日照时数、平均相对湿度等气象要素。

气象资料主要来源于作物种植所在地国家级气象台站资料，以及所在乡镇区域自动气象站资料或直线距离最近的其他自动气象站资料，必要的情况下建立移动自动气象站进行气象观测（图9-1）。

图9-1 茶园自动气象观测站

9.1.1.3 作物生育期调查

作物生育期调查主要根据认证作物的历史生育期统计和实地调查为主，结合作物种植当地实际情况，确定作物生育期情况，与常年的生育期进行对比，同时和全省其他地区生育期进行对比，并分析作物主要生育期的气候适宜条件和灾害情况。

9.1.1.4 作物生长环境

调查了解认证作物生长地地形、地貌、地质、土壤、山川河流等基本情况，分别从宏观地形到当地微观地貌进行了解，认识作物种植区域的优劣情况。

9.1.2　常年气候资源分析技术

常年气候条件分析技术，主要包括精细化气候资源评估、气象灾害风险评估技术。农业精细化气候资源评估，主要采用论证区域内及周边自动气象站观测资料，运用气候资源经验推算模型、薄盘多变量光滑样条函数等模型，获得农产品种植地常年气候条件。气象灾害风险评估技术，主要采用灾害概率统计、信息扩散法等气象灾害风险分析模型，分析农产品种植地常年主要气象灾害风险。通过常年气候资源分析，确定认证农产品在本地种植的气候适宜性情况。

9.1.2.1　精细化气候资源评估技术

气象要素精细化推算模型，按照空间插值方法的基本假设和数学本质可分为：几何方法、统计方法、地质统计学方法、函数方法、随机模拟方法、确定性模拟方法。① 几何方法基于"邻近的区域比距离远的区域更相似"原理，常用的有泰森多边形、反距离权重法。② 统计方法的基本假设是一系列空间数据相互相关，且预测值的趋势及周期可以用相关变量的函数来表示，常用的有趋势面分析法和多元回归分析法。③ 地质统计学方法的基本假设建立在空间相关的经验模型上，常用的是克里金插值法及其变种。④ 函数方法精度低，也难以估计误差，大多用于生成等高线等辅助型数据处理，常用的有傅里叶级数、双线性内插等。⑤ 随机模拟方法通过对空间的不确定性建模，产生一系列与实际数据一致并用相关模型联系起来的可选结果，常用的有高斯过程、人工神经网络等。⑥ 确定性模拟方法从观测值中获取经验参数，代入到物理模型中模拟空间分布，比如大气环流模式模型。

姜晓剑等（2010）使用我国逐日气象要素资料比较反距离权重法、协同克里金法和薄盘样条法 3 种插值方法后提出，薄盘多变量光滑样条技术可作为我国大量逐日基本气象要素的最优空间插值方法。因此，气候资源精细化推算方法采用薄盘多变量光滑样条函数方法，薄盘多变量光滑样条函数模拟采用 ANUSPLIN 系统，基于薄盘多变量光滑样条函数所建立的降水量、温度、太阳辐射以及气象要素在不同时间尺度的空间分布数据信息系统，能够实现以多个影响因子为协变量的插值，以及多个表面的插值，对于时间序列的气象数据尤其适用，是很理想的逐日气象要素插值软件。

图 9-2 显示了各程序的数据流程，在整个分析进程中的点数据和输出的点或栅格数据，均能在 GIS 和其他绘图软件中进行存储和使用。使用 SPLINA 和 SPLINB 模块分析得出的结果文件，提供了统计分析、误差检验的数据，并能显示 ADDNOT 为 SPLINB 确定的额外的节点；使用 LAPPNT 和 LAPGRD 模块能实现该输出结果的表面系数和误差协方差矩阵的查询；GCVGML 模块输出的 GCV、GML 文件还可以协助检测数据错误和样条模

型的修订。

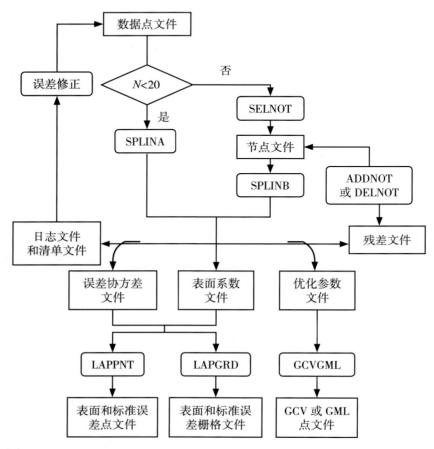

图 9-2　薄盘样条法数据分析流程

图 9-2 中 N 表示数据点个数；误差协方差文件只在使用 SPLINA 程序后产生，SPLINB 可应用于 2 000 个以内的数据点的计算，能节省计算时间和存储空间，还可提供执行不佳的数据的更可靠的分析。

以水城县南开乡为例，通过使用薄盘样条函数插值法对水城县年平均气温、降水量和日照时数进行插值，得到精细化气象要素分布如图 9-3 所示。由图 9-3 可知，作物种植所在地水城县南开区域站与水城县气象站气温、降水及日照相差均较小；其中，因水城县站海拔相比较高，故年平均气温略偏高，但相差在 1.5℃ 以内，属同一分级；降水量均在 1 100～1 200 mm；日照时数水城县站较南开区域站偏多约 50 h，总体差异较小。

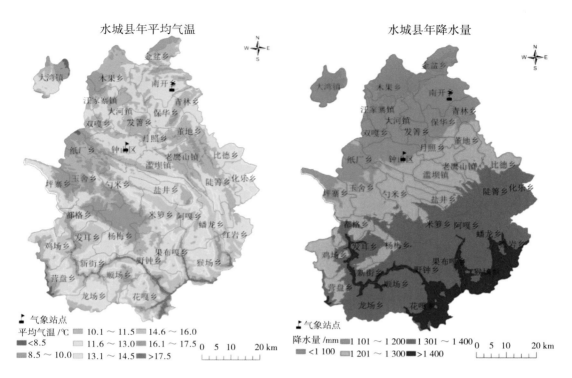

图 9-3　水城县年平均气温、降水量、日照时数分布

9.1.2.2　气象灾害风险评估技术

在某一区域内研究农业气象灾害风险，由于部分站点发生灾害资料年限少，存在统计信息不足的缺点，利用通常的频率统计或概率分布统计分析，结果可能会受到局限。信息扩散是为了弥补信息不足而考虑优化利用样本模糊信息的一种对样本进行集值化的模糊数学处理方法（张俊香等，2005），该方法可以将一个有观测值的样本，变成一个模糊集，即单值样本变成集值样本。目前该理论已经在国内外取得了一定的应用，张俊香等（2007）采用基于信息扩散原理的模糊风险计算模型，对中国沿海特大风暴潮灾害进行了风险评估；张继权等（2006，2007）利用信息扩散理论对吉林省草原火灾风险进行了评价，利用信息矩阵对草原火灾损失进行了风险研究，定量地评估了吉林省草原火灾风险。

信息扩散遵守信息量守恒的原则，即在一维条件下，当扩散区间为（a，b），若信息点 x_i 扩散到论域 U 的信息量为 $f(x_i, U)$ 每个信息点扩散出的信息量总和为 1，即：

$$\int_a^b f(x_i, U) = 1 \tag{9-1}$$

利用模糊数学中有关信息扩散的理论，可以将某种气象灾害样本的资料一个单值信息扩散到所设定的指标论域中所有的点，从而获得较好的风险分析效果。

设我们计算所得到的 m 年的某种农业气象灾害指数样本集合为：

$$R = \{r_1, r_1, \cdots r_m\} \tag{9-2}$$

根据某种气象灾害指数的范围可以设定灾害风险因素指标论域为：

$$U = \{u_1, u_2, \cdots u_n\} \tag{9-3}$$

则可以计算出对应指标论域的灾害风险指数论域为：

$$P = \{p(u_1), p(u_1), \cdots, p(u_n)\} \tag{9-4}$$

利用信息扩散对样本进行集值化的模糊数学处理方法，一个单值观测样本 r_i 可以将其所携带的信息扩散给 U 中的所有点，常采用的模型是正态扩散模型、三角扩散函数、二次扩散函数。陈志芬（2006）通过 C 语言编程，利用仿真数据进行检验，结果显示基于正态扩散的模型已经非常稳定：

$$f_j(u_i) = \frac{1}{\eta\sqrt{2\pi}} \exp[-\frac{(r_j - u_i)}{2\eta^2}] \quad (i=1,2,\cdots,n; j=1,2,\cdots,m) \tag{9-5}$$

其中 η 为扩散系数，可以根据样本集合 R 中样本的最大值、最小值和样本数 m 确定：

$$\eta = \begin{cases} 0.814\,6(r_{\max} - r_{\min}) & m = 5 \\ 0.569\,0(r_{\max} - r_{\min}) & m = 6 \\ 0.456\,0(r_{\max} - r_{\min}) & m = 7 \\ 0.386\,0(r_{\max} - r_{\min}) & m = 8 \\ 0.336\,2(r_{\max} - r_{\min}) & m = 9 \\ 0.298\,6(r_{\max} - r_{\min}) & m = 10 \\ 2.685\,1(r_{\max} - r_{\min})/(m-1) & m \geqslant 10 \end{cases} \quad (9\text{-}6)$$

为了在隶属函数中各集值样本的地位均相同，可令：

$$S_j = \sum_{i=1}^{n} f_i(u_i) \quad (j = 1, 2, \cdots, m) \quad (9\text{-}7)$$

则相应的模糊子集的隶属函数为：

$$\delta_{r_j}(u_i) = \frac{f_j(u_i)}{S_j} \quad (i = 1, 2, \cdots n; j = 1, 2, \cdots m) \quad (9\text{-}8)$$

式（9-8）中，δ_{rj} 为样本 r_j 的归一化信息分布。对 $\delta_{rj}(u_i)$ 进行处理，可以得到一种效果较好的风险分析结果。令：

$$q(u_i) = \sum_{j=1}^{m} \delta_{r_j}(u_i) \quad (9\text{-}9)$$

其中，物理意义可理解为：由 $R=\{r_1, r_1, \cdots, r_m\}$ 经信息扩散推断出，如果某种气象灾害指数只能取 $U=\{u_1, u_2, \cdots, u_n\}$ 中的一个，那么在将 $r_j\{j=1, 2, \cdots, m\}$ 均看作是样本代表时，观测值为 u_i 的样本个数为 $q(u_i)$ 个。再令：

$$p(u_i) = \frac{q(u_i)}{\sum_{i=1}^{m} q(u_i)} \quad (9\text{-}10)$$

其中，$p(u_i)$ 就是样本落在 u_i 处的频率值，可以作为概率的估计值，其中 $\sum_{i=1}^{m} q(u_i)$ 为各 u_i 点上的样本数总和。显然，超越 u_i 的概率值可以记为：

$$P(u_i) = \sum_{k=i}^{n} p(u_k) \quad (9\text{-}11)$$

因此，$p(u_i)$ 是所要求的某种气象灾害的超越概率，显然，对于某种气象灾害指数强度分级界值确定相应的 k 值，从而得到某种气象灾害不同等级发生的风险估计值，并可以制作不同等级气象灾害发生的超越概率图。

为了更充分利用信息扩散带来的信息，可令：

$$T_w = p(u_i) \times U^T \quad (9\text{-}12)$$

从而得到单种农业气象灾害风险评估值 T_w。

由于在传统上只注重了灾害的狭义的定义，将灾害发生风险定量为概率（或频率）乘以强度，而并未考虑其概率的分布规律及不确定性，这样并不能很全面地反映各地区的灾害风险。因为某些灾害发生不稳定不确定的地区，灾害所带来的危险性风险相对某些稳定概率发生的地区所带来的危险性风险更大，并且在灾害风险管理中稳定性概率发生的地区比不确定性大的区域相对易于管理。

任鲁川（2000）采用信息熵的理论和方法，引入了区域灾害熵和区域灾害加权熵概念，并给出了相应的计算公式和应用案例。因此，本研究在信息扩散所得到的超越概率 $P(u_i)$ 的基础上，分析其超越概率分布曲线，并利用超越概率信息熵来衡量灾害风险不确定性：

$$H_w=-SUM\{P(u_i)\times\log[P(u_i)]\} \tag{9-13}$$

根据以上农业气象灾害风险评估模型的分析，首先，利用建站起到 2007 年（多数站具有 47 年时间序列）历年气候资料与农业气象灾害指数求算公式，分别计算贵州省 87 个县站每年度农业气象灾害指数，从而得到各站点年序列的农业气象灾害指数样本集合表示如下：

$$R = \{r_1, r_2, \cdots, r_{47}\} \tag{9-14}$$

根据农业气象灾害指数的范围与强度划分标准，衡量考虑计算精度和计算复杂度的要求，以 5 为间距，可以设定灾害风险因素指标离散论域为：

$$U = \{0, 5, 10, 15 \cdots, 300\} \tag{9-15}$$

分别求得到各个县站的不同指标论域概率的估计值 $p(u_i)$，$i=61$，再求得超越概率 $P(u_i)$。根据农业气象灾害指数灾害等级划分标准，可以求得到不同等级轻、中、重、特重灾害的超越概率 $P(u_轻)$、$P(u_中)$、$P(u_重)$、$P(u_特重)$。在农作物气候品质认证中通过气象灾害风险分析模型，得到当地各种气象灾害风险，定位到基地所在位置，可以得到种植所在地作物遭受灾害的风险等级。

茶叶生长期内如遇气象灾害，就会对茶叶品质和产量带来较大影响。其中，影响春茶的气象灾害主要有凝冻、春旱、倒春寒和冰雹，影响夏茶和秋茶的气象灾害主要是高温、夏旱、冰雹（定义及分级标准详见第 4 章）。

9.1.2.3 作物气候适宜性精细化区划

农产品气候品质认证常年气候资源分析，对作物开展精细化农业气候适宜性区划，确定认证农产品在本地种植的气候适宜性情况，区划产品制作流程如下（图 9-4）。

1）确定区划因子和指标。通过分析作物基本生长发育的气候条件和影响作物品质的气候影响因子，例如，生长期的平均气温、休眠期的平均气温、年降水量、年日照时数、生长期的气温日较差等气候因子、灾害因子、土壤因子以及地形、坡度和坡向等，确定参

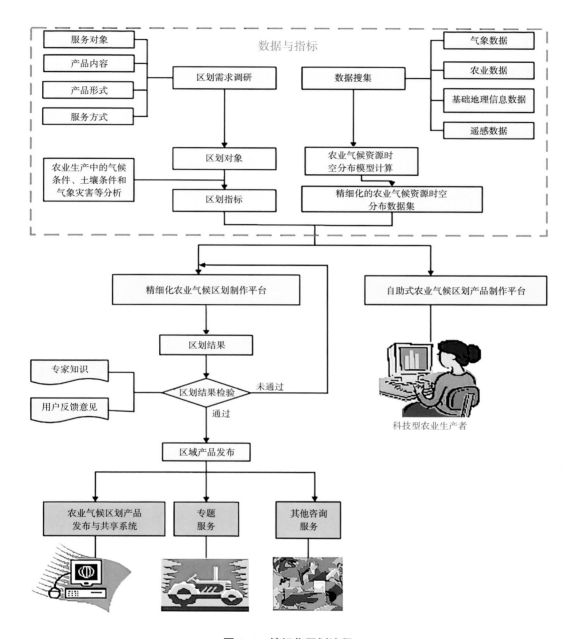

图 9-4　精细化区划流程

与农业气候区划的区划因子，以及相应的作物区划指标和灾害区划指标体系。

2）制作区划因子格点数据集。根据区划指标，收集相关的光、温、水气象要素、农业数据、基础地理信息数据和遥感数据，计算具有作物生理意义的区划因子、灾害区划因子，并收集其他辅助数据，利用空间分析推算模型法、梯度距离反比法推算、通用插值推算等方法进行要素空间格点值的推算，建立等经纬度投影的区划因子格点数据集。

3）选择农业气候区划方法。针对区划对象、区划因子和区划指标的特点，选择专家打分法、权重法、模糊综合评判法、聚类分析法以及决策树法开展精细化农业气候区划，完成精细化作物气候区划和农业气象灾害区划。

4）制作精细化区划产品。按照区划指标，对精细化农业区划数据进行分级，制作等经纬度投影的精细化农业区划产品数据集，并制图。

5）区划结果检验。通过专家咨询、实地考察等方式对区划结果进行检验，如果区划结果与实际情况不符，应调整区划指标或者区划方法重新进行区划，直至区划结果通过检验。

针对区划对象、区划因子和区划指标的特点，选择合适的区划方法。采用专家打分法、权重法、模糊综合评判法、聚类分析法以及决策树法开展农业气候区划，提高农业气候区划的客观化、定量化。

9.1.3　年度关键生育期气候条件分析技术

年度关键生育期气象条件分析主要应用关键生育期气象条件定量评估和气象灾害监测技术。关键生育期气象条件定量评估主要应用种植地自动站资料，统计分析关键生育期气象条件与常年气候条件或最优年气候条件进行对比分析。气象灾害监测技术主要在关键生育期气象条件分析的基础上，结合作物灾害指标，定量统计分析灾害发生情况。

关键生育期实时气象条件定量评估，主要通过作物生育期内气象光热水配置条件进行统计分析，以及当年气象条件与历史同期气象条件对比分析，从而获得当年气象条件相对历史平均值或最优年份偏离程度。

9.1.4　认证评价模型

认证综合评价主要应用专家打分法和层次分析法建立综合认证模型进行评判。综合运用常年气候条件适宜性分析、本年度关键生育期气象条件分析，结合作物生长生态环境因素，充分运用客观评判和主观权重，建立认证综合评价模型，获得最终评价得分。

根据对茶叶关键生育期气象条件的分析，设计茶叶气候认证模型：

$$W = 0.5X_1 + 0.3X_2 + 0.2X_3 \tag{9-16}$$

式中：X_1、X_2、X_3 最大值均为 100 分；X_1 为该区茶叶气候适宜性得分；X_2 为该区当年气象条件适宜性得分；X_3 为作物生长生态环境因素得分。选取产地森林覆盖率、品质抽查、标准化生产技术、质量安全技术规范作为优质茶叶生产环境认证因子。

此外，X_2 包括 α 和 β 两部分：综合考虑当地作物生长期内光温水气候要素对作物生育期是否适宜生产优良的作物认证得分为 α；同时考虑作物生长期内气象灾害（气象要素）对其品质影响认证得分为 β。

$$X_2=\alpha-\beta \qquad\qquad (9-17)$$

9.1.5 案例分析

茶是世界三大饮品之一，具有很高的营养价值，兼有药用、食用等多种用途，千百年来被人类广泛利用。茶树是典型的亚热带常绿植物，形成了喜温、喜湿、喜漫射光的习性，它所适宜的生长环境，需要较高的温度、空气湿度和水分，以及一定的光照条件。气象因子对茶叶产量及品质的影响也是多方面的，既影响鲜叶的色泽、大小、厚薄及嫩度，也影响其内含物质（如氨基酸、蛋白质、茶多酚、咖啡碱、糖类、芳香物质等）的形成与积累。从而也将影响这些鲜叶的品质，并进一步影响成茶的品质。下面为 2017 年普安县"普安红"气候品质认定案例。

9.1.5.1 认证区域和认证产品概况

普安县位于贵州省西南部乌蒙山区，黔西南布依族苗族自治州北部，北纬 25.18′～26.10′，东经 104.51′～105.9′。地貌呈南北走向长条形，南北长 96.6 km，东西宽 33 km，国土总面积 1 429 km²，东邻晴隆县，南与兴仁县、兴义市相连，西接盘州市，北与水城县和六枝特区接壤。地处云贵高原向黔中过渡的梯级状斜坡地带，县境呈不规则南北向长条形。地势特点是中部较高，四面较低，乌蒙山脉横穿中部将全县分为南北两部分：南部地势由东北向西南倾斜，北部地势由西南向东北倾斜。主要山脉：中部呈西南向东北走向的乌蒙山，南部呈西南向东北走向的卡子坡山，北部呈西南向东北走向的普纳山。这些山脉走向都顺应新老地质构造走向的分布，构成普安地貌骨架。境内最高峰长冲梁子位于中部莲花山附近，海拔 2 084.6 m，最低点石古河谷位于北部，海拔 633 m（图 9-5）。

普安县属亚热带季风湿润气候，其特点是四季分明，雨热同季，春秋温和，冬无严寒，夏无酷暑。普安县平均海拔 1400 m，森林覆盖率达 44.59%。具有低纬度、高海拔、寡日照、多云雾的地理优势，普安县茶叶园区气温高、降水较多、日照强，适宜大叶茶树的生长，且生态环境优良，空气、土壤无污染，重金属含量低，土壤有机质含量丰富，pH 值为 4.5～5.5，土层厚度 ≥ 45 cm，土壤结构良好，对发展绿色食品茶和生态有机茶具有得天独厚的条件。

以普安的"普安红"茶作为认证作物产品，"普安红"原名为"福娘红茶"，属云南大叶种，叶片偏厚，生长缓慢，受环境和气候的影响采茶的时间为全国最早，素有"黔茶第一春"的美誉。"普安红"茶汤色红艳明亮，颜色喜庆，入口醇和，高雅持久，外形秀丽隽永。产地范围为普安县楼下镇、青山镇、新店镇、罗汉镇、地瓜镇、江西坡镇、高棉

图 9–5　普安县茶叶核心产区江西坡及普安县地形示意

乡、龙吟镇、兴中镇、白沙乡、南湖街道、盘水街道 12 个乡镇街道现辖行政区域,以青山镇和江西坡的茶场面积最广。

　　普安县独特的地理条件和丰富的热量资源造就了普安茶"早"的独特优势,每年春节前即有新茶上市,素有"黔茶第一春"的美誉。普安茶具有耐泡,水浸出物、氨基酸、茶多酚含量高,呈栗香、自然兰花香,锌、硒元素丰富等特点,常饮有延年益寿之功效,是红茶的优质原料。普安红茶始于当地传统品牌"福娘茶",2015 年 5 月 12 日,时任省委书记赵克志,现任省委书记陈敏尔到普安视察,品尝了普安红茶,并将"福娘茶"命名为"普安红",并明确为贵州省"三绿二红"茶叶战略中重点打造的红茶品牌。普安以 30 多年前建成的万亩茶场为基础,至 2016 年年底已建成茶园 12.1 万亩。

　　2016 年 10 月,普安红茶被列为国家质量监督检验检疫总局发布地理标志产品,明确普安红茶产地范围为贵州省普安县楼下镇、青山镇、新店镇、罗汉镇、地瓜镇、江西坡镇、高棉乡、龙吟镇、兴中镇、白沙乡、南湖街道、盘水街道 12 个乡镇街道。普安县目前有福建正山堂茶业、普安宏鑫茶业、富洪茶业、福娘茶业、布依人家茶业等多家茶企的"普安红"红茶。

9.1.5.2　主要(关键)天气气候条件分析

(1)气象资料来源

　　认证书所用的资料主要有认证区域内多要素的气象观测资料、茶树生长发育与分布状况的调查、文献收集资料。

普安县常规气象观测站近 30 年逐日气象（包括：最低气温、最高气温、平均气温、降水量、日照时数、平均相对湿度）、江西坡茶园内的细寨 6 要素自动气象观测站和普安18 个自动气象观测站的逐时次资料均来源于贵州省气象信息中心。

特别说明：制作报告时间为 4 月初，对于夏茶、秋茶和冬茶的生育期气象条件，由于没有实况观测资料，特采用中国气象局国家气候中心海气耦合模式季节预测 2 代产品（温度距平，降水距平百分率和射出长波辐射及其距平）做参考。

（2）作物生育期分析

普安县茶园春茶采摘期比贵州省其他地区的茶叶采摘时间早 10 ～ 20 d，主要是因为普安县地处黔西南地区，冬春平均温度较其他的产区偏高，且主要栽种的是早芽种茶树。每年茶树春茶开始萌动发芽基本于当地茶园平均温度稳定通过 10℃，且持续 1 周左右才能顺利萌发，茶树新梢生育有明显的周期性；当春季气温达 10℃以上，并持续一定时间，越冬芽鳞片开展，鱼叶伸展后展开真叶，当真叶展开 4 ～ 8 叶时，顶端出现主芽，经短暂休止后继续第 2 次生长。普安气候温暖湿润，非常适合茶叶生长，每年萌发轮次可以达到4 ～ 5 轮（表 9-1）。

表 9-1　普安茶叶产区茶树的生长周期及与气象条件的关系

生育期名称	常年生育期时段（月）	当年生育期时段（月）	主要农事活动	有利气象条件	不利气象条件
春茶	2 月中下旬—4 月	2 月中旬—4 月	采摘	多云雾、寡日照	低温、凝冻
第一次夏茶（二水茶）	5—6 月	5—6 月	采摘、修剪、绿色防控	多雨、多雾	冰雹、干旱
第二次夏茶（三水茶）	7—8 月	7—8 月	采摘、修剪、绿色防控	多雨、多雾	冰雹、干旱
秋茶	8—9 月	8—12 月	采摘、修剪、绿色防控	多雨、多雾	冰雹、干旱
越冬萌芽	12—2 月	1—2 月	种植、施肥	湿度	低温、干旱、凝冻

（3）生长期气候条件分析

1）常年气候条件分析。普安县属中亚热带常绿阔叶林季风湿润气候区，年平均气温13.9℃，最冷月平均气温 4.8℃，最热月平均气温 20.8℃，历年极端最高气温 30.9℃，极端最低气温 –5.8℃。年平均降水量 1 350.7 mm，春茶抽芽采摘期间 2—4 月平均累积降水量 122.2 mm，占全年降水量的 9%，夏茶采摘期间 5—8 月平均降水量 908.8 mm，占全年降水量的 67.3%，秋茶采摘期间 8—9 月平均降水量为 367.6 mm，占全年降水量的 27.2%，冬茶采摘期间 10—11 月平均降水量 126.8 mm，占全年降水量的 9.4%；相对湿度 81%，全年平均日照时数 1 452.0 h，日照百分率为 27%，日平均气温 ≥ 10℃ 的活动积温为 4 345.7℃·d，平均蒸发量为 1 427.5 mm，热量资源非常丰富（表 9–2）。普安县常年气候具有温暖湿润、光照充足、热量丰富、雨量充沛等特点，其水热条件，特别茶叶生长。

表 9–2　普安县常规气象要素月平均气候概况

月份（月）	平均温度（℃）	日照时数（h）	极端最高温度（℃）	极端最低温度（℃）	平均降水量（mm）	相对湿度（%）
1	4.8	84	21.4	−3.8	26.4	86
2	7	101.4	25.9	−3	28.4	80
3	10.9	132.5	28.2	−1.2	36.2	75
4	15.3	150.9	30.9	3.8	57.6	73
5	18.1	152.5	31.4	8.2	146.7	76
6	19.8	115.3	29.6	12.3	269.6	82
7	20.8	145.8	28.9	14.9	271.5	83
8	20.3	156	29.3	13	221	83
9	18.1	122.8	28.9	8	146.6	82
10	14.4	91.1	27.1	5.2	92.6	86
11	10.7	102.9	24.5	0.2	34.2	83
12	6.4	96.8	22.5	−5.8	19.9	84
合计/平均	13.9	1 452.0	—	—	1 350.7	81
年极值	—	121.0	30.9	−5.8	—	—

主产区江西坡茶园内的六要素站点设立在细寨，与普安县常规观测站点有 400 m 左右的高度差，因此细寨六要素站点的温度较常规观测站点温度偏高，将 2 站点 2015 年 6 月 1 日—2017 年 2 月 28 日的逐日温差变化绘制出来，见图 9-6。平均温差 2.4℃，四季温差变化不大，因此可以用普安常规观测站作为参证站，对气候资料订正得到江西坡茶园地区的温度气候平均状态。

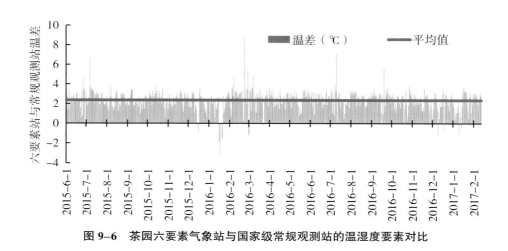

图 9-6　茶园六要素气象站与国家级常规观测站的温湿度要素对比

2）常年热量条件分析。普安县茶叶园区热量条件优越。茶树原生于亚热带丛林，它长期以来适应了比较温暖的气候。因此，它在整个生长发育期间，都需要较高的温度，在亚热带的冬季，气温较低，茶树常有一段休眠时期，待到第二年春天到来，气温逐渐回升以后，茶树上的越冬的休眠芽才又开始萌动。同时，温度是影响茶树鲜叶中化学成分含量的一个重要因素，要求年平均气温在 14℃以上，最热月平均气温 20～30℃，普安县年平均温度见图 9-7，最高为 17.8℃（江西坡），最低为 14.5℃（白沙），温度符合茶

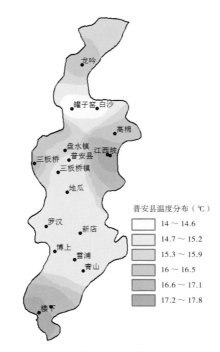

图 9-7　普安县年平均温度气候分布（℃）

叶生长的要求；年生长周期内至少需要 $\Sigma T_{\geq10℃}$ 积温 3 500 ～ 4 000℃·d，而以 4 000 ～ 5 000℃·d 最适宜，普安县 $\Sigma T_{\geq10℃}$ 积温平均为 4 570℃·d，江西坡为 4 828℃·d，处于最适宜的范围。据调查研究，茶树生长最适宜的气温范围在 20 ～ 25℃，普安县茶园基本从 5—9 月上旬气温都稳定在 20 ～ 25℃，当气温低于 20℃或者高于 30℃时，生长缓慢；超过 35℃，持续几天并伴随低湿，茶树新梢就会出现枯萎，叶片脱落，而普安几乎很少出现 30℃以上的高温，因此也避免了高温带来的损失。

根据普安县常规气象站点近 30 年的气候资料订正得到的江西坡细寨站点的气候逐日平均温度分布见图 9–8。2 月 12 日日平均温度最早超过 10℃，2 月下旬温度在 10℃上下波动，直到 3 月 2 日才稳定通过 10℃后逐步上升，普安广泛栽培的云南大叶种茶树属早芽种，萌动所需的活动积温（$\Sigma T_{\geq10℃}$）大致为 100℃·d，根据活动积温的气候平均曲线分布状况可知，江西坡细寨站的活动积温在 2 月 23 日超过 100℃·d，3 月 15 日超过 300℃·d，说明普安茶叶的萌发期在 2 月下旬—3 月上旬，即温度稳定通过 10℃后约 10 d，且活动积温积累至 100℃·d。

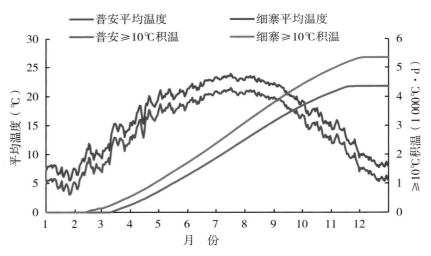

图 9–8　普安县常规观测站和细寨茶园 6 要素站点日平均气温和 ≥ 10℃积温的气候逐日分布值

普安县年平均气温 13.4 ～ 15.1℃，≥ 10℃的活动积温为 4 433 ～ 5 138.3℃·d，从热量条件来看，普安县全年热量条件在最适宜范围，很适宜茶树的生长，≥ 10℃的持续天数为 236 ～ 280 d。根据研究结果，表明茶树新梢生长的每一轮次所需热量可概算为 1 000℃·d 左右，据调查，普安县茶树年周期的萌发轮次在 4 ～ 5 次，年内茶叶的抽梢轮次与热量条件有着密切关系。茶区全年 ≥ 10℃的活动积温及持续天数，直接反映出该茶区全年获得热量的多少及茶树全年生长期的长短。因此可以看出，普安县全年热量条件丰富，非常适宜茶树生长，采摘轮次较多。

　　热量条件的地区差异不仅仅决定了茶树年周期内萌发轮次的差异，而且还决定了茶叶内含物成分的地区差异。温度对茶树体内碳、氮代谢平衡有显著影响。经研究发现，温度对茶叶品质的影响，主要由活动积温、昼夜日较差和平均温度等因子来衡量，活动积温升高，茶叶的水浸出物、咖啡碱、儿茶素总量、GA、EGC、GCGE、CG 含量也逐渐升高。

　　一般来说，在水分得到充分保证的条件下，积温越多，茶叶采摘批次就越多，产量越高。普安县的平均温度除 1995 年为 13.4℃之外，其余年份平均温度基本在 13.5 ～ 15℃，≥ 10℃活动积温范围为 4 433 ～ 5 178℃·d（图 9-9）。茶园茶叶生长季节，最热月平均温度在 20℃左右。这样土壤中的有机质积累大于分解，有利于土壤肥力的提高，便于根系对养分的吸收，增加茶树根部氨基酸的合成，而且随着海拔高度每增加 100 m，气温相应要降低 0.5 ～ 0.6℃这更有利于氨基酸的运输和积累。普安县茶园种植地土壤 pH 值是 4.5 ～ 5.5，年降水量在 1 000 mm 以上，茶叶生长季节降水量在 100 mm 以上，保证土壤田间持水量保持在 70% ～ 80%。总体来看，普安县热量资源丰富，茶叶品质好，茶叶采摘时间长、产量高。

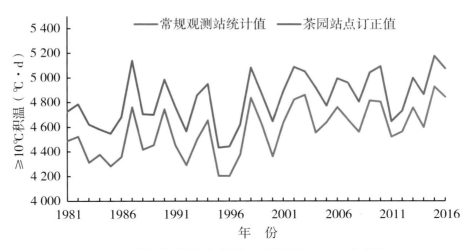

图 9-9　常规观测站点和茶园订正后的逐年 ≥ 10℃年积温

3）常年降水和相对湿度条件分析。

　　普安县具有良好的雨润环境。茶树喜湿润，一般认为在无灌溉条件下，茶树要求年降水量在 1 000 mm 左右，至少要在 800 mm 以上，才能满足年周期正常生长需要，在采摘期间要求月雨量达 100 mm，相对湿度达 80% 以上，才有利于茶叶鲜叶的持嫩性、品质及产量的提高。

　　普安县多年平均年降水量为 1 376.9 mm，年降水量在除 2011 年大旱为 668.3 mm 外，其他年份均在 842.5 ～ 1 841.3 mm，年雨日 151 ～ 238 d，平均年雨日为 196 d（图 9-10）。

茶树生长季降水量平均为 1 279 mm，占全年降水量的 94%，相对湿度多年平均达到 81%（图 9-11）。

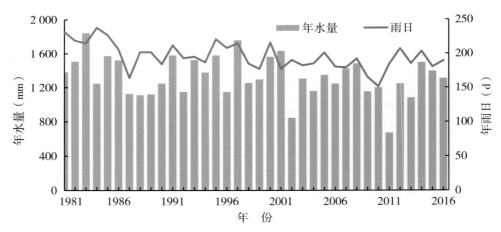

图 9-10　普安常规观测站逐年总降水量和年雨日的时间变化

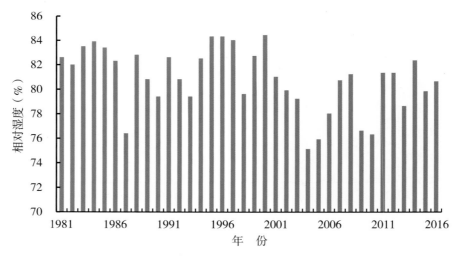

图 9-11　普安常规观测站年平均相对湿度年际变化

4）常年日照条件分析。

普安县年日照时数处于 1 121.9 ～ 1 726.8 h，气候平均年日照时数为 1 454.2 h（图 9-12），日照时数处于全国低值区。茶树喜爱散射光，普安县气候特点之一就是多云雾，多阴天，太阳辐射强度小，因而光照中散射光、漫射光多，民间有句俗话说"天无三日晴"。云雾漂浮，散射光、漫射光非常丰富，吸收光波较长的红橙光和红外线，让光波较短的蓝紫光合紫外线顺利通过，使茶树能更有效地利用光能，加强光合作用，增加茶叶的物质积累，促进芳香物质的形成，提高茶叶的品质。在散射光条件下生育的茶叶新梢的氨基酸、咖啡碱等含量丰富，茶叶纤维素含量较低，这使得茶芽肥厚柔软、持嫩性强，芳香性好，从而为茶叶品质奠定了物质基础。普安县受到西南季风影响，孟加拉湾的水汽输送，而下垫面又崎岖不平，在树林茂密的山地更是有利于水汽凝结，春夏常常是"晴时早晚遍地雾，阴雨成天满地云"。

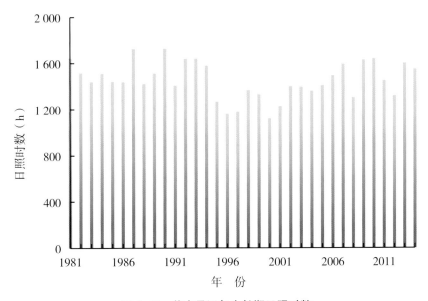

图 9–12　普安县逐年生长期日照时数

5）常年水热条件分析。

根据有关研究，水热系数 K 是以积温表示的一种降水蒸发比，是将一年内不小于 10℃ 的积温总和与同时期的降水总和的比值的 10 倍定义为水热系数。

$$K = \frac{\sum P}{0.1 \sum T} \tag{9.18}$$

就茶树的水分平衡而言，水热系数至少不小于 1.5，而最适宜茶区的水热系数不低于 2.0～3.0。普安县的水热系数变化见图 9–13，除 2011 年（K=1.2）和 2002 年（K=1.6）降水异常偏少年份外，其余 30 年水热系数均为 2.0 以上，水热系数的气候平均为 2.6，符合最适宜茶区的水热配置标准。普安县不同茶季内水分供应，湿润状况是良好的，同时，各季茶和茶叶采摘期间，气候年平均相对湿度达 80% 以上，说明普安县茶园在采摘期内水分供应与需水量、湿润状况良好，达到了适宜茶区的要求。

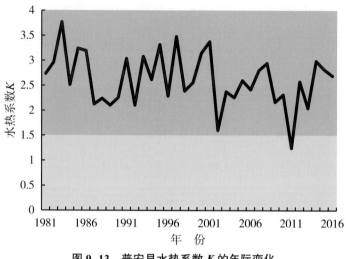

图 9–13　普安县水热系数 K 的年际变化

表 9-3 为各个名优红茶产区的水热系数分布情况，名优茶区的水热系数均高于 1.5，其中安徽祁门产区、福建武夷山茶区和遵义湄潭茶区的水热系数都达到 2.0 以上，普安茶区的水热系数多年平均值为 2.6，说明普安茶区的水热配置具有栽培名优茶的气候条件。

表 9–3　普安县与其他名优红茶产区的水热系数 K 的气候平均对比

系　数	普　安	祁　门	武夷山	湄　潭	临　沧	珙　县
K	2.6	2.8	2.75	2.0	1.7	1.8

本年度关键生育期气候条件分析：

越冬期（2016 年 12 月 1 日—2017 年 2 月 9 日）。越冬期茶树停止生长，进入休眠，日平均气温低于 –5℃ 的低温就会产生冻害。普安县茶树 2016 年 12 月—2017 年 2 月中上旬茶园越冬期平均温度为 7.9℃，较历年同期平均温度偏高 2.2℃，日最低气温未低于 0℃（图 9–14），因此此次越冬期没有冻害；降水量为 38.7 mm，较历年同期偏低 31%，日照时数达 208 h，较历年同期基本相同，整个越冬期间温度偏高，降水偏少，日照适宜，温差较大，无冻害、无高温、无干旱发生，可安全越冬。

春茶萌动期（2016 年 2 月 10 日）—开采期（3 月 23 日）。这段时期普安县常规观测站资料所得逐日光、温、水三要素配合情况见图 9–15。可看出 2 月中旬温度稳步回暖，之后经历了一次强降温，据查为冷空气南下导致的全国大范围降温降水过程，温度最低降至 0.5℃（2 月 24 日），之后有几次弱的降温过程，但总的回暖形势明显，整个萌动期—采摘期有 4 次降水过程，总降水量达到 42.8 mm，其间的 42 d 有 23 d 为阴天或阴雨天，总日照时数为 156 h，平均每日 3.6 h，说明光、温、水 3 要素配合较好，没有低温阴雨、

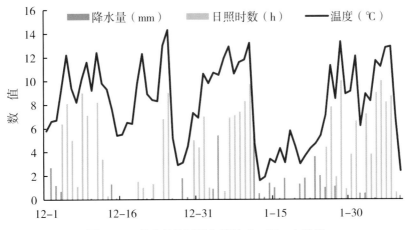

图 9-14 普安县茶树越冬期的光、温、水配置

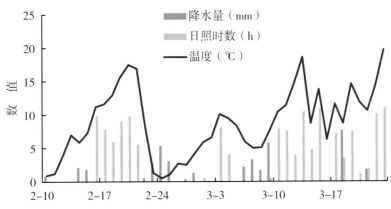

图 9-15 普安县常规站萌芽期一采摘期的光、温、水配置

倒春寒等不利于茶叶生长的气象灾害发生。

根据气候资料推算出来的萌动起始温度只能作为研究的参考，当年的萌动起始温度是在此基础上提前还是推后，则取决于当年生育期内气象条件的配合情况。由于 2016 年冬季全省气温较历年同期偏高，普安县也偏高较多，2017 年早春茶的萌发时间明显提前，2017 年 2 月 14 日科技人员赴普安江西坡茶园调查期间已发现少部分茶树开始芽膨大和伸展，因此以 2017 年 2 月 10 日开始计算有效积温，直到报告制作时间止的累积有效积温。不同品种茶叶从萌动到采摘期所需的积温条件差异较大，普安茶园大部分为云南大叶种（早芽种）从萌发到采摘至少需要 300℃ · d 的有效积温（$\Sigma T_{\geqslant 10℃}$）条件。春季茶树萌发后，新稍将随着活动积温的增加而不断增长，通常茶树新稍每展一片茶树嫩叶需要活动积温 90 ~ 100℃ · d。根据普安县常规气象观测站点的当年数据资料，计算得到的以有效积温为依据确立的普安县茶园萌动期（$0 < \Sigma T_{\geqslant 10℃} \leqslant 100℃ · d$）为 3 月 2 日左右、鱼叶展

开期（100<$\Sigma T_{\geqslant 10℃}$≤ 200℃·d）为3月中旬，一真叶期（$\Sigma T_{\geqslant 10℃}$>200℃·d）3月下旬。茶树各生育期有效积温累积曲线与各生育期阶段对应关系见图9-16。

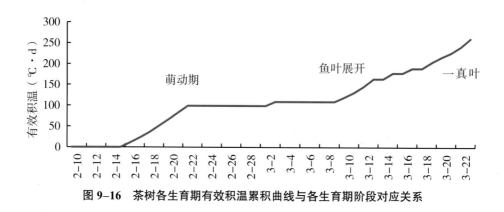

图9-16 茶树各生育期有效积温累积曲线与各生育期阶段对应关系

由于普安县地形和海拔高度差异最大达到500m以上，因此处在不同位置的茶园新芽萌发的时间不同。根据2月10日—3月23日的有效积温分布图可知（图9-17），江

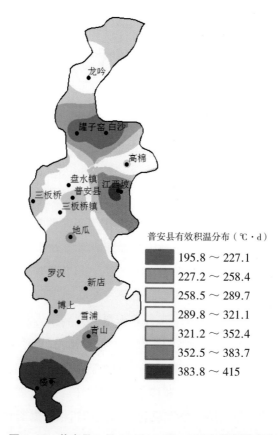

图9-17 普安县2月10日—3月23日有效积温分布

西坡和青山等主要核心茶叶产区的有效积温达到300℃·d以上，江西坡有效积温达到405℃·d，已满足采摘一芽一叶甚至一芽两叶的采摘要求，而北部的罐子窑和白沙站点有效积温仅211.1℃·d和195.8℃·d，还未达到鱼叶完全展开的积温要求，其他大部分地区都处于一芽一叶展开期，由于海拔和坡度坡向的差异造成的积温差别，能造成茶叶采摘期相差甚远。

根据普安县18个自动气象观测站点和1个常规观测站点的资料统计得到有效积温划定的各地茶园春茶生育期的临界日期：萌动期（$0<\Sigma T_{\geqslant 10℃}\leqslant 100$℃·d）、鱼叶展开期（$100<\Sigma T_{\geqslant 10℃}\leqslant 200$℃·d）和一叶期（$\Sigma T_{\geqslant 10℃}>200$℃·d），见表9-4。

表9-4　普安县各个自动气象站春茶萌发—采摘期有效积温对比

序　号	站　名	海拔（mm）	2月10日—3月23日有效积温$\Sigma T_{\geqslant 10℃}$（℃·d）		
			90～100	200	300
1	高兴村	1 395.0	3月3日	3月14日	3月23日
2	中心村	1 112.0	2月20日	3月12日	3月19日
3	保冲村	1 650.0	3月3日	3月15日	3月23日
4	坡脚村	1 370.0	2月20日	3月11日	3月18日
5	新　店	1 590.0	3月9日	3月18日	—
6	雪　浦	1 510.0	3月3日	3月15日	—
7	高　棉	1 390.0	3月3日	3月14日	—
8	江西坡	1 212.0	2月19日	3月4日	3月15日
9	三板桥	1 275.0	3月2日	3月13日	3月21日
10	地　瓜	1 531.0	3月9日	3月19日	—
11	罐子窑	1 670.0	3月11日	3月23日	
12	青　山	1 519.0	3月3日	3月13日	3月20日
13	楼　下	1 274.0	2月20日	3月11日	3月17日
14	博　上	1 661.0	3月3日	3月16日	—
15	罗　汉	1 600.0	3月3日	3月16日	
16	窝　沿	1 221.0	3月2日	3月13日	3月21日
17	白　沙	1 296.0	3月12日	3月24日	
18	龙　吟	1 296.0	2月21日	3月13日	3月23日
19	普安县	1 648	3月2日	3月19日	—

萌动期结束最早为处于较低纬度的中心村、江西坡、楼下和龙吟（海拔1 100～1 300 m），在2月19日至20日就通过了100℃·d的有效积温，罐子窑站于3月11日达到有效积温要求，为最晚结束萌动期的站点，其他站点基本于3月初就完成萌动期有效积

温的累积。江西坡站最早在 3 月 4 日即达到 200℃·d 有效积温的累积，稳定通过鱼叶展开期，比其他站点早至少 10 d，其他站点基本于 3 月中旬陆续达到有效积温积累要求。开采期要求新稍为一芽一叶或一芽两叶，统一将有效积温 300℃·d 作为标准，江西坡 3 月 15 日即达到采摘条件，且日平均温度稳定在 10℃ 以上，中心村、坡脚村和楼下村也属于较早采摘的区域，其余区域在 3 月下旬陆续开采。

第一次夏茶（二水茶）（5—6 月）。根据气候模式得出的估测结果，普安地区的温度距平在 5 月偏高 1℃ 左右，6 月略偏低，根据气候平均温度推算，5—6 月温度平均约为 19℃，5 月气温的偏高有利于加快茶树的二次萌发，6 月采摘期气温能够达到气候平均状态；两月的降水估测均表现为偏多，5—6 月气候平均降水量分别为 146.7 mm 和 269.6 mm，水热系数（K）达到 3.5 左右，降水偏多情况下更加有利于二水茶的萌发和生长，从水热条件配合推测二水茶生育期期间的气象条件优于常年平均状态。

第二次夏茶（三水茶）（7—8 月）。根据气候模式得出的估测结果，普安地区的温度在 7 月与气候状态持平（20.8℃），8 月略偏高，根据气候平均温度推算，7—8 月温度平均约为 20.8℃；7 月月降水量较常年略偏少，8 月与常年持平，两月累计约为 500 mm，较常年约少 50 mm。水热系数（K）达到 4.1 左右，非常适合茶树的生长。

秋茶（9—11 月）。根据气候模式得出的估测结果，普安地区的温度距平值在 9 月偏高 1～1.5℃（约为 20℃），10 月略偏低（约 14℃），11 月与气候平均持平（10.7℃），降水估测结果为，9 月与气候平均持平（146.6 mm），10 月略偏多（约 110 mm），11 月偏多较多（约 60 mm），从水热因子配合来看，9 月水热系数（K）为 2.4，仍处于较为适宜的范围，秋茶由于 10—11 月的温度下降，有效积温积累速度放慢，生长期延长，10—11 月采摘期水分条件较常年偏好，有利与茶叶品质的提升。普安由于温度适宜，通常在 12 月还能采摘一段时间，即秋芽冬采。根据气候模式得出的估测结果，普安地区 12 月温度平均为 0.5～1℃（约为 7.2℃），降水量略偏少（约为 14 mm，气候月平均为 19.9 mm），说明秋芽的生长条件与常年同期基本一致。

本年度作物生育期内气候条件与历年同期对比分析如下。

越冬期（2016 年 12 月—2017 年 2 月 9 日）。2016 年 12 月—2017 年 2 月中旬茶园越冬期平均温度为 7.9℃，较历年同期平均温度偏高 2.2℃，日最低气温未低于 0℃，最低温度曲线与历史日平均逐日温度变化较为一致，统计时段内日较差有 3 成的比例达到 10℃ 以上，说明日较差较大，平均达到 6.8℃，在偏暖背景下的日较差偏大避免越冬期出现冻害；降水量为 37.9 mm，较历年同期偏少 31%，日照时数达 208 h，较历年同期基本相同，整个越冬期间温度偏高，降水偏少，日照适宜，温差较大，无冻害、无高温、无干旱发生，可安全越冬，但由于暖冬的最低温度偏高导致来年发生病虫害的风险增大（图 9-18）。

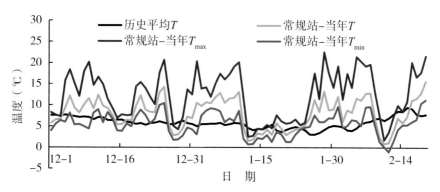

图 9-18　普安县常规站越冬期温度与历史同期对比

春茶萌动期（2017 年 2 月 10 日）—开采期（3 月 23 日）：2017 年 2 月 10 日—2017 年 3 月 23 日茶园平均温度为 8.7℃，较历年同期平均温度偏低 0.5℃，日最低气温只有 1 d 低于 0℃（2 月 11 日 –1℃），平均温度的曲线变化与历史平均变化一致，统计时段内日较差有 35% 的比例达到 10℃以上，日较差较大，平均达到 7.8℃（图 9-19），据有关研究，春茶生育期内昼夜温差越大，越能促进茶树新稍伸展速度加快，同时也有增加产量的趋势（在二茶、三茶期间恰恰相反）；降水量为 40.7 mm，较历年同期偏少 2.4 mm，雨日 18 d（占 43%），日照时数达 156.1 h，较历年同期偏少 10%，一半时间内日照时候均不足 2 h，其中 20 d 日照时数为零。春季阴雨寡照，温度适宜的条件利于茶叶生长。

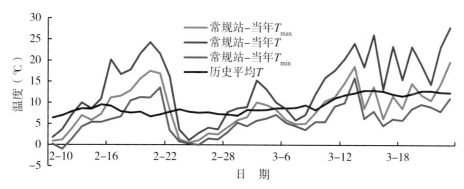

图 9-19　普安县常规站萌动期—开采期温度与历史同期对比

夏茶和秋茶的模式估测结果是基于气候平均状态的距平情况，详见上一节分析。

9.1.5.3　常年气象灾害分析

茶叶生长期内的主要气象灾害：低温冷害、干旱、冰雹等，灾害期间如果没有做好预防管护工作，就会对茶叶品质和产量带来较大影响。其中，影响春茶的气象灾害主要有凝冻、春旱、倒春寒和冰雹，影响夏茶和秋茶的气象灾害主要是高温、夏旱、冰雹。

（1）凝 冻

普安地区冬季凝冻情况见表 9–5，为普安县常规观测站资料统计得到的凝冻情况及根据温差订正得到的江西坡茶园的各年凝冻概况。20 世纪 80 年代的凝冻灾害较为严重，近 20 年来有明显的减少，过程最低温度为 –5.8℃。普安在近 34 年的统计时段内有 13 年的凝冻日数低于 5 d，且根据凝冻天气过程定义要求，有 10 年都有凝冻发生但并不达到凝冻天气过程的要求，11 年为有一次凝冻过程但总天数不超过 10 d。茶树在冬季休眠期内具有一定的耐寒性，温度不低于 –5℃即不会有影响，而普安县的极端最低温度为 –5.8℃，凝冻过程出现 2 次低于 –5℃的凝冻天气，分别为 –5.4℃（1992 年）和 –5.8℃（2000 年）略低于临界温度。因此，在凝冻灾害发生时茶园应该因地制宜采取的防冻措施，包括撒播石灰增热剂，喷洒生物抗寒剂和其他科学绿色的防冻措施，将冻害对茶树的影响降低到尽可能低的程度。

表 9–5　普安县 1981—2014 年逐年冬季凝冻情况

年 份	天 数	次 数	江西坡凝冻订正天数	普安凝冻日期（月–日）	最低温度
1981	2	0	0	2–25，2–26	–0.8
1982	8	1	8	12–19，12–20，2–9—15	–2.6
1983	11	2	11	12–25，12–26，1–9—14，1–19—21	–4.4
1984	33	2	30	12–23—1–4，1–19—2–10	–4.8
1985	23	2	20	12–18—31，1–4—13	–4.6
1986	3	1	3	2–28—3–2	–4.1
1987	1	0	1	1–25	–1.3
1988	12	2	11	11–30，1–17—18，2–17—19，3–1—6	–3.4
1989	20	1	17	1–12—13，1–16，1–18，1–21，1–27—2–10	–3.7
1990	9	2	8	1–20，1–21，1–31，2–2—4，2–24—26	–2.5
1991	0	0	0	无	无
1992	9	1	6	12–27—29，1–8.1–9，1–15，1–18，2–11，3–7	–5.4
1993	9	1	9	1–14—15，1–17—23	–4.2
1994	8	1	7	12–15—16，12–18，1–18—22，	–4.3
1995	6	1	5	1–2，1–3，1–24，1–30，1–31，2–4	–2.9
1996	18	2	15	1–18—19，1–26—28，1–30，2–1—3，2–18—26	–4.3
1997	3	0	2	1–24，1–25，2–7	–1.5
1998	13	2	11	12–10—12，1–18—26，2–5	–2.9
1999	5	1	5	1–10—12，1–14—15	–4.9
2000	9	1	9	12–21，1–28—2–2，2–4，2–5	–5.8
2001	0	0	0	无	无
2002	0	0	0	无	无

（续表）

年　份	天　数	次　数	江西坡凝冻订正天数	普安凝冻日期（月-日）	最低温度
2003	8	1	8	12-26—30，1-5，1-7—8，	-3.9
2004	12	2	12	1-19—23，1-26—27，2-3—7	-2.9
2005	8	2	7	12-30—1-2，1-11—13，2-19—20	-3.3
2006	6	2	5	1-6—8，1-22—24	-2.7
2007	4	0	4	1-7—8，1-17—18	-1.8
2008	24	2	23	1-15—16，1-18，1-21—24，1-27—2-1，2-3—14	-4.7
2009	3	0	3	12-23，1-25—26	-1.5
2010	3	0	3	11-18—19，2-18	-2
2011	24	2	24	1-3，1-6—11，1-14—15，1-17—20，1-22—31	-4.1
2012	7	1	6	1-4，1-6，1-22，1-24，1-26，1-27，2-10，2-18	-2.8
2013	8	1	8	1-3—10	-4.5
2014	8	1	8	12-28—29，2-10—15	-3.7

注：12月为当年冬季月份，如1981年一栏中的12月表示1980年12月。

（2）干　旱

按照干旱地方标准统计得到的近几年各季节的干旱情况见表9-6。贵州省地方干旱标准见表9-7。

表9-6　近几年来普安县各个季节的干旱日数

年　份	春　季		夏　季		秋　季		冬　季		灾情描述
	D	Dc	D	Dc	D	Dc	D	Dc	
1981	44	30	13	9	32	12	48	14	
1982	52	38	5	3	27	10	22	14	
1983	33	23	10	7	6	3	43	34	
1984	70	70	18	12	5	5	86	66	秋冬连旱66 d
1985	4	4	5	5	30	17	27	17	
1986	154	154	11	5	36	13	43	16	冬春连旱154 d
1987	102	102	22	16	32	18	51	20	冬春连旱102 d

（续表）

年 份	春季		夏季		秋季		冬季		灾情描述
	D	Dc	D	Dc	D	Dc	D	Dc	
1988	35	14	19	8	9	5	97	64	
1989	32	10	12	7	21	17	50	17	
1990	53	53	25	11	36	17	31	17	
1991	88	84	10	4	30	19	28	21	冬春连旱 84 d
1992	35	22	28	17	39	24	45	30	
1993	62	55	12	7	23	12	64	40	
1994	48	40	9	9	31	16	29	10	冬春连旱 40 d
1995	39	17	11	8	33	13	46	13	
1996	20	11	2	2	42	12	26	10	
1997	31	17	5	3	4	4	91	55	
1998	64	61	4	4	40	16	46	18	
1999	63	55	0	0	19	12	84	51	冬春连旱 55 d 秋冬连旱 51 d
2000	33	13	6	6	50	17	139	61	
2001	128	78	2	2	30	21	55	31	冬春连旱 128 d 秋冬连旱 53 d
2002	53	17	11	7	29	20	121	67	秋冬连旱 54 d
2003	54	67	16	9	50	34	105	54	冬春连旱 67 d 秋冬连旱 34 d
2004	21	21	7	4	19	13	112	69	冬春连旱 54 d
2005	60	32	2	2	11	8	97	50	冬春连旱 69 d 秋冬连旱 50 d
2006	64	54	17	8	25	10	74	53	秋冬连旱 53 d
2007	148	107	6	4	11	4	86	69	冬春连旱 107 d 秋冬连旱 69 d
2008	48	43	8	6	31	12	139	105	
2009	77	77	15	6	61	31	90	31	冬春连旱 105 d 秋冬连旱 62 d
2010	131	120	7	7	27	14	24	9	冬春连旱 120 d
2011	71	26	64	17	12	7	70	60	秋冬连旱 60 d
2012	64	64	8	4	48	18	171	121	
2013	121	121	15	13	33	13	60	31	冬春连旱 121 d
2014	36	16	8	3	23	13	41	11	
2015	90	90	9	4	37	14	56	23	冬春连旱 50 d
2016	46	34	9	6	36	16	43	21	
平均	63.2	51.1	12	6.8	28.6	14.2	67.8	38.7	

注：表中 D 表示季节内干旱总日数；Dc 表示最长持续时间；灾情描述中天数为连续最长干旱持续天数。

表 9-7　贵州省地方干旱标准干旱时段持续日数 Dc 分级标准　　　（单位：日）

等　级	轻　旱	中　旱	重　旱	特　旱
春夏旱	$8 < Dc \leqslant 18$	$18 < Dc \leqslant 30$	$30 < Dc \leqslant 45$	> 45
秋　旱	$15 < Dc \leqslant 30$	$30 < Dc \leqslant 40$	$40 < Dc \leqslant 55$	> 55
冬　旱	$20 < Dc \leqslant 40$	$40 < Dc \leqslant 50$	$50 < Dc \leqslant 60$	> 60

根据各年份的干旱情况，统计得到干旱在各个季节内不同级别的分布频次（表 9-8），可明显地看出，春季和冬季的干旱发生较为严重，夏季和秋季的干旱较轻。根据表 9-6 可看出 36 年统计时段内，共有 14 年发生较为严重的冬春连旱，有 7 年都是连续持续日数 Dc > 100 d 的特旱事件；夏季的平均总降水量大，出现旱情的概率很低，夏季平均干旱总日数为 12 d，只有 9 年发生轻旱的情况，秋的干旱总日数平均为 28.6 d，另外还有 10 年都存在秋冬连旱的情况。

表 9-8　普安县不同季节发生的不同强度级别干旱频次分布

等　级	春　季	夏　季	秋　季	冬　季
轻　旱	8	9	13	9
中　旱	5	0	2	1
重　旱	5	0	0	5
特　旱	17	0	0	8

采用旬雨量小于该旬多年平均值 80%、并连续 7 d 或以上每天雨量都小于 1 mm 的标准，进行普安县干旱分析。普安县从每年 11 月至次年 4 月是少雨季节，这半年的平均降水量为 221.8 mm，仅为全年降水量的 15%。

普安县春旱出现频率较高，春旱强度较大的主要集中在三板桥、楼下镇、罗汉镇南部、青山镇雪浦西部等低海海拔地区。夏旱出现频率小，夏旱强度较大的主要集中在龙吟镇、白沙乡、高棉乡、江西坡镇等地区（图 9-20）。

由于茶树的经济价值较高，茶树在越冬期和春茶的生育期间如果发生旱灾，在自然降水无法满足茶树生长的条件下，茶园管护和茶农会对茶园进行人工灌溉加以补充，或在接到干旱灾害预警之后用遮阳网等覆盖蓬面，或在遮阳网上盖上塑料薄膜或稻草、杂草，也可直接用稻草盖在茶蓬上，喷洒抗旱剂等措施减缓旱情。

（3）冰　雹

普安全县年平均冰雹日数为 2.2 d，年平均冰雹日数自西向东递减；春季和冬季全县大部分地区均有出现，而夏季和秋季主要在西部及中部局地出现。

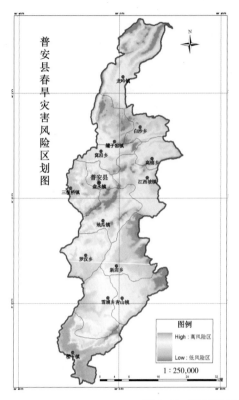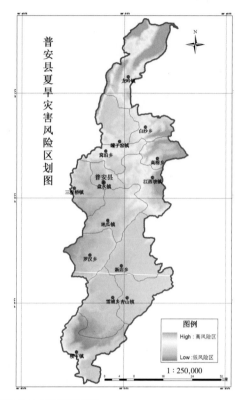

图 9-20 普安县春旱和夏旱的灾害风险区划

根据多年来的历史记载，每年出现最多是 4 月，其次是 5 月、3 月、7 月、10 月，除 12 月没有出现外，其余各月也都有出现。雹粒一般为玉米粒大，鸡蛋大的也常有，最大的有拳头大。历年来以地瓜区地瓜公社鲁沟大队和盘水区白石公社平桥大队为最严重。其次是盘水区中部如大湾、高兴、盘水和青山区的楼下公社。青山、泥堡、岗坡、细寨、高棉、罐子窑等地也较常见。

据调查，普安县冰雹路径主要有 5 条，如图 9-21 所示。

1）从盘县的八大山→窝沿→高兴→大湾→盘水→白石→莲花→乌龙山→岗坡→细寨从 NW→SE 移。

2）从盘县猫场→龙井、鲁沟→地瓜、岗坡，从西往东移。

3）盘县老厂→冰水（罗汉）→新店→波余→花月→新田、青山→金塘→举仁；从 NW→SE 移。

4）从水城→丫口（石古）→龙吟→白沙→地泗、高棉→晴隆；从 N→S→SE 出县境。

5）盘县的双胜→糯东→楼下→泥堡→小磨舍→兴义、兴仁、从 NW→SE 移。

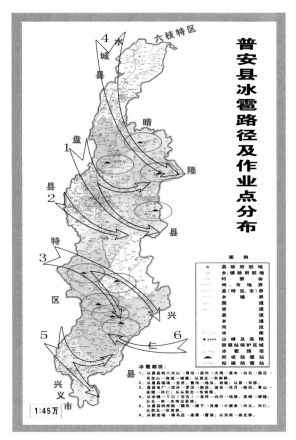

图9-21　普安县冰雹路径及作业点分布

9.1.5.4　认证结论

（1）指标体系

根据对茶叶关键生育期气象条件的分析，设计茶叶气候认证指标体系。

$$W = 0.5X_1 + 0.3X_2 + 0.2X_3$$

考虑茶叶生长气象条件，从光温水条件分别选择日平均气温、降水量、日照时数等认证名优红茶气候适宜性因子。对于当年的生育期时段中预期的气候状况，采用的资料为中国气象局国家气候中心海气耦合模式季节预测二代产品（温度距平，降水距平百分率和射出长波辐射及其距平），其中射出长波辐射（OLR）的距平值在夏、秋季地面温度较高的时段下与云覆盖的状况关系密切，与日照时数呈正相关关系，因此可以利用这一指标的距平值对研究区域的光照条件做估测。

X_3 为茶园生长生态环境因素得分。选取产地森林覆盖率、品质抽查、标准化生产技术、质量安全技术规范作为优质茶叶生产环境认证因子。

（2）评分情况

根据普安县常年的气候条件，普安县茶园基地为茶叶气候最适宜种植区，因此 X_1 项评分为 100 分，$0.5X_1$ 项得分 50 分。

X_2 表示该区当年气象条件适宜性得分。综合考虑当地茶叶生长期内光温水气候要素对茶叶生育期是否适宜生产优良的茶叶认证得分为 α，同时考虑茶叶生长期内气象灾害（气象要素）对其品质影响认证得分为 β。根据当年生育期观测值及模式预估的 4—12 月的气象条件对不同生育期时段评分，评分具体情况见表 9–9、表 9–10。

表 9–9　α 评分情况（采用 2016 年 12 月—2017 年 3 月下旬资料）

生育期	要　素	2017 年	历　年	比较值	得　分
越冬期	温度 /℃	7.9	5.7	2.2	90
	降水量 /mm	37.9	55.2	−17.3	95
	日照时数 /h	208.6	208.5	0.1	90
萌发期	温度 /℃	6.9	7.8	−0.9	98
	降水量 /mm	18.1	19.5	−1.4	90
	日照时数 /h	48.7	73.5	−24.8	100
鱼叶展开期	温度 /℃	9.7	9.9	−0.2	90
	降水量 /mm	13	13.9	−0.9	90
	日照时数 /h	58.2	59.9	−1.7	95
一芽一叶一春茶开采摘	温度 /℃	11.4	12.0	−0.6	98
	降水量 /mm	11.7	14.7	−3.0	90
	日照时数 /h	60.1	57.1	−3.0	95
第一次夏茶	温度 /℃	—	19.0	1	90
	降水量 /mm	—	416.3	偏多	100
	日照时数 /h	—	267.8	略少	95
第二次夏茶	温度 /℃	—	20.6	持平	100
	降水量 /mm	—	492.5	略少	100
	日照时数 /h	—	301.8	持平	90
秋　茶	温度 /℃	—	14.4	略高	90
	降水量 /mm	—	273.4	偏多	95
	日照时数 /h	—	316.8	持平	90

普安茶园拥有丰富的水资源、平均气温处于茶叶生长最适宜范围，降水、温度等条件适宜，具有出产茶叶品质的气候优势。

针对普安县茶叶不同生育期灾害分析，考虑低温日数、连阴雨、干旱、霜冻、倒春寒、高温日数等主要气象灾害。从表 9–10 中可以看出，2017 年春茶生长期间除有一次连阴雨外，没有出现影响普安茶叶（春茶、夏茶、秋茶）生长的不利气象灾害。

表 9-10 β 评分情况（采用 2016 年 12 月—2017 年 3 月下旬资料）

物候期	温度<0℃日数	温度>25℃日数	连阴雨过程	暴 雨	春 旱	冻 害	倒春寒	β 评分
越冬期	0	0	1	0	—	0	—	0
萌发期	0	0	0	0	0	0	0	0
鱼叶展开期	0	0	0	0	0	0	0	0
一芽一叶—春茶开采期	0	0	0	0	0	0	0	0

通过以上分析计算可得，$0.3X_2$ 项中春茶得分为 28.3 分，春茶萌发—开采期的生育期时段均有气象观测资料，而 4 月之后的气象条件根据相关模式预测结果估计得出，第一次夏茶/第二次夏茶/秋茶分别为：28.5、29.0、27.5。

X_3 为普安县茶园生长生态环境因素得分。选取产地森林覆盖率、品质抽查、标准化生产技术、质量安全技术规范作为优质茶叶生产环境认证因子。由于普安县茶区工业污染较少，环境条件优越，森林资源丰富，普安县内森林覆盖率达 44.6%，拥有标准化生产技术和质量安全技术规范，综合分析，$0.2X_3$ 项评分为 19.0 分（表 9-11）。

表 9-11 X_3 评分情况

项 目	产地森林覆盖率	标准化生产技术	质量安全技术规范	品质抽查
执行标准情况	优越	有严格执行	有严格执行	实地调查
得分（分）	90	98	97	95

综合以上 3 项得分，普安县茶园 2017 年出产的茶叶气候品质认证总得分春茶/第一次夏茶/第二次夏茶/秋茶分别为：97.3 分、97.5 分、98.0 分、96.5 分。

（3）认定结论

按照农产品气候品质认证标准，认定贵州省普安县境内茶园 2017 年生产的春茶、夏茶和秋茶的气候品质等级均为特优。

9.2 基于评价模型的气候品质认证技术方法

随着茶叶品质与气候关系的研究深入，全国茶叶气象服务中心制定了 QX/T 411—2017《茶叶气候品质评价》行业标准，该标准将气象条件与茶叶品质进行了量化，而且精准到开采前一段时间（关键期）的气象条件，省去了专家打分的环节，既节约了时间提高了时效性，又摒弃了人为因素的干扰。

9.2.1　评价模型

QX/T 411—2017《茶叶气候品质评价》标准规定茶叶气候品质评价模型如下：

$$I_{tcq} = \sum_{i=1}^{3} a_i M_i \qquad\qquad (9-18)$$

式中：I_{tcq} 为茶叶气候品质评价指数；a_i 为平均气温、平均相对湿度、平均日照时数的权重系数，取值 0.6、0.2、0.2；M_i 为茶叶采收前 15 d 无农业气象灾害影响条件下的平均气温、平均相对湿度、平均日照时数的分级值（表 9-12）。

表 9-12　茶叶气候品质评价模型中气象指标的分级赋值方法

赋　值	平均气温（T_{avg}）℃	平均相对湿度（U）	日照时数（S）
3	$12.0 \leqslant T_{avg} \leqslant 18.0$	$U \geqslant 80.0$	$3.0 \leqslant S \leqslant 6.0$
2	$11.0 \leqslant T_{avg} < 12.0$ 或 $18.0 < T_{avg} \leqslant 20.0$	$70.0 \leqslant U < 80.0$	$1.5 \leqslant S < 3.0$ 或 $6.0 < S \leqslant 8.0$
1	$10.0 \leqslant T_{avg} < 11.0$ 或 $20.0 < T_{avg} \leqslant 25.0$	$60.0 \leqslant U < 70.0$	$0 < S < 1$ 或 $8.0 < S \leqslant 10.0$
0	$T_{avg} < 10.0$ 或 $T_{avg} > 25.0$	$U < 60.0$	$S=0.0$ 或 $S > 10.0$

按茶叶气候品质指数，将茶叶气候品质划分成 4 个等级，见表 9-13。

表 9-13　茶叶气候品质的评价等级划分

等　级	茶叶气候品质指数（I_{tcq}）	对应的酚氨比（r_{RPA}）
特优	$I_{tcq} \geqslant 2.5$	$r_{RPA} < 2.5$
优	$1.5 \leqslant I_{tcq} < 2.5$	$2.5 \leqslant r_{RPA} < 5.0$
良	$0.5 \leqslant I_{tcq} < 1.5$	$5.0 \leqslant r_{RPA} < 7.5$
一般	$I_{tcq} < 0.5$	$r_{RPA} \geqslant 7.5$

9.2.2　案例分析

中华人民共和国气象行业标准 QX/T411—2017《茶叶气候品质评价》于 2018 年 5 月 1 日开始实施。下面以 2018 年都匀市茶叶品质认证为例，详细介绍了应用评价模型进行茶叶气候品质认证的过程和方法。

9.2.2.1 认证概况

（1）认证区域

都匀市（图9-22）位于贵州省南部偏东地区，为中亚热带季风湿润气候区，地处东经 $107°\ 7' \sim 107°\ 46'$，北纬 $25°\ 51' \sim 26°\ 26'$。境内海拔高差大，市南部地势低，中部以北地势高，东西向苗岭山脉位于市的北部。地处云贵高原东南斜坡，以黔南高原中低山为主兼有丘陵、盆地地貌。地势北部和西部高，南部和东部低。在山地、丘陵，有众多的小盆地和河谷平原，称为"坝子"，是都匀农业的主要耕作地。西北部斗篷山海拔 1 961 m，为市境最高点，最低点为东南部基场乡翁丁寨的河沟出境处，海拔 540 m。海拔一般为 800 ～ 1 200 m，市境平均海拔 938 m。都匀毛尖茶种植土壤以黄壤为主，耕性较好，肥力中等，土壤 pH 值为 5.6，平均气温 $13 \sim 19°$，平均降水量 1 200 mm 左右。具有发展绿色食品茶和生态有机茶得天独厚的条件。

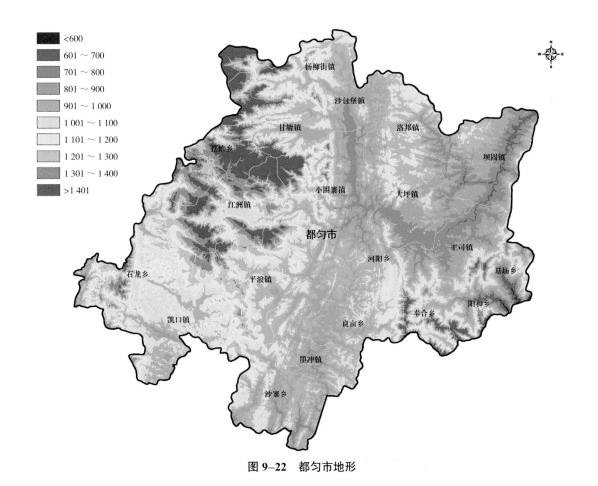

图9-22 都匀市地形

（2）认证产品

认证的作物产品名称："都匀毛尖"（图9-23）。都匀毛尖由毛泽东于1956年亲自命名，又名"白毛尖""细毛尖""鱼钩茶""雀舌茶"，是贵州三大名茶之一，中国十大名茶之一。

图9-23　都匀毛尖采茶

9.2.2.2　茶叶气候品质认证过程

（1）气象资料来源

所用的资料主要有认证区域内多要素的气象观测资料和茶树生长发育与分布状况的调查、文献收集资料。

气象部门在都匀市布设了19个乡镇气象站点，站点分布见图9-24。为了评价都匀市当年的气象条件对茶叶品质的影响，选用了所有的乡镇站点的监测资料。都匀毛尖当年生育期内的所有乡镇站点的逐日气象资料来源于CIMISS。

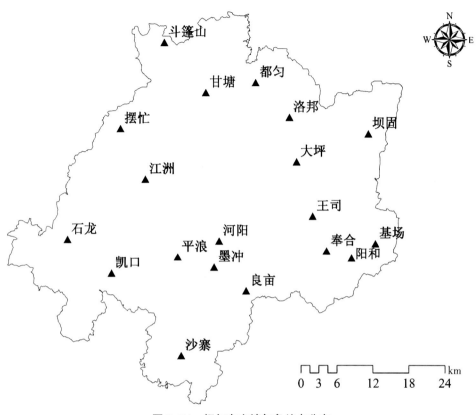

图9-24 都匀市乡镇气象站点分布

（2）都匀毛尖关键生育期

每年茶树春茶开始萌动发芽基本于当地茶园平均温度稳定通过10℃，且持续一周左右才能顺利萌发，茶树新梢生育有明显的周期性；当春季气温达10℃以上，并持续一定时间，越冬芽鳞片开展，鱼叶伸展后展开真叶，当真叶展开4～8叶时，顶端出现驻芽，经短暂休止后继续第二次生长。都匀市气候温暖湿润，非常适合茶叶生长，每年萌发轮次可以达到4～5轮。本报告认证的批次截至第一次夏茶，总共论证3个批次：明前茶、春茶和第一次夏茶，其关键生育时段见表9-14。

表9-14 都匀市茶叶生长关键期起始日期

茶叶名称	当年生育期时段（月日）	不利气象条件
明前茶	3-1—3-15	低温、冰雹、
春 茶	3-21—4-4	冰雹、干旱
第一次夏茶（二水茶）	5-1—5-15	冰雹、干旱

9.2.2.3 认证结论

仅针对明前茶、春茶、第一次夏茶 3 个时次的茶叶气候品质进行评价，选用的气象资料时段见表 9–14。各个乡镇气象的监测要素有所不同，有的是两要素的站点，有的是六要素站点，对站点缺测要素值则采用邻近站点资料代替，缺测较多的站点则舍去。乡镇站点无日照时数数据则用县站资料代替。

（1）气象监测资料整理

将各站点各气象要素值进行整理统计，见表 9–15 ～表 9–17。

表 9–15 都匀明前茶采摘前 15 d 各乡镇站点各气象要素值

站　名	平均气温（℃）	平均相对湿度（%）	日照时数（h）
都　匀	13.9	74	4.3
斗篷山	12.6	74	4.3
墨　冲	15.0	76	4.3
平　浪	14.0	76	4.3
凯　口	14.6	76	4.3
洛　邦	13.9	71	4.3
坝　固	13.5	82	4.3
阳　和	15.3	75	4.3
王　司	14.4	75	4.3
奉　合	14.4	75	4.3
石　龙	13.8	76	4.3
江　洲	13.4	77	4.3
河　阳	14.2	75	4.3
基　场	16.1	75	4.3
沙　寨	14.2	77	4.3
良　亩	14.8	75	4.3

表 9–16 都匀春茶采摘前 15d 各乡镇站点各气象要素值

站　名	平均气温（℃）	平均相对湿度（%）	日照时数（h）
都　匀	15.1	83	2.2
斗篷山	13.4	85	2.2
甘　塘	14.9	83	2.2
摆　忙	12.7	85	2.2
墨　冲	16.1	81	2.2
平　浪	15.3	81	2.2
凯　口	15.4	81	2.2

（续表）

站　名	平均气温（℃）	平均相对湿度（%）	日照时数（h）
洛　邦	14.7	82	2.2
大　坪	15.6	82	2.2
坝　固	16.4	79	2.2
阳　和	16.1	81	2.2
王　司	15.6	81	2.2
奉　合	15.5	81	2.2
石　龙	15.2	81	2.2
江　洲	14.6	84	2.2
河　阳	15.6	81	2.2
基　场	17.0	81	2.2
沙　寨	16.1	82	2.2
良　亩	15.9	81	2.2

表 9-17　都匀第一次夏茶采摘前 15 d 各乡镇站点各气象要素值

站　名	平均气温（℃）	平均相对湿度（%）	日照时数（h）
都　匀	19.6	86	2.6
斗篷山	18.6	85	2.6
甘　塘	20.2	86	2.6
摆　忙	17.4	90	2.6
墨　冲	20.7	86	2.6
平　浪	20.4	85	2.6
凯　口	19.9	86	2.6
洛　邦	19.5	86	2.6
大　坪	20.4	86	2.6
坝　固	21.3	83	2.6
阳　和	21.0	84	2.6
王　司	21.0	84	2.6
奉　合	20.5	84	2.6
石　龙	19.5	86	2.6
江　洲	19.7	86	2.6
河　阳	20.5	86	2.6
基　场	21.8	84	2.6
沙　寨	20.8	86	2.6
良　亩	21.0	86	2.6

（2）气候品质评价

根据茶叶气候品质模型，将明前茶、春茶的气候数据代入模型得到计算结果（表 9–18、表 9–19），可见都匀市各乡镇明前茶、春茶气候品质指数分别为 2.8 和 2.6，达到了特优等级。

表 9–18   都匀各站点明前茶气候品质评价结果

站　名	气温评分	湿度评分	日照评分	气候品质指数
都　匀	1.8	0.4	0.6	2.8
斗篷山	1.8	0.4	0.6	2.8
墨　冲	1.8	0.4	0.6	2.8
平　浪	1.8	0.4	0.6	2.8
凯　口	1.8	0.4	0.6	2.8
洛　邦	1.8	0.4	0.6	2.8
坝　固	1.8	0.6	0.6	3.0
阳　和	1.8	0.4	0.6	2.8
王　司	1.8	0.4	0.6	2.8
奉　合	1.8	0.4	0.6	2.8
石　龙	1.8	0.4	0.6	2.8
江　洲	1.8	0.4	0.6	2.8
河　阳	1.8	0.4	0.6	2.8
基　场	1.8	0.4	0.6	2.8
沙　寨	1.8	0.4	0.6	2.8
良　亩	1.8	0.4	0.6	2.8

表 9–19   都匀各站点春茶气候品质评价结果

站　名	气温评分	湿度评分	日照评分	气候品质指数
都　匀	1.8	0.6	0.4	2.8
斗篷山	1.8	0.6	0.4	2.8
甘　塘	1.8	0.6	0.4	2.8
摆　忙	1.8	0.6	0.4	2.8
墨　冲	1.8	0.6	0.4	2.8
平　浪	1.8	0.6	0.4	2.8
凯　口	1.8	0.6	0.4	2.8
洛　邦	1.8	0.6	0.4	2.8
大　坪	1.8	0.6	0.4	2.8

（续表）

站 名	气温评分	湿度评分	日照评分	气候品质指数
坝 固	1.8	0.4	0.4	2.6
阳 和	1.8	0.6	0.4	2.8
王 司	1.8	0.6	0.4	2.8
奉 合	1.8	0.6	0.4	2.8
石 龙	1.8	0.6	0.4	2.8
江 洲	1.8	0.6	0.4	2.8
河 阳	1.8	0.6	0.4	2.8
基 场	1.8	0.6	0.4	2.8
沙 寨	1.8	0.6	0.4	2.8
良 亩	1.8	0.6	0.4	2.8

第一次夏茶气候品质评价结果可知，除了摆忙为 2.8，达到特优外，都匀市其余各乡镇的第一次夏茶的茶叶气候品质指数均在 1.5 ~ 2.5，达到优等级（表 9-20）。

表 9-20　都匀各站点第一次夏茶气候品质评价结果

站 名	气温评分	湿度评分	日照评分	气候品质指数
都 匀	1.2	0.6	0.4	2.2
斗篷山	1.2	0.6	0.4	2.2
甘 塘	0.6	0.6	0.4	1.6
摆 忙	1.8	0.6	0.4	2.8
墨 冲	0.6	0.6	0.4	1.6
平 浪	0.6	0.6	0.4	1.6
凯 口	1.2	0.6	0.4	2.2
洛 邦	1.2	0.6	0.4	2.2
大 坪	0.6	0.6	0.4	1.6
坝 固	0.6	0.6	0.4	1.6
阳 和	0.6	0.6	0.4	1.6
王 司	0.6	0.6	0.4	1.6
奉 合	0.6	0.6	0.4	1.6
石 龙	1.2	0.6	0.4	2.2
江 洲	1.2	0.6	0.4	2.2
河 阳	0.6	0.6	0.4	1.6
基 场	0.6	0.6	0.4	1.6
沙 寨	0.6	0.6	0.4	1.6
良 亩	0.6	0.6	0.4	1.6

（3）认定结论

按照农产品气候品质认证标准，认定贵州省都匀市境内茶园 2018 年生产的明前、春茶全部为特优等级，第一次夏茶除了摆忙为特优外，其余乡镇的气候品质等级为优等级。

9.3　茶叶农产品气候品质认证业务流程

为确保农产品气候品质认证工作的科学性和规范性，制定了《贵州省农产品气候品质认证工作暂行规定》。建立贵州省农产品气候品质认证工作机制和流程，对农产品气候品质认证申报书、认证报告、认证证书和认证标识进行了规范。认证工作主要流程分为接受申请、调查勘验、编制报告、发放认证 4 个主要环节。

9.3.1　接受申请

农产品气候品质认证是指天气气候对农产品品质影响的优劣等级做评定。接受申请是指符合申报规定的农产品所在区域地方政府和有关部门、相关企业或经营主体提交认证申请书，通过完整性检查、信息核实和接受申请。申请开展气候品质认证的农产品必须是来源于认证区域内的农业的初级产品。同时应当符合下列条件：产品具有独特的品质特性或者特定的生产方式；产品品质特色主要取决于独特的自然生态环境、气候条件；产品具有一定规模并在限定的生产区域范围；产地环境、产品质量符合国家强制性技术规范要求。

农产品气候品质认证由农产品的所有人或所有单位（公司）法人向当地气象局提出书面申请。未设气象机构的县（市、区），可向其所属市的市级气象局申请，也可向市气象局委托的邻近县（市、区）气象局申请。

农产品气候品质认证申请人（法人）向当地气象部门提出认证申请。认证申请材料包括：《贵州省农产品气候品质认证申报书》；产地环境条件、生产技术规范和产品质量安全技术规范；地域范围确定性文件和生产地域分布图；产品实物样品或者样品图片；其他必要的说明或者证明材料。申请表包括申请人（法人）信息、农产品品种和典型特征特性、生产地域和分布图、预期产量等信息。

县（市、区）气象局或有关市气象局接到申请，应做好开展认证的气候资料数据采集、收集，实地调查等相关准备工作。县（市、区）气象局或有关市气象局接到认证申请后，应当在 5 个工作日内完成申请材料的形式审查；对不符合条件的申报，要在 5 个工作日内向申报人作出不受理的说明。受理后要在 10 个工作日内完成现场环境勘验、农产品气候品质认证报告初稿的编制，同时申请审核和申报认证批号。

9.3.2　调查勘验

调查勘验是指开展认证的气候资料数据采集、收集，实地调查询问、查阅基地资料等相关准备工作，调查农作物常年及当年生育期、主要农事活动。调查申请开展气候品质认证的农产品种植和经营情况，通过种植区域实地调查走访和召开座谈会议等方式进行。

认证区域调查勘验主要采用农业气象调查分析方法，通过对农作物实地调查勘察，主要通过实地走访，调查当地种植经营情况、农作物生育期、农作物气候适宜和灾害指标、气象观测资料等情况。

9.3.3　编制报告

编制报告是指按照认证报告编制技术规范，完成认证材料和认证报告撰写，并通过相关专家论证。

接到审核申请和认证编号申报申请后，应当在 20 个工作日内完成认证材料和认证报告初稿的审核，出具《贵州省农产品气候品质认证报告》，完成认证批号编制和标志发放。认证报告的主要内容应包括认证区域和生产单位概况、常年气候资源分析、主要（关键）天气气候条件分析、认证结论、标志数量及有关说明。

9.3.4　发放认证

发放认证是指完成农产品气候品质认证报告、认证证书和标识发放，并开展相应气象服务。农产品气候品质认证，依据农产品品质与气候的密切关系，通过相关数据的采集收集、实地调查、实验试验、对比分析等技术手段方法，设置认证气候条件指标，建立认证模式，综合评价确定气候品质等级。农产品气候品质等级统一划分为 4 级，按优劣顺序分别为：特优、优、良好、一般。农产品气候品质认证使用全省统一的标志。

农产品气候品质标志由标识图和批号代码两部分组成。标识图以气象图标为主题图形，蓝色、绿色为主色调，寓意气象与农业的有机结合。标识图包含标志名称、气候品质等级、认证机构等信息。

批号代码编制：QHyyyyqqqqqqhhhx。

批号代码编制原则和含义如下。

QH：代表气候。

yyyy：代表年份；以 4 位数字表示具体年份。

qqqqqq：代表申请认证区域所在地的县市区编码，见附件 3。

hhh：代表认证批次。

x：代表气候品质的指标等级。T 为"特优"，Y 为"优"，H 为"良好"，B 为"一般"。

例：QH2014520111010T，表示花溪区 2014 年第 10 批次农产品气候品质论证，气候品质等级为"特优"。

农产品气候品质标志必须在论证报告中所指定的品种、数量等范围内使用。获得农产品气候品质认证报告的单位或者个人，可以在报告中规定的产品、包装、标签、广告、说明书上使用农产品气候品质认证标志。贵州省农产品气候品质认证报告和认证证书图详见图 9-25。

图 9-25　贵州省农产品气候品质认证报告和认证证书

9.4　小　结

本章介绍了茶叶气候品质认证技术方法的发展以及茶叶气候品质认证业务流程，并详细介绍了茶叶气候品质认证技术方法，各技术方法的应用也给出了应用示例，可供相关部门参考使用。其中，基于气候资源分析的技术方法相对比较复杂，是目前较为通用的技术方法，其他作物基本上采用这类方法，但是工作量比较大；基于认证模型的技术方法比较简单实用，减少了人为的评定因素，具有可比性和稳定性，但是对模型的建立需要长期的品质资料进行定量分析。

茶叶气象服务

"盛世兴茶"，茶叶已成为中国走向世界舞台中心的重要文化标志之一。贵州地处云贵高原东部，是我国西南重要的省份之一，属于亚热带季风湿润气候，冬无严寒、夏无酷暑、四季分明、雨热同季。得天独厚的地理优势与气候条件，十分适宜茶树的培育种植。贵州作为我国茶叶的主要产区，同时也是茶树的原产地之一，是国内茶叶生产地中唯一兼具海拔高、纬度低、日照时间短等特点的省份，温暖湿润的气候给予茶叶的生长提供了得天独厚的生长环境。

贵州境内拥有700多万亩茶园，是全国茶叶面积第一的省份，涉及700多个乡镇，其中万亩以上面积茶园有230个乡镇，已成为中国茶叶的原料中心、加工中心。在贵州有400多万人从事种茶、采茶、制茶。但贵州省由于地理环境特殊，气候多变，自然灾害频繁发生。如2013年贵州省茶园受灾85.67千hm²、成灾36.87 hm²、绝收2.67千hm²；2014年贵州省茶叶受灾面积达41千hm²，成灾17.67千hm²，绝收1.11千hm²；2015年贵州省茶园受灾面积达5.8千hm²，成灾1.8千hm²，绝收0.13千hm²。频发自然灾害不仅阻碍了贵州省茶叶产业的发展壮大，而且给贵州省茶农带来了严重的经济损失。因此，开展茶叶气象服务对各地因地制宜发展茶叶生产具有十分重要的意义。

近年来，贵州省气象局围绕茶叶产业积极开展茶叶试验研究和茶叶气象服务。在科学研究及服务过程中，抓住影响贵州茶叶生产的重大农业气象灾害、采摘期适宜气候条件，凝练出了茶叶气象服务指标。基于智能格点预报及GIS平台，研发贵州茶叶气象服务系统，实现茶叶采摘期精细化天气预报及霜冻、高温、干旱监测、预警及灾后评估等功能。

10.1　春茶开采期预报方法

贵州秋茶结束后即进入休园期，随着秋冬季干物质的不断累积以及冬季后期气温的缓慢回升，冬末茶树自西南向东北进入萌动期，冬末初春自西南向东北陆续进入开采期，清明节前后进入春茶采摘盛期。虽然春茶仅占全年产量的1/3左右，但却贡献了70%的产值，经济价值比重大。需建立春茶萌动期、开采期天气预报模型，根据预测模型可以适时、有效地开展贵州茶叶开采期预报气象服务。

10.1.1　春茶开采期气象指标

影响茶树萌动和出芽的关键气象因子主要是平均气温，因此可基于积温建立茶叶萌动期、开采期预报模型。采用两端逼近法确定下限温度、下限温度初日及自初日到萌动期、开采期所需的积温。

根据14个点观测的茶叶萌动期、开采期资料以及进入生育期前的大致温度范围，先假定界限温度初日从12月1日开始，分别设定2个相对较高和较低的下限温度，进行逼近统计。即界限温度初日逐渐后推一天逼近真实初日，假定的两端下限温度分别逐渐递增和递减0.5℃逼近真实下限温度，统计自下限温度初日到某物候期的积温，从中选出相对于所有观测点都相对稳定（14个站点模拟日期与实际物候期平均误差最小）的下限温度初日、下限温度和期间的积温。模型建立及结果见表10–1。

表 10–1　贵州春茶萌动、开采期预报模型参数

发育期	预设界限温度		逼近结果			
	低端开始界限	高端开始界限	初日	界限温度 T_{lim}	积温（T_{acc}）	平均模拟误差
萌动期	5℃	15℃	1–1	9.5℃	100℃·d	2 d
开采期	6℃	17℃	1–21	10℃	220℃·d	3 d

10.1.2　茶树萌动期、开采期预报流程

根据茶树物候期预报模型，建立茶树萌动期、开采期计算流程。

第一步：统计已有积温 $\sum T(P)$。

统计预报点界限温度初日至预测日前一天的积温。

第二步：预报未来积温 $\sum T(F)$。

获取自预报日起未来10 d精细化城镇预报的最高气温、最低气温，将二者平均得到未来10 d平均气温逐日预报值 T_i，并统计未来10 d的逐日积温 $\sum T(F)$。

第三步：预报茶树萌动期、开采期状态。

将茶树发育期范围分为已进入、将进入、未进入3种状态，标准如下：

已进入：已有积温 $\sum T(P) \geqslant \sum T$。

将进入：已有积温 $\sum T(P)$ + 预报积温 $\sum T(F) \geqslant \sum T$，可预报具体进入的日期。

未进入：已有积温 $\sum T(P)$ + 最大预报积温 $\sum T(F) < \sum T$。

10.2 采摘期天气适宜度指标

现有研究认为影响茶叶采摘的关键天气因子是降水量。持续降水主要是影响人工采摘。夜间降水对茶树鲜芽叶的采摘影响不大；白天降水量为小到中雨时，由于春茶价格高，茶农可选择冒雨采摘，但出现中到大雨时，茶农就必须停止采摘，为了更好地服务贵州茶叶产业发展，保障春茶的顺利采摘，建立春茶采摘期天气预报模型。

贵州多夜雨，1—4月平均总降雨量为 201.1 mm，其中夜雨量为 148.2 mm，占总降水量的 73%，"昼晴夜雨"特征明显。因此，以中短期预报为基础，紧扣茶叶采摘农事活动，将降雨预报分为夜雨和日雨，建立茶叶采摘期天气适宜度精细化预报模型。

根据茶叶采摘时日雨量 P_d 和夜雨量 P_n，确定茶叶采摘期天气适宜度指标，将茶叶采摘气象预报指数划分为适宜、次适宜、不适宜 3 个等级，见表 10-2。

表 10-2　贵州省春茶采摘期天气预报指标（mm）

适宜度	气象指标
适宜	$P_d < 2$
次适宜	（$2 \leqslant P_d < 10$　且 $P_n < 25$） 或（$2 \leqslant P_d < 5$　且 $P_n \geqslant 25$）
不适宜	$P_d \geqslant 10$ 或（$P_d \geqslant 5$ 且 $P_n \geqslant 25$）

10.3 茶叶气象灾害监测、预警指标

农业气象灾害的监测、预警及评估一直是农业气象业务的主要内容之一。在贵州冬末春初（2—4月），气温变化幅度较大，常受寒潮和强冷空气侵袭，已进入萌动、开采期的春茶极易遭受霜冻灾害。茶叶受灾最重、最易发生的是早春霜冻，其次是干旱、冰雹、夏季高温等。

10.3.1 霜　冻

茶叶萌动—春茶采摘期间，如遇冻害会对新梢生长产生影响。霜冻监测及预报时段为 1 月 21 日—5 月 30 日，参考《茶树霜冻等级》（QX/T 410—2017），建立霜冻指标，具体指标见表 10-3。

表 10–3　贵州省茶叶霜冻监测指标

等　级	气象指标
1 级	$0 \leqslant Th\min < 2$ 且 $2 \leqslant h < 4$ 或 $2 \leqslant Th\min < 4$ 且 $h \geqslant 4$
2 级	$-2 \leqslant Th\min < 0$ 且 $h < 4$ 或 $0 \leqslant Th\min < 2$ 且 $h \geqslant 4$
3 级	$-2 \leqslant Th\min < 0$ 且 $h \geqslant 4$ 或 $Th\min \leqslant -2$ 且 $h < 4$
4 级	$Th\min \leqslant -2$ 且 $h \geqslant 4$

注：$Th\min$ 为小时最低气温（单位：℃）；h 为持续时间（单位：h）。

　　因格点及城镇天气预报内容缺少小时最低气温预报值，根据贵州实际对茶叶霜冻预警指标进行修正（表 10-4）。

表 10–4　贵州省茶叶霜冻预警指标

等　级	气象指标
1 级	$2 < T\min \leqslant 4$
2 级	$0 < T\min \leqslant 2$
3 级	$-2 < T\min \leqslant 0$
4 级	$T\min \leqslant -2$

注：$T\min$ 为日最低气温（单位：℃）。

10.3.2　夏季高温

　　茶叶夏季高温特指茶园出现的日平均气温 ≥ 30℃以上的气候条件对茶树生长带来的灾害性天气影响，根据贵州省茶叶农业气象观测及生产实际情况，建立贵州夏季高温指标，见表 10-5。

表 10–5　贵州省茶树高温监测预警指标

等　级	气象指标	持续天数（d）
1 级	$T > 30℃$；$T_{\max} \geqslant 35℃$；$UU \leqslant 60\%$	5 ～ 8
2 级	$T > 30℃$；$T_{\max} \geqslant 35℃$；$UU \leqslant 60\%$	9 ～ 12
3 级	$T > 30℃$；$T_{\max} \geqslant 35℃$；$UU \leqslant 60\%$	12 d 以上

注：T 为日平均气温，$T\max$ 为日最高气温，UU 为日平均相湿度。

10.3.3 干 旱

对于山区茶园，水分主要来源于降水，降水需先转化为土壤水，再供茶树吸收利用以及蒸发消耗。因此，开展土壤水分含量模拟，需要分别考虑降水转化为土壤水分的过程和土壤水分消耗过程。此外，还需要基于茶园土壤水分含量构建表征茶园干旱强度的干旱指数，以实现茶园的干旱监测。

10.3.3.1 土壤水分收入

土壤水分来源于降水，对于山区坡地而言，并非所有降水都能转化为土壤水，有一定比例的降水会被植被截留，或通过径流、渗漏等形式流失。

$$Pe=P×K \tag{10-1}$$

$$K=K_s×K_p \tag{10-2}$$

式中，Pe 为有效降水量（mm），P 为日降水量；K 为降水转化系数；K_s 为土壤含水量订正系数；K_p 为降水强度订正系数。土壤含水量订正系数（K_s）为前一日土壤相对湿度（TR_{d-1}）的分段函数，$TR_{d-1}=\dfrac{W_{d-1}}{F_c}$，$W_{d-1}$ 为前一日土壤有效水分含量（mm）；F_c 为田间持水量状态下的有效水分含量（mm）。降水强度订正系数（K_p）为日降水量的分段函数（表10-6）。

表 10-6 降水有效性订正系数分段取值标准

土壤相对湿度（%）	K_s	降水量（单位：mm）	K_p
$TR_{d-1}<70\%$	1	$P<10$	1
$70 \leqslant TR_{d-1}<80\%$	0.9	$10 \leqslant P<25$	0.95
$80\% \leqslant TR_{d-1}<90\%$	0.8	$25 \leqslant P<50$	0.9
$TR_{d-1} \geqslant 90\%$	0.7	$50 \leqslant P<100$	0.8
—	—	$P \geqslant 100$	0.7

10.3.3.2 土壤水分支出

蒸发和蒸腾（合称蒸散）是土壤水分消耗的主要形式，实际蒸散是可能蒸散和土壤干湿程度的函数。蒸散除与茶叶状况有关外，主要受气象条件影响。相邻日期内茶叶状况变化不大，蒸散量的差异主要由气象条件决定，其中温度、湿度、风速、太阳辐射等是主要影响因素。前人普遍采用彭曼公式或桑斯维特等方法计算可能蒸散，或用蒸发量代替。考虑到业务运行计算方便，采用最常用的温度和日照等资料，构建土壤水分消耗经验公式。

$$C_a = \frac{T}{10} \times (1+\frac{S}{10} \times (1+\frac{H}{10\,000})) \times \frac{W_{d-1}+P_e}{F_c} \tag{10-3}$$

式中，C_d 为当日水分支出量（mm）；T 和 S 分别为日平均气温和日照时数；H 为站点海拔。

综合考虑土壤水分收入和支出，计算逐日土壤有效水分含量：

$$W_d = W_{d-1} + P_e - C_d \qquad (10-4)$$

其中，W_d 即为当日土壤有效水分含量（mm）。计算过程中，当土壤水分含量高于田间持水量时，令其等于田间持水量。

考虑干旱对茶叶生长的胁迫程度，构建了如下茶园干旱指数（I_{DAD}）。

$$I_{DAD} = \frac{W_d - W_0}{W_0} \qquad (10-5)$$

式中，W_0 为干旱临界状态的土壤有效水分含量。土壤有效水分含量为实际含水量与凋萎湿度的差值，凋萎湿度由土壤类型和质地决定，干旱临界状态水分含量由不同茶叶不同生育期的干旱临界指标决定。因此，茶园干旱指数（I_{DAD}）能够与不同茶叶和不同土壤特性相结合，综合反映茶叶干旱等级。当土壤水分达到或高于茶叶干旱临界状态含水量时，无干旱发生，$I_{DAD} \geqslant 0$；当土壤有效水分为 0 时，即达到凋萎湿度时，$I_{DAD}=-1$。茶园干旱指数划分 5 个等级，分别代表无旱、轻旱、中旱、重旱和特重旱（表 10-7）。在评估一段时间内的干旱程度及影响时，将出现干旱时（$I_{DAD} < 0$）的干旱指数累加取绝对值，作为综合表征干旱对茶叶影响程度的干旱强度指数。

表 10-7 茶园干旱指数等级划分标准

茶园农业干旱指数（I_{DAD}）	干旱等级
$I_{DAD} \geqslant 0$	无旱
$-0.25 \leqslant I_{DAD} < 0$	轻旱
$-0.50 \leqslant I_{DAD} < -0.25$	中旱
$-0.75 \leqslant I_{DAD} < -0.50$	重旱
$-1 \leqslant I_{DAD} < -0.75$	特重旱

10.4 贵州省茶叶气象服务系统

10.4.1 系统结构

该系统主要包括：气象数据接入管理、茶园小气候监测、灾害监测预报、农用天气预报和茶叶服务指导 5 个主要功能模块。该平台集成了茶园小气候监测数据和茶叶气象服务指标，实现能一键式制作采摘期预报、茶叶气象灾害监测预警、农用天气预报等精细化服务产品。实现了贵州茶叶生长气象条件监测、预报预警、影响评价的精细化、定量化、网格化和智能化（图 10-1），提升茶叶气象业务服务的能力与水平。

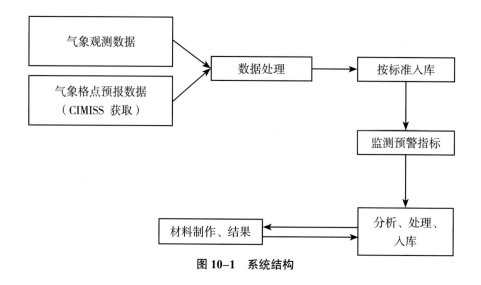

图 10-1 系统结构

10.4.2 软硬件环境

10.4.2.1 硬件环境

CPU：酷睿 4 核 I5。

内存：4G。

硬盘空间：500GB。

10.4.2.2 软件环境

操作系统：客户端运行环境：Windows XP、Windows 7 中文版。

地理信息平台：ArcGIS Engine 10.2。

其他软件环境：Microsoft.NET Framework 4.5.2、Office2010、SQL Server 2008。

10.4.3 系统功能

10.4.3.1 小气候监测模块

小气候监测模块主要是实现查看茶园生产情况，同时针对小气候观测数据的开展查询及分析功能，为及时掌握茶园生产情况进行气象服务提供支撑。

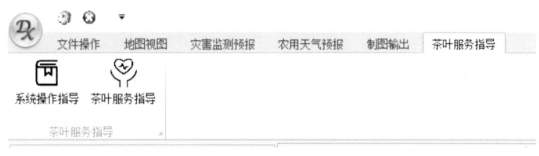

图 10-9　茶叶服务指导

10.4.3.5　服务产品制作

茶叶气象服务产品主要包含评估、预警预报及决策气象服务等多种形式，服务产品制作可以通过茶叶数据库进行调用，选择任意时段数据、图片、生产建议等内容，快速制作不同类型的服务材料。

参考文献

白照广, 2013. 高分一号卫星的技术特点 [J]. 中国航天（8）: 5-9.

薄晓培, 王梦馨, 崔林, 等, 2016. 茶树 3 类渗透调节物质与冬春低温相关性及其品种间的差异评价 [J]. 中国农业科学, 49（19）: 3 807-3 817.

陈丽萍, 孙玉军, 2018. 基于不同决策树的面向对象林区遥感影像分类比较 [J]. 应用生态学报, 29 （12）: 3 995-4 003.

陈思宁, 申双和, 刘敏, 等, 2010. 湖北省茶树气象灾害模糊综合评价及区划 [J]. 农业工程学报, 26 （12）: 298-303.

陈正武, 龚雪, 陈娟, 等, 2014. 贵州种植茶树品种调研分析及优化调整探讨 [J]. 种子, 33（6）: 81-85.

陈宗懋, 孙晓玲, 金珊, 2011. 茶叶科技创新与茶产业可持续发展 [J]. 茶叶科学（5）: 463-472.

程鹏, 马永春, 肖正东, 等, 2012. 不同林分内茶树光合特性及其影响因子和小气候因子分析 [J]. 植物资源与环境学报, 21（2）: 79-83.

程启坤, 阮宇成, 王月根, 等, 1985. 绿茶滋味化学鉴定 [J]. 茶叶科学, 5（1）: 7-17.

程启坤. 1983, 茶树品种适宜性生化指标——酚氨比 [J]. 中国茶叶（1）: 38.

程艳, 陈璐米, 米艳华, 等, 2018. 水稻抗氧化酶活性测定方法的比较研究 [J]. 江西农业学报（2）: 108-111.

董自鹏, 余兴, 李星敏, 等, 2014. 基于 MODIS 数据的陕西省气溶胶光学厚度变化趋势与成因分析 [J]. 科学通报, 59（3）: 306-316.

黄传印, 2014. 基于端元差异的茶树光谱特征研究 [D]. 福建: 福建师范大学.

蒋跃林, 张仕定, 张庆国, 2005. 大气 CO_2 浓度升高对茶树光合生理特性的影响 [J]. 茶叶科学, 25 （1）: 43-48.

金殷玉, 2014. 苏州地区茶叶气象指数保险研究与设计 [D]. 南京: 南京信息工程大学.

金玉香, 2015. 临翔区和双江县茶园遥感信息提取及其生态适宜性评价 [D]. 昆明: 云南大学.

金志凤, 封秀燕, 2006. 基于 GIS 的浙江省茶树栽培气候区划 [J]. 茶叶, 32（1）: 7-10.

金志凤, 叶建刚, 杨再强, 等. 2014. 浙江省茶叶生长的气候适宜性 [J]. 应用生态学报, 25（4）: 967-973.

孔海云，2011.茶树低温光抑制发生的条件及遮荫效应研究 [D].泰安：山东农业大学.

李成才，毛节泰，刘启汉，等，2006.MODIS 卫星遥感气溶胶产品在北京市大气污染研究中的应用 [M].全国优秀青年气象科技工作者学术研讨会论文集，177-186.

李娜娜，2015.新梢白化茶树生理生化特征及白化分子机理研究 [D].杭州：浙江大学.

李鹏程，苏学德，王晶晶，等，2017.8 种葡萄砧木品种的低温半致死温度与抗寒性综合评价 ［J］.甘肃农业大学学报，52（1）：92-96.

李庆会，徐辉，周琳，等，2015.低温胁迫对 2 个茶树品种叶片叶绿素荧光特性的影响 ［J］.植物资源与环境学报（2）：26-31.

李仁忠，金志凤，杨再强，等，2016.浙江省茶树春霜冻害气象指标的修订 ［J］.生态学杂志，35（10）：2 659-2 666.

李同文，孙越乔，杨晨雪，等，2015.融合卫星遥感与地面测站的区域 $PM_{2.5}$ 反演 ［J］.测绘地理信息，40（3）：6-9.

李瞳，2017.贵州茶产业发展历程与现状 ［J］.河南机电高等专科学校学报，25（5）：48-51.

李晓静，张鹏，张兴赢，等，2009.中国区域 MODIS 陆上气溶胶光学厚度产品检验 ［J］.应用气象学报，20（2）：147-156.

李叶云，庞磊，陈启文，等，2012.低温胁迫对茶树叶片生理特性的影响 ［J］.西北农林科技大学学报（自然科学版），40（4）：134-138.

李倬，贺龄萱，2005.茶与气象 ［M］.北京：气象出版社.28-102.

刘富知，1986.茶叶产量与气象因子的关系 ［J］.茶叶科学（1）：9-14.

刘佳，王利民，杨玲波，等，2017.农作物面积遥感监测原理与实践 [M].北京：科学出版社.

刘映宁，贺文丽，李艳莉，等，2010.陕西果区苹果花期冻害农业保险风险指数的设计 ［J］.中国农业气象，31（1）：125-129.

刘自刚，孙万仓，杨宁宁，等，2013.冬前低温胁迫下白菜型冬油菜抗寒性的形态及生理特征 ［J］.中国农业科学（22）：4 679-4 687.

刘自刚，武军艳，方彦，等，2000.冬前低温胁迫下白菜型冬油菜抗寒性的形态及生理特征 ［J］.中国农业科学（22）：4 679-4 687.

娄伟平，2013.浙江省大佛龙井产区春季茶叶霜冻灾害研究 ［D］.南京：南京信息工程大学.

娄伟平，吉宗伟，邱新法，等，2011.茶叶霜冻气象指数保险设计 ［J］.自然资源学报（12）：2 050-2 060.

娄伟平，孙科，2013.浙江茶叶气象 ［M］.北京：气象出版社.46-148.

娄伟平，吴利红，陈华江，等，2010.柑橘气象指数保险合同费率厘定分析及设计 ［J］.中国农业科学，43（9）：1 904-1 911.

罗晓丹，潘启日，2010.广东省阳山县茶叶产量和质量与气象及生态因子的关系分析 ［J］.河北农业科学，14（4）：6-7.

吕晋慧，王玄，冯雁梦，等，2012.遮荫对金莲花光合特性和叶片解剖特征的影响［J］.生态学报，32（19）：6 033-6 043.

马艳青，戴雄泽，2000.低温胁迫对辣椒抗寒性相关生理指标的影响［J］.湖南农业大学学报（自然科学版），26（6）：461-462.

毛裕定，吴利红，苗长明，等，2007.浙江省柑桔冻害气象指数保险参考设计［J］.中国农业气象，28（2）：226-230.

潘腾，2015.高分二号卫星的技术特点［J］.中国航天（1）：3-9.

钱书云，1988.春茶产量与秋冬季气象条件的积分回归分析［J］.茶叶学报（3）：5-9.

秦其明，范闻捷，任华忠，等.2018.农田定量遥感理论、方法与应用[M].北京：科学出版社.

任明强，赵宾，赵国宣，等，2011.贵州茶叶品质与地质环境的关系［J］.贵州农业科学，39（2）：30-32.

阮宇成，程启坤，1964.茶儿茶素的组成与绿茶品质的关系［J］.园艺学报，3（3）：287-300.

沈翼辉，李俊，郑健雄，等.2017.宁波市杨梅气象灾害风险分析与气象指数保险产品设计［J］.中国保险（4）：52-55.

石雅琴，2009.浅谈园林植物物候期观察的重要性和方法［J］.内蒙古林业调查设计，32（1）：69-70.

宋宝安，2018.乡村振兴战略—贵州茶产业大有作为［J］.茶世界（2）.

孙波，刘光玲，杨丽涛，等，2014.甘蔗幼苗根系形态结构及保护系统对低温胁迫的响应［J］.中国农业大学学报（6）：71-80.

田文勇，冯丹，2018.贵州茶叶生产比较优势分析［J］.铜仁学院学报，20（7）：114-121.

田永辉，梁远发，等，2005.茶树冻害、冰雹对茶树生理生化的影响［J］.山地农业生物学报，24（2）：135-137.

宛晓春，2003.茶叶生物化学［M］.北京：中国农业科学技术出版社.

汪权方，王新生，陈志杰，2017.农业遥感数据处理技术与应用［J］.北京：科学出版社.

王瑞，马凤鸣，李彩凤，等，2008.低温胁迫对玉米幼苗脯氨酸、丙二醛含量及电导率的影响［J］.东北农业大学学报，39（5）：20-23.

王晓萍，吴询，1991.炒青绿茶的生化组分和微量元素综合评价［J］.茶叶科学，11（1）：46-48.

吴克华，赵卫权，廖凤林，等.2013.基于GIS的贵州省茶园生态适宜性研究［J］.地球与环境，41（3）：296-302.

吴利红，娄伟平，姚益平，等，2010.水稻农业气象指数保险产品设计：以浙江省为例［J］.中国农业科学.43（23）：4 942-4 950.

吴素霞，毛任钊，李红军，等，2005.中国农作物长势遥感监测研究综述［J］.中国农学通报，21（3）：319-322.

吴雪霞，陈建林，查丁石，等，2008. 低温胁迫对茄子幼苗叶片光合特性的影响［J］.华北农学报，23（5）：185-189.

吴雪霞，朱月林，朱为民，等，2006.外源一氧化氮对 NaCl 胁迫下番茄幼苗生长和光合作用的影响［J］.西北植物学报，26（6）：1 206-1 211.

武晓梅，1985.活动积温与有效积温的概念及计算方法［J］.山西农业科学（4）：21-22.

肖彩玲，2008.低温胁迫下花椒新梢生理变化与抗寒性研究［J］.安徽农业科学（10）：3 975-3 977.

肖正东，程鹏，马永春，等，2011.不同种植模式下茶树光合特性、茶芽性状及茶叶化学成分的比较［J］.南京林业大学学报（自然科学版），35（2）：15-19.

徐嘉民，2017.茶叶扶贫的贵州自信——贵州茶叶扶贫十年发展观察与思考［J］.茶世界（5）：30-33.

许瑛，陈发棣，2008，菊花 8 个品种的低温半致死温度及其抗寒适应性［J］.园艺学报，35（4）：559-564.

鄢东海，罗显扬，魏杰，等，2010.贵州地方茶树资源的生化成分多样性及绿茶品质［J］.中国农学通报，26（3）：81-85.

延昊，矫梅燕，毕宝贵，等，2006.国内外气溶胶观测网络发展进展及相关科学计划［J］.气象科学，26（1）：110-117.

杨帆，刘布春，刘园，等，2015.气候变化对东北玉米干旱指数保险纯费率厘定的影响［J］.中国农业气象，36（3）：346-355.

杨亚军，1989.品种间茶多酚含量差异及其与茶叶品质关系的探讨［J］.中国茶叶（5）：8-10.

杨亚军，1991.茶树育种品质早期化学鉴定Ⅱ.鲜叶的主要生化组分与绿茶品质的关系［J］.茶叶科学，11（2）：127-131.

杨再强，韩冬，王学林，等，2011.寒潮过程中 4 个茶树品种光合特性和保护酶活性变化及品种间差异［J］.生态学报，36（10）：65-77.

尹航，王欣亚，金大翔，等，2018.低温诱导胁迫下不同烟草品种电导率及抗氧化酶活性的变化［J］.延边大学农学学报（1）：46-52.

袁子勇，许玉凤，2018.贵州茶叶生产的气候因素分析［J］.福建茶叶，40（3）：18.

张安定，吴孟泉，孔祥生，等.2016.遥感原理与应用题解［M］.北京：科学出版社.

张继权，梁警丹，周道玮，2007.基于 GIS 技术的吉林省生态灾害风险评价［J］.应用生态学报（8）：1 765-1 770.

张继权，刘兴朋，周道玮，等，2006.基于信息矩阵的草原火灾损失风险研究［J］.东北师大学报（自然科学版）（4）：129-133.

张俊香，黄崇福，2005.自然灾害软风险区划图模式研究［J］.自然灾害学报（6）：20-25.

张俊香，李平日，黄光庆，等，2007.基于信息扩散理论的中国沿海特大台风暴潮灾害风险分析［J］.热带地理（1）：11-14.

张守仁，1999.叶绿素荧光动力学参数的意义及讨论［J］.植物学通报，16（4）：444.

张云，肖钟湧，2016.云南省气溶胶光学厚度时空变化特征的遥感研究［J］.中国环境监测，32（2）：127-133.

赵仕伟，高晓清，2017.利用MODIS C6数据分析中国西北地区气溶胶光学厚度时空变化特征［J］.环境科学，38（7）：2 637-2 646.

郑文佳，刘声传，潘科，等，2015.贵州茶叶科技发展报告（2010—2015年）（一）［J］.贵州茶叶，43（4）：1-3.

郑文佳，刘声传，潘科，等.2016.贵州茶叶科技发展报告（2010—2015年）（二）［J］.贵州茶叶，44（1）：1-3.

郑小波，罗宇翔，于飞，等，2008.复杂山地环境下气候要素空间插值精度方法比较［J］.中国农业气象，29（4）：458-462.

周富裕，2013.贵州茶树品种种植情况浅谈［J］.贵州茶叶，41（2）：12-14.

周旭，安裕伦，杨广斌，等，2005.RS、GIS支持下都匀毛尖茶种植适宜地评价［J］.贵州农业科学，33（5）：10-14.

周永水，汪超，2009.贵州省冰雹的时空分布特征［J］.贵州气象（6）：9-11.

周正科，陆锦时，等，1998.不同茶树品种针、扁、卷曲形名茶主要化学成分变化，西南农业大学学报，11（3）：71-76.

朱芳秀，张锦水，潘耀忠，等.2018.农作物类型遥感识别方法与应用[M].北京：高等教育出版社.

朱秀红，马品印，王军，2008.日照地区茶树冻害气候原因分析［J］.中国茶叶，30（2）：28-29.

朱勇，李春梅，谭宗琨，等，2017.特色林果气象灾害监测与预警关键技术［M］.北京：气象出版社.

A. V. Donkelaar, R. V. Martin, M. et al., 2010. Global estimates of ambient fine particulate matter concentrations from satellite-based aerosol optical depth: development and application [J]. Environmental Health Perspectives, 118(6): 847.

A. Van Donkelaar, R. V. Martin, 2006. R. J. Park. Estimating ground-level PM2.5 using aerosol optical depth determined from satellite remote sensing [J]. Journal of Geophysical Research Atmospheres, 111(D21).

ADHIKARY B, KULKARNI S, DALLURA A, et al., 2008. A regional scale chemical transport modeling of Asian aerosols with data assimilation of AOD observations using optimal interpolation technique [J]. Atmospheric Environment, 42(37): 8 600-8 615.

CARNEVALE C, FINZI G, MANNARINI G, et al., 2011. Comparing mesoscale chemistry-transport model and remote-sensed Aerosol Optical Depth [J]. Atmospheric Environment, 45(2): 289-295.

CHU D, KAUFMAN Y J, ZIBORDI G, et al., 2003. Holben. Global monitoring of air pollution over land from the Earth Observing System-Terra Moderate Resolution Imaging Spectroradiometer (MODIS) [J]. Journal of Geophysical Research Atmospheres, 108(D21): 21.

G. Pawan, S. A. Christopher, 2009. Particulate matter air quality assessment using integrated surface, satellite, and meteorological products: Multiple regression approach [J]. Journal of Geophysical Research Atmospheres, 114(D14).

H. J. Lee, Y. Liu, B. A. Coull, J. Schwartz and P. Koutrakis, 2011. A novel calibration approach of MODIS AOD data to predict PM2. 5 concentrations [J]. Atmospheric Chemistry & Physics, 11(11): 9 769-9 795.

HAZELL P B R H U, 2010. Drought insurance for agricultural development and food security in dryland areas[J]. Food Security. 2(4): 395-405.

HE Q S, LI C C, XU T, et al., 2010. Validation of MODIS derived aerosol optical depth over the Yangtze River Delta in China [J]. Remote Sensing of Environment, 114(8): 1 649-1 661.

HOLBEN B N, ECK T F, SLUTSKER I, et al., 1998. AERONET-A Federated Instrument Network and Data Archive for Aerosol Characterization [J]. Remote Sensing of Environment, 66(1): 1-16.

HOLBEN B N, TANR D, SMIRNOV A, et al., 2001. An emerging ground-based aerosol climatology: Aerosol optical depth from AERONET [J]. Journal of Geophysical Research Atmospheres, 106(D11): 12 067-12 097.

I. Kloog, P. Koutrakis, B. A. Coull, H. J. et al., 2011. Assessing temporally and spatially resolved PM2. 5 exposures for epidemiological studies using satellite aerosol optical depth measurements [J]. Atmospheric Environment, 45(35): 6 267-6 275.

J. A. Engel-Cox, C. H. Holloman, B. W. Coutant and R. M. Hoff, 2004. Qualitative and quantitative evaluation of MODIS satellite sensor data for regional and urban scale air quality [J]. Atmospheric Environment, 38(16): 2 495-2 509.

J. A. Engel-Cox, R. M. Hoff, R. Rogers, F. Dimmick, A. C. Rush, J. J. Szykman, J. Al-Saadi, D. A. Chu and E. R. Zell. 2006, Integrating lidar and satellite optical depth with ambient monitoring for 3-dimensional particulate characterization [J]. Atmospheric Environment, 40(40): 8 056-8 067.

J. Wang, S. A. Christopher, 2003. Intercomparison between satellite-derived aerosol optical thickness and PM2. 5 mass: Implications for air quality studies [J]. Geophysical Research Letters, 30(21): 267-283.

LAI K G ,POKOMY J,1987. Eeffet of caffeine content on the bitterness of tea infusions,Sb, Vys, Sk, Chem. Technol. Praze, potraving(61):95-114.

LIU X Y, CHEN Q L, CHE H Z, et al., 2016. Spatial distribution and temporal variation of aerosol optical depth in the Sichuan basin, China, the recent ten years [J]. Atmospheric Environment, 147: 434-445.

NASA. 2013. LDCMLaunch[EB/OL]. http://www. nass. gov/mission_pages/landsat/launch/index. html,04-18.

NICHOL J, BILAL M, 2016. Validation of MODIS 3 km Resolution Aerosol Optical Depth Retrievals Over Asia [J]. Remote Sensing, 8(4): 328-336.

P. C. Rd, M. Ezzati, D. W. Dockery, 2009. Fine-particulate air pollution and life expectancy in the United States [J]. New England Journal of Medicine, 360(4): 376-386.

P. Gupta and S. A. Christopher, 2009. Particulate matter air quality assessment using integrated surface, satellite, and meteorological products: 2. A neural network approach [J]. Journal of Geophysical Research Atmospheres, 114(D20).

P. Gupta, S. A. Christopher, J. Wang, R. Gehrig, Y. et al., 2006. Satellite remote sensing of particulate matter and air quality assessment over global cities [J]. Atmospheric Environment, 40(30): 5 880-5 892.

Q. He and B. Huang, 2018. Satellite-based mapping of daily high-resolution ground PM 2. 5 in China via space-time regression modeling [J]. Remote Sensing of Environment, 206:72-83.

Q. He, F. Geng, C. Li, S. et al., 2017. Long-term characteristics of satellite-based PM2. 5 over East China [J]. Science of the Total Environment, 612:1 417-1 423.

R. Koelemeijer, C. Homan, J. Matthijsen, 2006. Comparison of spatial and temporal variations of aerosol optical thickness and particulate matter over Europe [J]. Atmospheric Environment, 40(27): 5 304-5 315.

REMER L A, KAUFMAN Y J, TANRE D, et al., 2003. The MODIS aerosol algorithm, products and validation [J]. Journal of the Atmospheric Sciences, 62(4): 947-973.

T. C. Tsai, Y. J. Jeng, D. A. Chu, J. P. et al., 2011. Analysis of the relationship between MODIS aerosol optical depth and particulate matter from 2006 to 2008 [J]. Atmospheric Environment, 45(27): 4 777-4 788.

XIE Y, ZHANG Y, XIONG X X, et al., 2011. Validation of MODIS aerosol optical depth product over China using CARSNET measurements [J]. Atmospheric Environment, 45(33): 5 970-5 978.

Y. Liu, P. Koutrakis, R. Kahn, 2007. Estimating fine particulate matter component concentrations and size distributions using satellite-retrieved fractional aerosol optical depth: part 1--method development [J]. Journal of the Air & Waste Management Association, 57(11): 1 360-1 369.

Y. Liu, R. J. Park, D. J. Jacob, Q. et al., 2004. Mapping annual mean ground-level PM2. 5 concentrations using Multiangle Imaging Spectroradiometer aerosol optical thickness over the contiguous United States [J]. Journal of Geophysical Research Atmospheres, 109(D22).